国家出版基金项目

"十四五"国家重点出版规划

非典型美学译丛

周宪
顾爱彬
主编

German Aesthetics
Fundamental Concepts from Baumgarten to Adorno

德国美学　从鲍姆加登到阿多诺的基础概念

[美] 杰伊·丹尼尔·米宁格（J.D. Mininger） / 编
　　贾森·迈克尔·佩克（Jason Michael Peck）

詹悦兰 / 译

花城出版社
中国·广州

图书在版编目（CIP）数据

德国美学：从鲍姆加登到阿多诺的基础概念 /（美）杰伊·丹尼尔·米宁格，（美）贾森·迈克尔·佩克编；詹悦兰译. -- 广州：花城出版社，2024.4
（非典型美学译丛 / 周宪，顾爱彬主编）
ISBN 978-7-5360-8720-0

Ⅰ. ①德… Ⅱ. ①杰… ②贾… ③詹… Ⅲ. ①美学理论－德国 Ⅳ. ①B83-095.16

中国国家版本馆CIP数据核字(2023)第164866号

版权声明：
© J. D. Mininger, Jason Michael Peck, and Contributors 2016' together with the following acknowledgment: 'This translation of German Aesthetics is published by arrangement with Bloomsbury Publishing Inc.
版权登记号：图字：19-2022-203

出 版 人：	张 懿
统筹编辑：	李 卉
责任编辑：	李 卉　钟毓斐
特约编辑：	吴其佳
责任校对：	汤 迪
技术编辑：	林佳莹
封面设计：	水玉楼文化

书　　名	德国美学：从鲍姆加登到阿多诺的基础概念 DEGUO MEIXUE : CONG BAOMUJIADENG DAO ADUONUO DE JICHU GAINIAN
出版发行	花城出版社 （广州市环市东路水荫路11号）
经　　销	全国新华书店
印　　刷	佛山市浩文彩色印刷有限公司 （广东省佛山市南海区狮山科技工业园A区）
开　　本	880毫米×1230毫米　32开
印　　张	17.5　1插页
字　　数	267,000字
版　　次	2024年4月第1版　2024年4月第1次印刷
定　　价	78.00元

如发现印装质量问题，请直接与印刷厂联系调换。
购书热线：020-37604658　37602954
花城出版社网站：http://www.fcph.com.cn

总　序

周　宪

在21世纪热门的各类学问中，美学无疑是备受关注的知识领域。美学之所以为人所追捧，并不是因为它是高深的学问，而是因为它不断地改变着人们的思维方式、情感方式和行为方式。一方面，美学一改曾经高冷矜持的做派，走出了艰深莫测的哲学思辨之藩篱，以一种前所未有的亲近感走近黎民百姓；另一方面，随着社会的现代化，尤其是物质生活水平提升，有品位的生活已成为人们的普遍追求。人们越来越敏锐地感到，美学离我们并不遥远，它就在我们身边。

从带有精英主义和高雅文化特质的经典美学，向大众日常生活的转变，是当代美学最为显著的趋势之一。

2

如今,谈论美学已不是哲学家和美学家的特权,美学话语俨然已是日常讨论的丰富谈资,正像"人人都是艺术家"或"人人都是设计师"这样流行的说法一样,"人人都是美学家"正在变为现实。

显而易见,不断变化着的当代社会现实,在不断重塑着美学的面貌。来自不同领域的人文学者和思想家们不但喜好谈论美学,也引入了许多不曾有过的美学主题和观念,于是美学悄然发生了深刻的变化。从经典美学的视角来看,当下很多标榜为"美学"的著述,其实并不是典型的美学话语或美学主题,要找一个概念来概括这些变化,恐怕没什么比"非典型美学"更恰当了。

在我看来,"非典型美学"是一个开放性的新知领域,跨学科、跨领域、跨边界和跨媒介当是它的典型特征。换言之,"非典型美学"不再围绕一个"美"字做文章,也不再限于"美的艺术",而是无所不及,无所不谈。由此来看,"非典型美学"与其说是一种规范的、严格的学术话语,不如说更像是一种思维方式和观察角度。所以,"非典型美学"充满了"无限活力"和"勃勃雄心",或许我们还可以用另一种说法来加以概括,那就是"泛美学"(panaesthetics)。

在今天这个充满变化的时代，我们不但需要以变化的眼光来看世界，也需要以新的视角来认识美学。古训云："生生之谓易。""易"者，变也，美学要在不断变化的世界里富有生机活力，可持续地变易乃是其生存之道。正是基于这一认知，我们策划了"非典型美学译丛"，诚邀热爱美学的各路方家，译介国外学术精品，重塑中国当代美学的地形图。

感谢花城出版社接纳了这个创意并给予大力支持，也感谢项目团队的有效工作。期待"非典型美学译丛"越做越火，开创出当代美学的一片新天地！

是为序。

目 录

导言 001
想象力 009
判断力 027
美 051
崇高 071
摹仿 089
情感：论维特 107
反讽 127
聆听 143
伦理 159
绝对音乐 177

195 艺术的终结
215 讽喻
233 价值
255 上帝死了
273 悲剧/悲悼剧
293 言说/显示
313 虚无
333 弥赛亚主义

中介/媒介 351	
真 理 373	
暗 恐 385	463 丑
情绪/调谐 401	479 震 撼
电 影 417	497 介入艺术
蒙太奇/拼贴 433	513 参考文献
常 态 445	541 索 引

导言

杰伊·丹尼尔·米宁格（J. D. Mininger），任教于保加利亚美国大学（AUBG）。

贾森·迈克尔·佩克（Jason Michael Peck），美国罗切斯特大学德语系副教授。

德语知识界在哲学美学史上发挥了独特的作用。美学理论的许多基本概念和文本出自德语传统——比如,伊曼努尔·康德(Immanuel Kant)里程碑式的著作《判断力批判》中所提出的审美自律和审美无功利的概念;18世纪90年代,弗里德里希·席勒(Friedrich Schiller)关于秀美与尊严以及审美状态的论著;黑格尔(Hegel)关于艺术终结的颇具争议的主张;弗里德里希·尼采(Friedrich Nietzsche)在《悲剧的诞生》中所提出的那影响深远的关于艺术形式和动机的理论;抑或是阿多诺的那本厚重而有力的《美学理论》。德国思想家的名字弥漫在美学史和美学领域几乎所有的经典论述中,这些人物包括莱辛、施莱格尔、谢林、叔本华、海德格尔、布莱希特、本雅明和伽达默尔等,在此仅举这几个突出的例子。其实可以说,如果没有康德的《判断力批判》,我们所熟悉的现代美学将是难以想象的。

"美学"(aesthetics)这一术语是由德语作家亚历山大·鲍姆加登(Alexander Baumgarten)创造的,其著作《诗的哲学默想录》(*Meditationes philosophicae de nonullis ad poema pertinentibus*)[英译本(Reflections on Poetry)]既是德国美学传统公认

的起点，也同样是现代美学的奠基性文本。鲍姆加登调整了哲学的方向，使之从"纯正的"知识和不证自明的逻辑转向了感觉和知觉："哲学家也可以有机会，而且并非徒劳无益地去探讨一些方法，借此提升和磨炼低级的认知能力，使它们更好地为全世界造福。"① 对感知到的事物的研究需要哲学家在阐释"感性题材"时倍加谨慎，因此，美学理论家"是会大量地使用这些措辞的"。②鲍姆加登的美学方案需要一个新的符号体系——新的术语、新的认知取向，以及对哲学定义和任务的重新评价。在鲍姆加登的美学观之后，在为美学提供知识术语和参考框架方面，德国传统将发挥无与伦比的重要作用。

美学一贯重视术语，有鉴于此，本书通过对影响深远的德国美学传统及其关键术语和概念的介绍，为读者

---

① Alexander Gottlieb Baumgarten, Reflections on Poetry, trans. Karl Aschenbrenner and William B. Holther (Berkeley: University of California Press, 1954), 78.〔此处中译参照〔德〕鲍姆加登著，《诗的哲学默想录》，王旭晓译，滕守尧校，北京：中国社会科学出版社，2014年，第97页。——译者注。〕

② 同上。〔此处中译参照〔德〕鲍姆加登著，《诗的哲学默想录》，王旭晓译，滕守尧校，北京：中国社会科学出版社，2014年，第98页。——译者注。〕

提供一个进入哲学美学关键问题和论争的入口。因为出自德国美学传统的概念为其他语言的相关领域研究以及欧陆哲学和艺术理论提供了不同视角,因此,本书既促进了德国学界的相关研究,也超越了德国的疆界。《德国美学》一书为英语读者(包括非专业读者和本领域的高水平学生和学者)提供了一个参考工具,包含了从鲍姆加登到阿多诺(约1750—1970)这一时期,德国哲学美学传统中的基础术语及其概念叙述。

每一个词条都围绕着一个核心概念或一组相关术语而展开。本书对关键词的组织基于如下三个条件:其一,美学概念通常是充满激烈论争的知识场域;其二,这些术语都有其发展史;其三,这些关键词的用法和含义会依据语境而变化,尤其是当它们参与到社会、文化和政治论争中时。我们所使用的语言建构了我们阐释的边界,从而更为广泛地建构了我们对艺术、对美、对趣味、对感官或审美经验的体验。要获得对我们所仰仗的术语更为深刻的认知,意味着我们更加清醒地认识到,在对概念和关键词的选择与运用的过程中,需要在修辞和观念体系上付出努力。鉴于此,本书绝不赞成对思想流派或美学理论的阐释学方法进行简要综述。每个词条中都有足够的介绍性文字，可以将原本对此不熟悉的读者导入讨论中。然而，本书的撰稿者同样解释了他们所提供的信息，以期帮助读者更好地理解美学理论的关切及其核心概念所依据的思想体系。

就想象如何构建德国美学中的基础概念而言，本书的编排当然不是唯一有效的方式。① 例如，在《德国美学传统》（*The German Aesthetic Tradition*）一书中，凯·哈默迈斯特（Kai Hammermeister）使用了一种范式结构来描述德国美学的出现、批判和重构。哈默迈斯特勾勒了德国美学传统中的历史模式，在每一种范式中都看到了一种"模式性的进步"。② 《德国美学》对哈默迈斯特按照历史线索展开的阐释做了补充，着重强调了关键概念、思想家和著作之间在概念上的区别——是历史和物质条件促成了这些区别。本书的结构并没有无视每一个术语和每一个时期所具有的多重可能性，而是

---

① 关于德国传统何以成为从18世纪至今包含了英国、法国和美国在内的更为广泛的西方现代哲学美学传统的一部分，一个突出的范例是保罗·盖耶（Paul Guyer）的三卷本研究杰作《现代美学史》（*A History of Modern Aesthetics*, Cambridge University Press, 2014.）

② Kai Hammermeister, *The German Aesthetic Tradition* (Cambridge: Cambridge University Press, 2002), x iii.

在推动这些可能性的联系和聚合,这些联系和聚合试图对每一个概念进行解释、表达甚至重新构想。早期的美学家和术语都挣脱了各自的历史特殊性,生发出更大的创新、批判,以及形成"其他"理论的潜能。不过,当这些概念被重新审视、转译、重新激活,甚至与其自身相关的重要过往和未来被否定时,这些关键词的历史坐标又会立即顽固地使美学研究回到其物质语境和条件中去。换句话说,本书还从现有的要素中创造性地构建了一些新的东西。这就好像瓦尔特·本雅明所提出的"悲剧时代"领域一直在运作一样,"我们无法想象有哪一个经验事件与发生的时间有着必然的联系"。① 最为关键的是,本雅明在此加了一个至关重要的词:"必然的"。在论证本书的编排结构时,我们并不想表明德国哲学美学传统的概念事件与其历史语境无关。相反,根据本雅明的说法,以及将关键词视为星丛的观念——通过当下的视角激活无数过去的思想和事件,而正是这些思想和事件构成了星丛的观念,我们只是申明历史决定

---

① Walter Benjamin, *The Origin of German Tragic Drama*, trans. John Osborne (London: Verso, 1998), 55.(此处译文为译者自译。——译者注。)

论并不是建构本书的指导性原则。但本书仍承载着文化分期的标志，尽管比较模糊。本书开篇的几个概念更强调的是18世纪的语境，置于本书中间部分的概念更倾向于关注19世纪的思想家、文本和重要问题，卷末的术语倾向于聚焦20世纪。

哲学美学话语中的微妙关系，以及历史的交叠问题带来了关于术语语义和用法的一个关键要点：在今日学界，常被贴上"理论"标签的东西放在德国思想史的核心人物那里会被视作"美学"的一部分。本书隐含的一个论题是，哲学美学不仅仅属于那些提出美学理论的人。本书与这类研究相一致，即把美学从严格评价艺术作品或严守美学学科边界中解绑，使美学的疆域拓展到囊括了政治和理论领域中关于表现（presentation）和表征（representation）的更大的问题。①为了证明美学所具有的明确的哲学基础，本书不强调对艺术实践能力的研究（即实际的艺术生产）；相反，本书遵循了德国传统，使用美学的哲学来处理无数理论概念。这一策略并

---

① 例如，参见Andrew Cole, *The Birth of Theory* (Chicago: University of Chicago Press, 2014),以及Nikolas Kompridis, ed., *The Aesthetic Turn in Political Thought* (New York: Bloomsbury, 2014).

未忽视这样一个事实，即本书所探讨的一些人物的确是艺术创作者；但更为重要的是，本书竭力阐明美学在塑造哲学话语的过程中所扮演的角色。

的确，本书所收录的部分词条也许看起来是"非美学的"。例如，乍一看，"上帝死了""弥赛亚主义"在谈对艺术对象的理解时可能不像诸如"美""真理"和"判断"这些词来得合乎逻辑。然而，尤其是从德国美学的历史来看，有一点值得我们牢记，鲍姆加登最初对这个术语的使用包含了所有的感觉经验，而不仅仅局限于艺术相关的体验。正如本导言开篇所述，哲学的贡献对于现代美学的诞生是至关重要的，现代美学将美学拓展到一个研究领域，这一领域包含了表征和阐释的新形式和新模式。哲学关注不断变化的历史和物质条件、不断转换的兴趣和价值观以及新的艺术形式，今日一如过往，在这样的压力下，美学相关范畴的区间在持续扩大。美学是任何现代性的重要组成部分——这在很大程度上要归功于德国美学丰厚的历史及其依旧蕴含着无穷潜力的概念、文本以及重要人物。

想象力

约亨·舒尔特-扎塞（Jochen Schulte-Sasse，1940–2012），明尼苏达大学名誉教授，曾在该校文化研究与比较文学系、德语、斯堪的纳维亚语系和荷兰语系任教。

在18世纪，"想象力"和"想象的"这两个词作为关键词的地位不断攀升，与此同时，它们的含义也发生了显著的改变。到19世纪初，"想象力"已成为主体性理论的核心术语，并且在美学、心理学和人类学领域产生了深远的影响。比如，萨缪尔·泰勒·柯勒律治将天才视为一种"善于综合的神奇力量，即我们专门称之为想象力"①的产物。柯勒律治认为，正是想象力"使人的整个灵魂都活跃起来，使人的各种能力根据其相对的尊严和价值，互为从属"。②这些主张将想象力视为一个人心理和道德完善的先决条件；因为这种"和谐一致的精神，促使各方调和，进而（可以说）互相交融"③是自成统一体的艺术品和主体的共同特征。

在坚持创造性想象力的"现代"概念的同时，作者们又提出一种强调其建构性本质的主体性理论，这绝非巧合。柯勒律治又一次指出，主体"之所以成为主体，是通过对自身客观地自我建构来实现的；但除了对

---

① Samuel Taylor Coleridge, *Biographia Literaria,* Vol.1. ed. James Engell and W. Jackson Bate (Princeton, NJ: Princeton University Press, 1983), 15.

② Ibid., 17.

③ Ibid.

它自身而言之外，它绝不是一个客体，而且只有通过上述这一途径，主体才成为主体"。①他坚持认为，主体总是处于已然分裂的状态，也只有基于这种分裂，它才能"对自身客观地进行自我建构"。换言之，主体只有在一种镜像关系的基础上才能将自身建构为一个个体。主体建立起的这种作为其客体的反思关系是一种视觉关系。因此，关于主体性的现代观念也常用视觉术语来表达，诸如眼睛、镜像、意象等，这些术语将我们重新带回了想象力的领域，它们同样是这一领域的核心。上述见解为我们抛出了一个重要的问题：视觉意义上现代主体性的观念与现代想象观有何关联？

在18世纪想象力或幻想的概念被赋予价值以前，它常被排除在那些"真正"构成人性的东西之外，因为它具有不同于精神的或智性的所谓物质本性。的确，想象力不仅因其与肉体的关联而受贬损，而且还被贬斥为精神的对立面；通常而言，它还是造成形体畸形和混乱的原因。不仅是作为一种有形现象的想象力在道德上受到

---

① Samuel Taylor Coleridge, *Biographia Literaria,* Vol.1. ed. James Engell and W. Jackson Bate (Princeton, NJ: Princeton University Press, 1983), 273.

质疑，而且其对应物——图像也受到了质疑。

众所周知，基督教仇视图像，而对历史上出现的诸如身体、眼睛、图像、想象、感官和尘世等一系列多元复杂的相关术语的探究主要受此影响。作为一种物质体，图像不足以表现上帝。因此，正如拉克坦提乌斯（Lactantius）在公元300年左右对基督徒的告诫："不要去膜拜图像，因为图像出自凡尘。"①半个世纪后，宗教教育家安勃罗斯（Ambrose）认为想象力会产生有害的影响，因为如果"被想象所蒙蔽，'灵魂'就会变成物质，从而和肉体粘连在一起"②，而完美的灵魂蔑视一切有形的东西："不同于真理，想象力是我们的弱点。"③詹弗朗切斯科·皮科·德拉·米兰多拉（Gianfrancesco Pico della Mirandola）在其1500年的著作《论想象力》[*Liber de imagination*（*On the Imagination*）]中屈服于这一传统的压力。当第一次

---

① Lactantius, *The Divine Institutes*, trans. Mary Francis McDonald, Vol.49 of *The Fathers of the Church* (Washington, DC: Catholic University of America Press, 1964), 101.

② Saint Ambrose, *Seven Exegetical Works*, trans. Michael P. McHugh, Vol.65 of *The Fathers of the Church* (Washington, DC: Catholic University of America Press, 1972), 14.

③ Ibid., 93.

全心投入想象力的研究时,他感到不得不强烈否定其主题:

> 努力掌控幻觉的人坚守这样一种尊严,人在这种尊严中被创造并得以安生,它不断激励人们引导自己的心灵之眼去注视万福之父上帝……但那些听命于谬误的感觉和具有欺骗性的想象的人,便立刻失去了其尊严,堕落到野蛮境地。①

这些引述可以作为一个持续了两千年的传统的代表,即想象力不仅因其在本体论层面上与存在之本原或中心相隔甚远而被视为一种道德上的堕落,而且也导致了诸如扭曲、毒瘤、残暴等人类的异常行为现象。

然而,至18世纪末,通过这样一种美学话语,即把想象力构建为创造性活动的重镇,想象力恢复了元气,或者正如弗里德里希·席勒在1793年2月28日给克里斯蒂安·戈德弗里德·科尔纳(Christian Gottfried

---

① Gianfrancesco Pico della Mirandola, *Liber de imagination*(*On the Imagination*,带英译的拉丁文本), trans., Harry Caplan (New Haven, CT: Yale University Press, 1930), 44-45.

Körner）的信中所指出的："语言将一切都置于知性（the understanding）面前，诗人则将一切带到了想象力面前。诗需要直觉，而语言只'为它'提供概念。"① 想象力的创造性力量和知性一样，取决于其距离的力量。但想象力以直觉的方式（anschaulich）进行，而知性以概念的方式进行。想象力不再是通过心理意象唤起"思想"的一种力量，而是从其自身之中创造出形象。现在，反思包含了对一个整体的想象。在评价18世纪后期想象力所经历的转变中，康德、费希特、黑格尔和早期浪漫主义者等思想家都十分清楚，想象力不只是注视，而且还对主体与（审美）客体之间的距离关系进行反思。

在对想象力进行新的概念化的过程中，伊曼努尔·康德在较早期出现的、占统治地位的基督教作家所表达的对想象力的禁锢和围绕想象力的积极品质而发展出来的新的审美话语之间建构了一个中间点。想象力的新旧病态之间的反差在于一种差异，康德在一段关于

---

① Leonard Simpson, Esq, ed. and trans. *Correspondence of Schiller with Körner*, Vol.2 (London: Richard Bentley New Burlington Street, 1849), 216-217.

诗的想象力的论述中将这种差异界定为亲和性的想象力（imaginatio affinitas）和构成的想象力（imaginatio plastica）之间的区别。康德在其反对亲和性的想象力的论辩中，将其描述为"出自共同起源的诸观念相互适应的感性创造力"。① 出于规范的考虑，康德使用了一个能阐明想象力含义历史演变的对比：

> 在社交谈话中，根据观念的经验联想，人们有时从一个话题跳到另一个完全不同的话题……这种杂乱无章在形式上是一种胡说八道，它扰乱并破坏交谈。只有当一个主题已被穷尽，并且短暂停顿后，我们才能紧接着开始下一个饶有兴趣的新主题。无规则可言的、东游西荡的想象力，通过一连串毫无客观联系的想法弄得人心烦意乱，使人在结束这种聚会后会怀疑自己是否一直是在做梦。②

---

① Immanuel Kant, *Anthropology from a Pragmatic Point of View*, trans. Victor Lyle Dowdell (Carbondale: Southern Illinois University Press, 1996), 64.
② Kant, *Anthropology*, 67.

至关重要的是,在这段文字中,康德是在一个关于诗化力量即"诗性想象力"的章节中讨论这个带有谴责性的关于社交谈话的例子的。和18世纪其他很多美学理论家一样,康德倾向于在诗性想象中探寻一种对这样的艺术作品的渴望,这类作品产生于人们在符号和事物下(或者说在艺术作品和它所模仿的现实之间)模糊感知到的相似性,而且这种相似性很可能受到资产阶级逻辑方案的危害。

在《纯粹理性批判》中,康德将想象力界定为"把一个对象甚至当它不在场时也在直观中表象出来的能力"①,这在某种程度上是很传统的。他通过生产性的想象力概念拓展了这一自古以来就在使用的定义:

> 现在,我们的一切直观都是感性的,那么想象属于感性,是因为它只有在主观条件下才能给予知性概念相应的直观。但想象的综合是在行使自发性,是起决定性

---

① Immanuel Kant, *Critique of Pure Reason*, trans. Werner S. Pluhar (Indianapolis: Hackett Publishing Co., 1996), B 151.(此处中文翻译参考《纯粹理性批判》邓晓芒译本,人民出版社,2004年,第101页。——译者注。)

作用的，而不像感官那样只是可决定因素，因而能够依照统觉的统一而根据感官的形式先天地决定感官。①

康德将再生性的想象力和生产性的想象力之间的对立理解为亲和性的想象力和构成性的想象力之间的对立，并强调这种区别是一种文化-政治层面上的。

生产性的想象力的概念在《判断力批判》中得到了进一步发展。在该书中，康德这样理解想象力，"不是被看作再生的，如同它是服从于联想律时那样，而是被看作生产性的和自发的……"（§22）。②生产性的想象力最为重要的先验功能在于它能使美的体验成为可能，而这种体验在愉悦感中达到顶峰，"只有当想象力在其自由活动中唤起知性时，以及当知性没有概念地把想象力置于一个合规则（即表现出规律性）的游戏中时，表象才不是作为思想，而是作为一个合目的性的内

---

① Kant, *Critique of Pure Reason*, B 152.（此处中译参照《纯粹理性批判》邓晓芒译本，人民出版社，2004年，第101页。——译者注。）

② Immanuel Kant, *Critique of Judgement*, trans. Werner S. Pluhar (Indianapolis: Hackett Publishing Co., 1987), 91.（此处中译参照《判断力批判》邓晓芒译本，人民出版社，2002年，第77页。——译者注。）

心状态的内在情感而传达出来"（§40）。①想象力的概念作为一个基本的美学概念不如它作为一个（反思性的）判断来得重要，在审美判断中，后者反思其与自身力量的关系。的确，没有了想象力，判断力是无法发挥作用的：

> 因为对这些形式在想象力中的上述领会，若没有反思的判断力哪怕是无意地将这些形式至少与判断力把直观联系到概念之上的（总体）能力相比较的话，它是永远也不会发生的。现在，如果在这种比较中想象力（作为先天直观的能力）通过一个给予的表象而无意中被置于与知性（作为概念的能力）相一致之中，并由此而唤起了愉快的情感，那么这样一来，对象就必须被看作对于反思的判断力是合目的性的。②

---

① Immanuel Kant, *Critique of Judgement*, trans. Werner S. Pluhar (Indianapolis: Hackett Publishing Co., 1987), 162.（此处中译参照《判断力批判》邓晓芒译本，人民出版社，2002年，第138页。——译者注。）
② Ibid., 30.（此处中译参照《判断力批判》邓晓芒译本，人民出版社，2002年，第25页。——译者注。）

每当康德对想象力的界定从直观主体与被观察客体之间的表象关系转变到先验能力之间的一种关系（亦即在谈论美时想象力与知性之间的关系）时，他对想象力的探讨仍停留在对这些能力的总体直观化的范围内。这是因为被自我的反思判断当作它自身（两种能力的关系）的客体而确立起来的这种反思关系就是直觉性的。

想象力概念对于康德的后继者费希特而言比对于康德更为重要。费希特进一步将这一概念激进化为"人类思想自发性"的一种功能。[①]正如他进而阐述的：

"无限和有限统一于同一个综合体——如果自我的活动不进入无限，它自身就无法限制它的活动……自我的活动存在于无限制的自我设定：而在此出现了一个阻力。如果它屈服于这个障碍，那么，超出阻力之外的那种活动就应该被完全废除并摧毁；因而自我也根本不会对自身进行设定。它必须限制自身，即是说，它必须

---

① J. G. Fichte, *Science of Knowledge, with the First and Second Introductions*, trans. and ed. Peter Heath and John Lachs (Cambridge: Cambridge University Press, 1982), 141.

将自己设定为没有进行自我设定……"①此外,"如果自我不对自身进行限制,它就不会是无限的——自我是它进行自身设定的唯一对象……自我与它自身的这种交换,并把自己同时定位为有限和无限……就是想象力的力量。"②

自我和想象力之间的这种关系同想象力和理性之间的关系是对立的,原因在于:"只有理性才假设任何事物都是固定的,它首先会给想象力自身以固定性。"③另外,想象力作为一种在自身之中的能力,"摇摆于确定与不确定之间、有限与无限之间……这种摇摆不定正是想象力的特征,甚至在其产物中也具有这样的特征……通过能将差异结合起来的想象力,自我和非我可以完全统一起来"。④

无缺陷的思维综合力是意识的一种行为,通过它,

---

① J. G. Fichte, *Science of Knowledge, with the First and Second Introductions*, trans. and ed. Peter Heath and John Lachs (Cambridge: Cambridge University Press, 1982), 192. 此处译文修改过。(——原注。)
② Ibid., 193. 此处译文修改过。(——原注。)
③ Ibid., 194.
④ Ibid. 此处译文修改过。(——原注。)

自我可以确定自身之外的客观事物，但不能确定自身。而想象力"由于其自身本质，通常摇摆于客体与非客体之间"。[1]同时，被反思的想象力（即反思客体的想象力）意味着"（被反思的）想象力完全被摧毁了，而且想象力的这种毁灭或不存在被想象力自身视为由想象力直观到的"。[2]摇摆于自我与非我之间，想象力否定了异化的意识形式，而更青睐于自我的体验。只有在自身（第一）直觉基础之上，自我才能以（第二）直觉的方式朝向世界："自我应当去直观。如果直观者真的只是一个自我，那么这就等于说，自我应当将自身设定为处于直观中的；因为自我一无所有，除非它把'我'归为它自己。"[3]或者换言之，自我只有作为一种自我意识时才具有意识。就这一点而言，"所有的现实……都只由想象力产生"。[4]由此我们可以清楚地看到，通过费希特的主体性理论，早期浪漫主义者原本可以将艺术提

---

[1] J. G. Fichte, *Science of Knowledge, with the First and Second Introductions*, trans. and ed. Peter Heath and John Lachs (Cambridge: Cambridge University Press, 1982), 215.
[2] Ibid.
[3] Ibid, 204.此处译文修改过。（——原注。）
[4] Ibid.

升为一种媒介的。对于早期浪漫主义者来说，通过费希特第一知识学的基本论述（想象力角色的重要性在其后的再阐述中降低了），"艺术"成了一种不可能离开科学和文化而存在的经验模式。

就黑格尔而言，他对想象力的批评把想象力对视觉丛的依赖摆在了显著的位置上。他的哲思目标不可能将"艺术和想象力……置于顶端"，因为"我们需要牢记这一点，不管在内容还是在形式中，艺术都不是将精神（Geist）的真正价值带给我们心灵的最高级的、绝对的方式。正由于其形式，艺术被局限于某种特定的内容"。①黑格尔批判了那种将想象力视为直觉关系的看法，这使他与浪漫主义者走得更近，而这种亲近是他著名的反浪漫派的论争所不能达到的。就"多元性在具象中被把握"②而言，这两者都从批判那种将（康德和席勒意义上的）想象力视为一种直觉能力的观点开始。从这些批评家的视角来看，直觉的想象力破坏了所有表象的开放性，而这种开放性早已在其媒介即语言的物质性

---

① G. W. F. Hegel, *Hegel's Aesthetics: Lectures on Fine Art,* trans. T.M. Knox (Cambridge: Cambridge University Press, 1975), 9.
② Ibid.

中推行开来。这对浪漫主义时期的想象力概念产生了影响，与黑格尔一样，它试图批判这样一种观点，即把审美经验视作渴望主客体一致的表现，但与黑格尔相反的是，浪漫主义时期的想象力概念遵循的是艺术的认识论至上原则。

早期浪漫主义者可被视为一次社会和文化批判运动的最初代表，这场运动将同一性与差异性（以及其他知识形式）范畴主导下的知识置于尖锐的批评之下。他们不赞成对生活展开全面的理论解释，反对将现实割裂为同一性和差异性。在政治上，浪漫主义者反对开明的、集中管理制的国家，他们认为，这样的国家对经济财政思想给予特权是对理性实践反思性运用的一种压制。由于理性认识痴迷于将现实简化为纯粹的因果关系，因此凡是理性认识不能归类的都表现出一种混沌。然而对于浪漫主义者来说，这种混沌又开辟了一条通往绝对的道路："混沌本身的基本直觉存在于绝对的视觉或直觉之中。"①

---

① F. W. J. Schelling, *The Philosophy of Art*, trans. and ed. Douglas W. Stott, Theory and History of Literature, Vol.58 (Minneapolis: University of Minnesota Press, 1989), 88.（此处中译参照谢林著，《艺术哲学》（上），魏庆征译，北京：中国社会出版社，1997年，第130页。——译者注。）

由谢林提出的这项规划是对想象力进行浪漫主义（以及唯心论idealist）转换的开始。与此相应，谢林将想象力从一种直觉的能力重新定义为有差别的扬弃能力："美妙的德语词汇'想象力'（Einbildungskraft），实则意指复合的能力。"① 在早期浪漫主义者中，尤其是弗里德里希·施莱格尔和诺瓦利斯，他们将想象力转化为一种不受拘束的、创造性的能力，它不受理性的制约。启蒙运动中的分析理性显现出想象力运用中的负面效应，而浪漫主义者则无比珍视想象力能够消除"界限"的能力。想象力富有成效的破坏性效应可以平衡理性的弊端："出于理性和想象力，我们期望没有任何事物被压抑、被禁锢或从属于他者。我们要求每一事物都有特殊和自由的生活。唯有思考从属他者。而在理性以及想象中，一切无所制约，并在同一的以太中运动，既不拥挤，又不相互摩擦。"② 但

---

① F. W. J. Schelling, *The Philosophy of Art*, trans. and ed. Douglas W. Stott, Theory and History of Literature, Vol.58 (Minneapolis: University of Minnesota Press, 1989), 32.（此处中译参照谢林著，《艺术哲学》（上），魏庆征译，北京：中国社会出版社，1997年，第41页。——译者注。）

② Ibid.,38.（此处中译参照谢林著，《艺术哲学》（上），魏庆征译，北京：中国社会出版社，1997年，第50页。——译者注。）

是，浪漫主义的美学方案通常带来的是"幻想"凌驾于想象力或自我之上。

浪漫主义的想象力概念，通过其所具有的解构的、无秩序的潜在性，使其自身与启蒙运动和古典时期的创造性想象力截然不同。但是，浪漫主义对想象力的构想并没有完全脱离启蒙运动和古典时期所表现的想象力概念和直观之间的基本关系：这两种构想在某种程度上都是从依赖于对象的凝视主体开始的。这一点经由谢林提出的"智性直观"概念变得显而易见，"智性直观"这一概念得到了很多浪漫主义者（尤其是诺瓦利斯）的接续。正是在这个意义上，黑格尔谴责了谢林（以及大多数浪漫主义者）：如果主体想要哲学化，它必须充当智性直观。在黑格尔的批判中，"理性最高形式的客体化因其将感官概念和智性相统一"，因此发生在艺术作品中，"谢林将之称为想象力的能力"。[1] 从这个意义上说，浪漫主义者将独立作品的意义相对化，将美的概念的意义相对化，这种美的概念被框定为作为智性直观描述对象的美，但仍坚持将对艺术的反思作为接近绝对的

---

[1] Hegel, *Hegel's Aesthetics*, 433.

唯一路径。美学反思打破了独立艺术作品的框架，但却无法将客体从一个反思的主体中完全扬弃，也无法将一个被反思的客体完全扬弃。彻底消除这种差异将意味着所有反思、所有体验、所有思想的终结，并最终意味着死亡。

接下来要做的是对想象力的管理，现代主体可以在想象力的基础上组织和指导自身。通过米歇尔·福柯（Michel Foucault），我们认识到，从一个以权威为基础的外部规训体系转变为一个以全景式监狱为代表的内部规训体系，只有在一种文本文化的基础上才有可能实现，在这样的文化中，镜像关系允许一种同时具有道德和审美的同一性体验。最终，想象力能使这种体验得以实现。来说说柯勒律治的说法，想象力"使人的整个灵魂活跃起来，其官能相互从属"[①]：想象力这样做是为了允许自我获得其作为自我的高峰体验。

亦可参照：判断力；美

---

① Coleridge, *Biographia Literaria*, 17.

判断力

German
Aesthetics
Fundamental Concepts from Baumgarten to Adorno

维瓦斯万·索尼（Vivasvan Soni），
美国西北大学英语系副教授。

如果我们要找到一个词来全面描述18世纪知识界的风气，那么，没有比"判断力时代"这个词更好的了。在这一时期，对判断力的关注无处不在，从逻辑和认识论到伦理学和美学，并且跨越了所有的常规学科。这一时期，很多最具特色的思想流派和思想形式都明确地展开判断力实践或对判断力的反思：讽刺文学、评论、期刊文章、美学、批判。事实上，这一时期最为关键的哲学方案，即我们称之为"启蒙"的方案如果失去了对判断力强有力的辩护，那是不可想象的。自主，是启蒙运动的最终目的，它不仅是自我立法的能力，而且也是使人不受既定学说、不受被广泛接受的偏见和他人意见的束缚而进行自我判断的能力和权利。正如卢梭将会在《爱弥儿》中说明的那样，矛盾的是，自主判断力既是启蒙的前提，同时也是启蒙的目标。①

在此，我们最直接关注的美学是在18世纪诞生的一门学科，且从一开始便同我们对判断力的探究密切相关。这种联系并非偶然。在英国经验主义语境中，拥有品位意味着拥有洞察力和辨别力，能够很好地判断文

---

① 亦可参见John Locke, *An Essay Concerning Human Understanding*, ed. R. S. Woolhouse (London: Penguin Books, 1997), 106.

化产品、艺术作品和自然美。因此，品位的养成无异于判断美的事物的好习惯的养成。①在德国传统中，尽管鲍姆加登在其《默想录》（*Reflection*, 1735）中创造了"美学"（"aesthetics"）这个术语用以指称感知，并将这个词作为其专著《美学》（*Aesthetica*, 1750—1758）的标题，但只有到了康德那里，美学才真正成为一个独立的研究领域，②以康德的那本注定要被命名为《判断力批判》的专著为标志。据此，美学话语便是由探究我们如何以及为何对美做出判断而构成的，于是，它就成了一种对我们判断能力的描述，即在没有规则、没有算法公式的情况下进行判断的能力。然而，尽管美学和判断力之间的关系深奥且难解，但对于这一时期的思想家而言，这种联系一旦受到外界的压力就会变得脆弱不堪甚至是难以为继。

在我们探究美学与判断力之间不稳固的关系之前，

---

① 参见 Timothy M. Costelloe, "The Faculty of Taste," in *Oxford Handbook of British Philosophy in the Eighteenth Century*, ed. James A. Harris (Oxford: Oxford University Press, 2014), 430-49.

② Frederick C. Beiser, *Diotima's Children: German Aesthetic Rationalism from Leibniz to Lessing* (Oxford: Oxford University Press, 2009), 152-4.

最好先了解一下这一时期"判断力"这个词令人眼花缭乱的各种内涵，有些是易懂的，至今依然为人所熟悉的，有些则是相当专业的、意想不到的。在美学讨论的语境中，判断常具有对美进行洞察、辨别甚至是感知的意味，带有积极评价的色彩。换言之，判断就是能够将美的事物和普通事物区分开来。这就产生了这一时期关于判断力的一个更为重要且出乎意料的学术意义，即判断力是一种辨别、感知或认识差异的能力，甚至是构成差异化的能力。[①]从这个意义上来说，判断力通常是与"机智"（wit）相对立的，"机智"指的是一种感知相似性以及将想法进行综合的能力。然而，洛克学说中的这一对立引人注目之处在于，"机智"似乎构成了一种新兴的审美态度，判断力则拒绝了由"机智的愉悦、娱人之处"[②]所产生的诱惑和困惑。判断就是对一个对象进行分析性的审视，这与联想所具有的机智和轻松的特点不相符，其"所呈现出的美丽，在一看之下，就能

---

① Locke, *Essay*, 153.
② Ibid.（此处中译参照洛克著，《人类理解论》（上册），关文运译，北京：商务印书馆，2017年，第131页。——译者注。）

动人,并不需要费力思索其中所含的真理或理性"。[①]当然,感知相似性和辨别差异性是相辅相成的,常常(也许是必然地)共同起作用,这使得在实践活动中难以对机智和判断力进行区分。卢梭非常精准地抓住了这种两可性,他主张"比较就是判断",因为比较同时包含了差异化和同化。[②]判断力的额外含义包含了一种预测行为,康德将判断力理解为"决定性的"亦与此有关,即是说将特殊包含在一种普遍规则之下,[③]这看起来像是一种效法法律判断的做法。无论是作为洞察力、评价、区分、预测、比较还是归附,判断力在一般的认知活动中都是不可或缺的,而不仅仅局限于审美认知。同时,我们应当注意到这一术语的另外一层含义,它多半不能适用于上述这一系列,而是与之并存,将判断力

[①] Locke, *Essay*, 153.(此处中译参照洛克著,《人类理解论》(上册),关文运译,北京:商务印书馆,2017年,第131页。——译者注。)

[②] Jean-Jacques Rousseau, *Émile; or, On education*, trans. Allan Bloom (New York: Basic Books, 1979), 270.

[③] Immanuel Kant, *Critique of the Power of Judgment*, trans. Paul Guyer and Eric Mattews, ed. Paul Guyer and Allen W. Wood, *The Cambridge Edition of the Works of Immanuel Kant* (Cambridge: Cambridge University Press, 2000), 66-7.(此处中译参照康德著,《判断力批判》,邓晓芒译,杨祖陶校,北京:人民出版社,2002年,第13-14页。——译者注。)

当作一种认识实践活动来对其进行边缘化、贬低甚至是病态化的一种方式。对于洛克来说，判断力是这样一种能力，"在有些情形下，我们既然没有明白而确切的知识，因此，上帝便又给了我们一种判断能力用以补充这种缺陷"。[①]尽管在洛克看来，这种来源于判断力的不准确的、或然的且最终不可靠的知识构成了我们的大部分认知，但这只能证明我们认识能力的局限。在此，判断力不仅不是认识活动中不可或缺的，而且被认为恰恰是有限认知的症状。理解18世纪判断力概念的难点在于，关于这个词的两种截然不同甚至是对立的意义（一种认为判断力对于认知活动不可或缺，另一种则认为判断力是对认知失败的一种弥补）是如何共存于同一个概念结构中的。

这些不断扩散的、对立的意义显示出在对判断力进行概念化过程中所产生的危机。这种危机表现出多种形式，在此无法充分描述。最为持久的表现包括在认知能力中贬损或无视判断的能力，这在洛克或曼德维尔

[①] Locke, *Essay*, 576.［此处中译参照洛克著，《人类理解论》（下），关文运译，北京：商务印书馆，1983年，第650页。——译者注。］

（Mandeville）那里表现得非常明显，比如，发展算法程序来做决断，从而绕开了对判断力的需求；与此相反的是发展出一种自由意识，这要求搁置判断力才可能得以实现。[1]要理解这一危机的根源，我们必须关注在这一时期影响最为广泛的两项知识发展，它们联合起来，共同系统性地抨击了判断力作为一种认知和行为方式的合法性。首先是科学的解释模式的兴起。在这类范式中，对变化进行解释的唯一被许可的方式是通过有效的因果关系，即牛顿力学因果律。这用于解释自然现象完全没有问题，而一旦拓展到人类行为的领域，对因果关系的刻板坚持甚至会导致最简单的意向行为形式都变得费解，因为我们无法引入亚里士多德所说的"终极因"，即以结果和目的为导向进行行为的解释。由于判断力所做的与结果有着双重关系（既构成我们行为的最终目的，也鉴别并协调实现目的所需的各种手段），因此，判断力在这些理论中并没有发挥多大作用。其次，与此相关的是，许多人试图仅仅通过利己来解释人类动

---

[1] 为了获得更为全面的描述，参见Vivasvan Soni, "Introduction: The Crisis of Judgment," *The Eighteenth-Century: Theory and Interpretation* 51 (3) (2010): 261-88.

机（霍布斯、洛克、曼德维尔），以便根据科学范式使人类行为易于理解和解释。这些理论不仅将人的利己心和欲望视作在心灵中起作用的因果关系的形式，从而绕开了判断力，而且还假设人的自利是一种无法改变的、既定的实体，不可用于判断力的审议过程。人类的动机通过无休止的欲望而内在地运作着，它并不能通过判断力的活动来设定其孜孜以求的"超然的"目的。

我们必须在这些解释范式及其引发的判断危机的背景下，理解这一时期美学理论的异军突起（以及道德理论的独特形态）。美学理论从一开始就致力于对抗这两种倾向（即简化为有效因果律以及通过利己来解释人类行为），主要经由以下两种途径：其一，恢复或发现自然形式的目的性以及它所预设的目标方向；其二，明确划定人类感知和行动的领域，在这一领域中，个人利益绝不会受到任何影响。然而，美学理论的发展最令人沮丧的是，除了康德这个显著的例外之外，它试图在基本不诉诸判断的情况下实现这些目标，这是首先确保这些目标的唯一方法。如果我们暂时依赖康德对美学理论所作的理性主义和经验主义的划分，这一点就会变得明显。通过提供一个概念性的标准来确定什么情况下某物被视为美的（差异中的同一），理性主义避免了在没有明确标准的情况下判断力的艰难运作，而这正是判断的任务所要求的。通过赋予感官以无可置疑的优先性，并将美的感知置于理解一个对象的感官形式时所体验到的直接快感中，经验主义使任何判断力不仅显得多余，而且是不可取的。休谟解释了这一主张，但并不表示赞同："所有的情绪都是对的；因为除了自身之外，情绪别无其他任何指涉，而且无论人们在何种情况下意识到它，它总是真实的。"[1]事实上，18世纪的一个普遍观点认为，感官能准确地感知，而且只有多余的、具有误导性的判断力的运作才会导致感知或认知中的错误。[2]

但即便我们不依赖于康德的划分，这一时期很多独特的思想家都绕过了判断力，这一点是毫无疑问的。让我们以哈奇生和鲍姆加登为例。在《诗的哲学默想录》

---

[1] David Hume, "Of the Standart of Taste," in *Essays, Moral, Political, and Literary,* ed. Eugene F. Miller, rev. ed. (Indianapolis: Liberty Fund, 1987), 230.

[2] Locke, *Essay*, 250-1; Hume, "Standard of Taste," 230; Rousseau, Émile, 169; Frederick C. Beiser, *Diotima's Children: German Aesthetic Rationalism from Leibniz to Lessing* (Oxford: Oxford University Press, 2009), 141; Francis Hutcheson, *An Inquiry into the Original of Our Ideas of Beauty and Virtue in Two Treaties*, ed. Wolfgang Leidhold (Indianapolis: Liberty Fund, 2004), 140.

中，鲍姆加登将"美学"定义为"知觉的科学"①，不管我们是把重点放在唯理论或经验主义，还是放在科学或感知上，都没有判断力的用武之地。鲍姆加登的论证细节证实了这一点，因为其中几乎不包含任何关于判断力的讨论。对于鲍姆加登来说，诗是"一种完善的感性话语"，诗的表象的特征在于其"既明晰又模糊"②，即是说诗表现的对象很容易和其他对象相区分（明晰性），但其真正的艺术特质却很难具体说明（模糊性）。③事实上，诗歌在模仿感觉本身时，它是最具表现力的④，而且还以其"广延的明晰性"而著称。在此，鲍姆加登的确是将这种对广延的明晰性的感知（既明晰又模糊）视作一种判断力："对于完善感觉的模糊判断，称为感觉判断。"⑤但是，如果我们还记得判断

---

① Alexander Gottlieb Baumgarten, *Reflections on Poetry*, trans. Karl Aschenbrenner and William B. Holther (Berkeley: University of California Press, 1954), 79.（此处中译参照鲍姆加登著，《诗的哲学默想录》，王旭晓译，滕守尧校，北京：中国社会科学出版社，2014年，第97页。——译者注。）

② Ibid., 42.

③ Beiser, *Diotima's Children*, 38.

④ Baumgarten, *Reflections on Poetry*, 52.

⑤ Ibid., 69.（此处中译参照鲍姆嘉通著，《诗的哲学默想录》，王旭晓译，滕守尧校，北京：中国社会科学出版社，2014年，第86页。——译者注。）

力正是对差异和区别进行辨别的能力，那么一个模糊的判断，即某一对象的各种特质被不加区分地融合在其中的判断，就根本不是判断，而是一种知觉或感觉而已，它和一种快感相联系，这种快感被我们视为完善的标志。此外，如果我们能够按照判断力的要求使模糊的审美"判断"变得清晰，那么，审美对象的诗意就会丧失，因为诗意正在于广延的（模糊）明晰性中，而不在于明晰与确定性中。[①]换言之，意象（representation）的诗意不是通过判断力活动获得的，而是通过在意象自身中对判断力的某种抵制而获得的，诗的意象坚定地拒绝将自己塑造成一个清晰而明确的表象。一种"模糊的判断"意味着这样一个判断：诗的意象拒绝被判断！

在《论美与德性观念的根源》中，哈奇生力图获得美与道德的自主性，反对那种将其仅仅当作自我利益的调节来解释的简化式描述。哈奇生的非凡策略是，正如我们有视觉和听觉的外部感官一样，我们亦有内在感官，尤其适合感知美（如唯理论传统中的"寓多样性于统一"）与道德（善行）的品质。当哈奇生借助感官语

---

① Baumgarten, *Reflections on Poetry*, 42.

言来获得道德和审美认知的自主存在时,他避开了判断力的中介。感官活动与认知活动的一个区别似乎在于它们在抓住或理解其各自对象过程中的直接性是不同的。由于担心感官如果受判断力的引导很容易迷失方向,哈奇生学术伟业的"前途"牢牢地建立在感官完全有能力绕过判断力及其调节作用:"把这种较高级的知觉能力称为一种感官是恰当的,因为它类似于其他感官的地方在于,<u>快乐不是源于有关原理、比例、原因或对象有用的知识,而是因为,首先震撼我们的是美的观念</u>。"①尽管人们普遍认为,趣味和对美的辨别需要判断力的作用,这一点甚至在美学理论家的话语中也很明显,但早期的美学理论尽可能地将判断力排除在外。审美体验变成了一种感知、知觉和感觉的问题,而非判断力的问题。(与此对比,请参见纳扎尔为休谟和亚当·斯密著作中具有反思性的、审慎的判断力所作的强有力的、阿伦特式的辩护。)

在判断力实践被无情边缘化一整个世纪的大语境

---

① Hutcheson, *Inquiry*, 25,着重号为本书作者所加。(——此处中译参照哈奇森著,《论美与德性观念的根源》,高乐田、黄文红、杨海军译,杭州:浙江大学出版社,2009年,第10页。)

中，康德批判哲学方案将判断力重新置于认知与审美的中心，其激进性与勇气便格外显眼。在康德之前，卢梭在其著作《爱弥儿》中就已认识到判断力对于任何一种启蒙方案的重要意义，尽管他努力挽救判断力的尝试与其说是培育自主判断力的成功方案，不如说它揭示了这一方案所面临的困境。康德将判断力研究作为其批判哲学事业的关键要素，而非一种像是事后追加的东西似的只是出现在第三批判中。第一批判即《纯粹理性批判》的引导性问题是"先验综合判断如何可能"，判断力对于决定特定情境下如何根据道德律令行事是至关重要的。但在这两种情况下，我们所探讨的判断力都是康德所说的"规定性的判断力"，在这种判断力中，某一特定事物被包含在预先给定的规则之下。康德逐渐认识到，规定性的判断力并未揭示判断力的运作是独立自主的；相反，判断的能力自身是被规定的，因为规则或法则是由其他能力事先赋予的。正如康德对道德法则所做的解释："凡是在显露出道德法则的地方，关于什么是该做的事客观上就再没有任何自由的选择。"①判断力是一种调节的能力，在其正常发挥规定性的作用时，它是他律的，有赖于其他能力赋予它的法则。在很长一段时间里，康德甚至并不确定是否存在一种能不依赖于其他能力而独立运作的判断力，因为发挥调节作用的判断力需要从其他地方获得材料。但是，康德认识到审美判断力的奇特状态，既是主观的同时又主张普遍性，他试图解释这种几乎难以发生的判断力到底是如何成为可能的，在这一过程中，康德意识到审美判断力开启了一个全新的领域，在这个领域中，判断力作为一种反思性的判断力而非规定性的判断力自主地（近乎自主地）发挥着作用。②在反思性的判断力中，只有特殊对象是给定的，但正是这种方式使其看起来像是一个普遍规则的实例。因此，反思性判断力的任务是对这些规则的可能性进行主观审视（这是审美层面的），或是提供这些规则，作为解释丰富的自然现象的方法（这是目的论层

---

① Kant, *Critique of the Power of Judgment*, 96. （此处部分中译参照康德著，《判断力批判》，邓晓芒译，杨祖陶校，北京：人民出版社，2002年，第45页。）

② Ibid., 27-8.

面的）。

康德将反思性判断力认定为一种独特的类型，这是康德的世纪中判断力理论最有前景的进展，[①]但也受到了无数问题的困扰，这些问题加剧了判断力的危机。它之所以是最有前景的，既因为它力图捍卫自主判断力的可能性（一种不是由它所感知的世界所构建的判断力，而是能够对其进行反思的判断力），也是因为它抓住了判断力问题最为有趣也最为棘手之处，即思想如何把握特殊性或与毫不妥协的特殊性建立密切联系。然而，尽管康德准确抓住了自主判断力的关键问题及其与特殊性的密切关系，但他自己在其审美判断力的论述中所提供的解决方案却使得要解决的问题重新出现了。康德只有放弃所有对美的对象的判断才能确立审美判断的自主性，这便是此问题最为明显的体现，也最为棘手。所谓的"鉴赏判断"实际上是对审美对象判断的一种悬置。要理解为何会如此，我们首先要指出的是对于康德而言

---

① 参见Hannan Arendt, *Lectures on Kant's Political Philosophy*, ed. Ronald Beiner (Chicago: University of Chicago Press), 1982; and Linda M. G. Zerilli, "'We Feel Our Freedom': Imagination and Judgment in the Thought of Hannah Arendt," *Political Theory* 33 (2) (2005): 158-88.

鉴赏判断不是一种其对象拥有某种特质（"美"）的判断，而是对感知某个特定对象时主体认知官能自身所处状态的一种判断。这种独特的状态即是康德所说的知性和想象力的自由游戏，这无非就是一种令人愉悦的判断力的悬置。最终，当想象力和知性进入了一种固定且确定的关系中时，这正是判断力的契机。自由游戏是当心灵处于"中立"状态（可以说是一种毫无认知的状态下），在知性和想象力的相互作用中认识到自己进行判断的能力，但不将这种关系固定在一个确定的判断中。康德非常明确地指出，"鉴赏判断"一定不是在一个实际的判断中产生的；要发现一条将审美对象（诸如"多样统一性""对称""和谐"等）都囊括其中的规则，就等于将自由游戏的特定审美经验禁锢在一个产生某种关于对象的知识的判断中。① 换言之，对于康德而言，

---

① 席勒对康德美学的"转译"使判断力必要的悬置变得更清楚了："假如在这样一种享受之后，我们仍然对任何一种特殊的感觉方式或行动方式感到格外倾心，而对另外一种感觉方式或行动方式感到不顺心和厌烦，那么，这就确定无疑地证明，我们还没有体验到纯粹的审美体验。" Friedrich Schiller, *Letters on the Aesthetic Education of Man, in Essays,* ed. Walter Hinderer and Daniel O. Dahlstrom (New York: Continuum, 1993), 149.（此处中译参照席勒著，《审美教育书简》，张玉能译，南京：译林出版社，2012年，第67页。着重号为原作者所加——译者注。）

审美"判断"（实际上是一个审美体验）迫使判断主体向内转向自身（在它认识到自己无法对对象做出判断时）并反思其认知机能的状态。由此，审美判断发现，在判断上的无能构成了其认知机能愉悦的自由游戏，而后它觉得有权将其归因于所有人。对美的判断并未将某种特定品质归于某一对象；相反，它所主张的是，主体自我要求所有人在面对这一对象时都经历同样的在判断上的无能，而这种无能的独特性质（是指官能的自由游戏，而不仅仅是困惑或无法充分认识该对象）所带来的愉悦感对于我们所有人来说都是一样的。在关于美的判断中，只有在我们体验到美的对象在抵制我们的判断时，判断的自主性才会实现。

判断对象的缺失只是暴露了康德恢复自主判断力的方法所产生的一个问题。另一个纠缠不休的质疑是，在所谓的审美判断中或许并不存在明确的判断行为。这不仅仅是因为在进行审美判断时，我们并不能而且确实必然无法找到一个能够解释特定情况的概念；相反，如果判断从根本上说是一种调节认知的行为，而调节是需要时间的，那么在对美的体验中是否有时间进行这种调节还远不能下定论。康德有时坚持认为，美会立即带来愉悦感，因为它是在无需任何概念调节的情况下进行的。①在这一点上，他很像哈奇生，在哈奇生看来，对美的感知的直接性省略了判断："鉴赏判断必然只建立在感觉上。"②其实更为恰当的说法是，我们"直觉"美，而不是判断美。但在被康德称为"理解鉴赏批判的钥匙"的那部分内容中，他提出了这样的主张——普遍可传达的感觉必须先于我们从对象中获得的愉快感，甚至可以说这种愉快感即产生于普遍可传达性。③也许我们正需要一种判断行为，才能认识和辨别这一状态，以及它使我们产生愉快感的能力。恰如迪特尔·亨利希（Dieter Henrich）敏锐地指出："这种感觉必须满足这样的条件，审美态度毋庸置疑地已然产生了；否则，一种独特的审美判断不可能在此基础上产生，更不要说是一种声称具有普遍一致性的判断了。"④但是由于一切都有赖于感觉或知觉，我们所需要的判断超出了表达的

---

① Kant, *Critique of the Power of Judgment*, 93, 166.

② Ibid., 167.（此处中译参照康德著，《判断力批判》，邓晓芒译，杨祖陶校，北京：人民出版社，2002年，第129页。）

③ Ibid., 102.

④ Dieter Henrich, *Aesthetic Judgment and the Moral Image of the World: Studies in Kant* (Stanford, CA: Stanford University Press, 1992), 42.

限度，尽管这是艰巨的判断工作最需要解决的问题。于是，判断力的舞台就此展开——尤其是在愉快感并不是立即产生的情况下，哪怕愉快感已显示出些许迹象——但它更像是一个占位符，而不是对判断力的一个可行的解释。

康德在对判断力进行理论化的过程中所暴露的最终难题是：如前述，判断涉及我们与目的、意义和意图的关系，而毫无疑问，在《判断力批判》中，康德则努力在一个已被剥夺了意图和终极因的世界里恢复对这两者的关注。但是在关于美的判断方面，康德策略的失败在其对美的第三个定义中就已经很明显了，即他将美视为"一个对象的**合目的性**形式，如果这形式是**没有一个目的的表象**而在对象身上被知觉到的话"①，即无目的的合目的性。美的对象看似有目的，但我们却无法具体说明（判断）这个目的，否则官能的自由游戏将走向终结，而这种自由游戏恰恰是美的体验的重要特征。换言之，我们可以说，美的对象提醒我们，判断力危机

---

① Kant, *Critique of the Power of Judgment*, 120.（此处中译参照康德著，《判断力批判》，邓晓芒译，杨祖陶校，北京：人民出版社，2002年，第72页。着重号为原著所加——译者注。）

使我们与意图以及目的失去了关联，无法恢复我们的目的取向。在一个被物理定律祛魅的自然世界中，在一个受绝对律令严格约束的道德世界中，美的对象（通过其无用、无指涉①、无足轻重）激发出一种直觉，即意图是我们自己设定的，即便任何对这些目的和意图做出具体说明的努力都被贬低为无知和非审美的。美的对象邀请我们以富有想象力的方式，通过具有建构性的判断行为，带着我们自身的意图与目的，进入一个被赋予勃勃生机的世界，而正当我们跃跃欲试时，它们当着我们的面砰的一声把门关上了！在康德、哈奇生或鲍姆加登的著作中，审美对象并不能恢复（restore）我们判断的能力，也不能提供一种借以行使判断的特权；相反，作为判断力最后一个可能的避难所，审美认知只不过是揭示了我们判断的失败与判断的无能。

如果说康德仅仅通过放弃审美对象保住了自主的判断力，并将美的判断作为一种关于主体知觉和认知官能状态的判断，那么我们在黑格尔的唯心主义哲学中发现了与之相反且同样不尽如人意的对判断力的拯救方案。

---

① Kant, *Critique of the Power of Judgment*, 93, 114.

尽管对命题式判断及其向演绎推理进行辩证转换的论述构成了黑格尔《逻辑学》展开结构中的一部分，但判断在辩证过程中占据着举足轻重的地位[1]。于此，荷尔德林的残稿《判断与存在》为我们提供了关键线索。[2] 荷尔德林将判断（Urteil）理解为"原初的部分"（Ur-teil），即在存在中发生的最初的区隔和分化。如果说黑格尔的辩证法是一个不断分化、复杂化和具体化的过程，那么它所做的实质上就是荷尔德林所指的"判断"。[3] 因此，当黑格尔说"世界历史是一个判决庭"[4]时，我们绝不能仅仅从隐喻的意义上来理解这句话，即历史的产物构成了对所有成功的辩护或认可，因为"世界历史不是单纯权力的判断"。[5] 更确切地说，历史的进程是在不断增长的差异性、复杂性和独特性中展开

---

[1] Terry Pinkard, *Hegel: A Biography* (Cambridge: Cambridge University Press, 2000), 343.

[2] Ibid., 133-6.

[3] 亦可参见Shiller, *Letters*, 140.

[4] Georg Wilhelm Friedrich Hegel, *Hegel's Philosophy of Right*, Trans. T. X. Knox (London: Oxford University Press, 1967), 216.（此处部分中译参照黑格尔著，《法哲学原理》，范扬、张企泰译，北京：商务印书馆，2011年，第399页。）

[5] Ibid.（此处中译参照黑格尔著，《法哲学原理》，范扬、张企泰译，北京：商务印书馆，2011年，第399页。）

的，因此我们必须把历史的进程视为"普遍精神"的判断行为，这个词意味着近乎人类共同努力的全部领域。将历史进程视作一种"判断"，黑格尔回归到了洛克学说中的判断概念，即对差异的感知，但他对这个概念做了非常大的改变。判断不只是对差异的区分，而是一个活跃的分化过程：体系内部差异的产生。判断是连接起整个系统的关键。以这种方式来设想判断的优势在于，它成了一个全然客观的过程。然而，这种客观性的代价是忽略了所有个体主体所做的判断认知，从而剥夺了我们的能动性，而这种能动性却是判断力的前景所在。尽管我们可以做出很多个体的和局部的判断，但最终这不是我们所做的判断，而是在历史进程中恰好发生在我们身上的判断。历史的合目的性最终是一种自然发生的结果，而非判断的作品，或者换一种更好的说法，它是一种被想象成判断作品的自然产物。（这种规避判断的特殊形式可以追溯到曼德维尔将市场理论化为判断的替代品，以及后来被亚当·斯密和席勒所采纳的夏夫兹博里关于社会性的辩证模式。）

尽管在美学诞生之初，判断力是一个不可或缺的概念，但它却是一个问题重重的概念，虽然它也具有一定的生发性。尽管理论家们也许希望将美学建成一个进行判断力实践的范式领域，但实际上他们成功地激发了一场"判断力危机"，直至今天，对判断结果的不满仍持续存在，我们仍是这场危机的延续者。[①]18世纪的美学理论留给我们的一个挑战——一个它无法应对的挑战——我们是否能够想象并建立可行的判断实践以及维持这些实践所必需的共同体。

亦可参照：美；崇高；伦理

---

① 参见Soni, "Introduction."

美

German
Aesthetics
Fundamental Concepts from Baumgarten to Adorno

保罗·盖耶（Paul Guyer），布朗大学人文与哲学系教授、宾夕法尼亚大学人文学科荣誉教授。

美作为美学的核心概念远早于亚历山大·戈特利布·鲍姆加登（Alexander Gottlieb Baumgarten）于1735年对这一学科的命名。在很长一段时间里，它都是一个核心概念。人们通常认为，所有的美学体验都是一种对美的体验，并且所有艺术都旨在美的生产。在18世纪，还有其他范畴对美学而言十分重要，尤其是崇高的范畴，并且还包括小说、表现的范畴，而到了19世纪后期，特别是在20世纪，美是不是艺术的关键要素变成了一个颇具争议的问题。最近，美的概念得到了恢复，一些哲学家认为美对总体的人类生活尤其是对艺术而言是至关重要的。

在悠久的新古典主义传统中，美被视作对象的客观属性，存在于对象各组成部分的和谐中或其多样性中的统一性中，美甚至被视为宇宙整体的一种客观属性，但它那被人类感官愉悦地感知到的多样性中的统一性能引导人类的思维去更理性地把握这种愉悦感的客观基础。在18世纪初，克里斯蒂安·沃尔夫（Christian Wolff）是这一传统的代表人物。沃尔夫将美视为感官所能感知到的对象的完善。继莱布尼茨之后，他将感官知觉理解为明晰但却含混的认知，他还将对完善的感官知觉等同于愉悦感①，因此，美通过愉悦感展现其自身，美即完善。沃尔夫所说的完善是复杂的：多样性中统一性的形式属性是完善的一种形式；而实现一个对象的预设功能则是另外一种形式，例如，就绘画而言，与它的对象相似就是完善，因为模仿是绘画的功能；②而整体世界的完善，这本身就是上帝之完善的一面镜子③，个体对象对此的反映则又是一种形式。关于完善的这三种形式之间并非互不相容，因此，一件艺术作品可以在这三种意义上都实现完善，而且对其美的愉悦体验也可以是对这三种完善形式的体验。然而，既然感官知觉是明晰但却含混的，因此，可构成艺术作品之美的三种不同形式的完善，在对艺术作品自身的愉悦感中是无法区分的，尽管它们可能是对这种体验的哲学反思。

鲍姆加登在他1735年发表的一篇关于诗的论文中提出了"美学"（aesthetics）一词，并于1750年开始出版第一本名为《美学》（*Aesthetica*）的教科书。沃

---

① Christian Wolff, *Vernunftige Gedancken von Gott, der Welt, und der Seele des Menschen*, Neue Auflage (original edition, 1720)(Halle: Renger, 1751), 404.
② Ibid.
③ Ibid., 1045.

尔夫将美的体验界定为对完善的感性认知，而鲍姆加登的理论创新在于转变沃尔夫的这个定义，将美定义为对感性认识的完善，即"美是感觉认知的完美性"（*perfectio cognitionis sensitivae, qua talis*）。① 对于艺术中的美来说，这尤其意味着，一件艺术作品的美与其说是和它表现了什么有关，不如说是与它表现的方式有关，换言之，与其说是和被表现的内容有关，不如说是和表现形式有关。事实上，鲍姆加登关于感觉认知完善性的解释表明，他认为，艺术美通常存在于所表现的内容和表现形式的双重完善中，由此我们能在这两者中都获得愉悦感。鲍姆加登的分类包括审美"丰富性"（wealth）、"规模"（magnitude）、"真实性"（truth）或逼真性、"光明"（light）或清晰性、"确定性"（certitude）或说服力，以及"审美认知的生动性"（*vita cognitionis aesthetica*）② 或其弟子乔治·弗里德里希·梅尔（Georg Friedrich Meier）所说的"动

---

① Alexander Gottlieb Baumgarten, *Aesthetica* (Frankfurt an der Oder: Johann Christian Kleyb, 1750) and *Aesthetica pars altera* (1758); 德语现代版，达格马尔·米尔巴赫(Dagmar Mirbach)译，两卷本 (Hamburg: Felix Meiner Verlag, 2007), 14.

② Ibid., "Prolegomena."

人",即情感影响力。他划分的这些类别中有一些显然与艺术表现的品质有关(例如,真实性、清晰性、说服力),而像规模(即鲍姆加登对崇高的称呼)一词则更多的是与被表现的对象的特点有关,即自然意义上或道德意义上的伟大;[1]最后,"生动性"或情感影响力则可以通过艺术表现的内容及其表现方式共同来实现。因此,就不同种类的完善向感官呈现的方式而言,而且就其可为感官愉悦地呈现出来而言,艺术中的美可存在于不同种类的完善中。

摩西·门德尔松(Moses Mendelssohn)在初刊于1757年的一篇名为《论美的艺术与科学的主要原则》的论文中,将鲍姆加登隐含的内容阐述得更加明确,他以沃尔夫式的术语首次将美界定为感官所认知的完善,尔后再以鲍姆加登式的术语将之界定为"感官上完善的表现",在此基础上,将上述这两种定义结合起来表述为"美的艺术与科学的精髓存在于一种艺术的、在感官

---

[1] Alexander Gottlieb Baumgarten, *Aesthetica* (Frankfurt an der Oder: Johann Christian Kleyb, 1750) and *Aesthetica pars altera* (1758); 德语现代版、达格马尔·米尔巴赫(Dagmar Mirbach)译,两卷本(Hamburg: Felix Meiner Verlag, 2007), 181.

上完善的表现，或者存在于由艺术所表现的感官的完善中"。① 但是，门德尔松也加了一些关键性的创新点。首先，他明确表示，美不仅存在于绘画或诗歌这种日常意义上的"表现"中，而且还存在于客体对象的精神表现中，因此，就以绘画或诗歌为媒介的艺术而言，完美不仅存在于被表现的对象中，也不仅存在于表现了审美对象的艺术家之作品中，而且存在于正在进行审美体验的人的灵魂之中。其次，门德尔松强调在美的体验中，主体不仅体验到美的灵魂的完善，也体验到了美的形体的完善。他强调，"在灵魂中和谐的情感同肢体和感官的和谐运动相呼应"。② 最后，门德尔松用他所做的区分解释了我们如何体验"混合的情感"，或者在对一个不美的对象进行美的表现中体验美——然而，在这里，被表现的对象之丑并不只是简单地被其表现之美所压倒，而是切实地"增强了愉悦感，并且使美妙加倍"，就像"几滴苦水……混合进了装满愉悦的蜜碗里"。③

---

① Moses Mendelssohn, *Philosophische Schriften*, 2nd ed. (Berlin: Voss, 1771), 172-3. Translated in ed. Daniel O. Dahlstrom, *Philosophical Writings* (Cambridge: Cambridge University Press, 1997).

② Ibid., 140.

③ Ibid., 74.

在此，门德尔松对美的多重来源的分析进行了具体的应用，以此为解决悲剧的悖论提供了框架。

这些沃尔夫学说信奉者的一位重要追随者是乔安·格奥尔格·苏尔策（Johann Georg Sulzer）。1770—1774年，他那百科全书般的《美的艺术通论》（*General Theory of the Fine Arts*）最初以两卷本的形式出版，后来由弗里德里希·勃兰登堡（Friedrich Blankenburg）于1792—1794年扩充到四卷本出版，在这套书中，苏泽尔不仅增加了关于人的美（Schöneheit）的词条，也增加了关于美的艺术（schön Künste）中的"美"（Schön）的词条。苏尔策在对艺术美的总体论述中，更强调美的体验的主观方面，而非对象的完善，并特别强调了美之所以为美，因其各部分"繁多的种类"或多样性不会对整体的"可理解性"（*Faßlichkeit*）造成"阻碍"①，或者说强调了美促进了接受美的精神活动。对此，苏尔策的想法和苏格兰人亚历山大·杰拉德（Alexander Gerard）相同，杰拉德

---

① Johann Georg Sulzer, *Allgemeine Theorie der Schön Künste*, 2nd ed.［by Friedrich Blankenburg］, 4 vols. Plus index vol. (Leipzig: Weidmann, 1794), Vol. Ⅳ, 309a. Facsimile reprint with introduction by Giorgio Tonell (Hildesheim: Georg Olms Verlag, 1994).

于1759年问世的作品《论趣味》于1766年被翻译成德语。但是，苏尔策还将"如同在表面上一样轻微触动心灵"[①]的美与更深层地撼动我们的美相区别，尤其是在关于人的美的探讨中，他强调，"所有人都认为这是最美的，其形式（Gestalt）向判断之眼宣告谁是最完善且最好的人"[②]，或者说，人的美"其外在形式传达了人的内在品性"。[③]苏尔策在强调以某种美的形式展开的令人愉悦的精神活动的同时，也因此强调了对象内在价值的贡献，尤其是人类在审美体验中的贡献。

伊曼努尔·康德关于美的著名理论引发了独立于任何既定概念的想象力和知性的"自由游戏"，被汉斯-格奥尔格·伽达默尔（Hans-Georg Gadamer）用以表达美的概念的"主体化"，而像这样的著名理论实际上只是一种更为复杂的理论的第一阶段。在这一更复杂的理论中，美最终存在于自由游戏之中，这种自由游戏包含了一部艺术作品或一个人，甚至自然界中任何一件东西

---

① Johann Georg Sulzer, *Allgemeine Theorie der Schön Künste*, 2nd ed. ［by Friedrich Blankenburg］, 4 vols. Plus index vol. (Leipzig: Weidmann, 1794), Vol. Ⅳ, 309b.

② Ibid., 320a.

③ Ibid., 322a.

的形式与内容之间的和谐，尤其是其道德意义层面的和谐。由此看来，康德的最终理论既强调了审美体验中令人产生愉悦感的精神活动，也强调了美的对象所具有的在道德上撼动人的内容，在这一点上和苏尔策的理论很接近。康德理论的初始阶段是对美和"鉴赏判断"的同步分析：鉴赏判断意味着，一个对象产生一种无利害的[1]、普遍有效的[2]、必然的[3]愉悦感，这种愉悦感不是由概念决定的，因此也不是由法则决定的；能够许可这样一种判断的愉悦感只能产生于想象力和知性这两种认知力量的"自由游戏"，或者产生于对想象力和知性这两种认知力量的"激励"，使其成为"一种不确定的活动，然而却在既定表象的刺激下和谐一致"；[4]并且在对象的表象中，激发这一状态的是其"主观的"或"只

---

[1] Immanuel Kant, *Critique of the Power of Judgment*, ed. Paul Guyer, trans. Paul Guyer and Eric Matthews (Cambridge University Press, 2000). 注释中所示的页码是由普鲁士（后来的德国，其后的柏林-勃兰登堡）皇家科学院编辑的《康德文集》（*Kant's gesammelte Schriften*）中的卷辑和页码。（Berlin: Georg Reimer, later Walter de Gruyter, 1900- ），2.

[2] Ibid., 6-8.

[3] Ibid., 18.

[4] Ibid., 9, 5:219.

是形式上的合目的性"①,康德将其等同于"形式的合目的性"②,从而也将其等同于一件作品纯粹的空间-时间设计或结构,而不是其颜色或自然花纹,不是其内容,尤其不是对象可能引发的任何"魅力或情感"。这种美的典型例子是树叶或墙纸上的图纹之美,以及"幻想曲"或"无主题"音乐之美。③看来,康德对美有一种纯粹的形式概念。因此,他似乎采纳了苏尔策关于美的阐述中认为美是可把握的这一观点,但排斥苏尔策不能表达某种更深层的意义的美便是表层的美这一看法。

但康德接受了这一主张④,他关于美的形式主义概念只是其阐释的第一阶段,即确定所有美的必要特征,但丝毫没有对美进行完整描述,更不要说对最重要的美的描述了。康德随即把"纯粹的"或"自由的"美列入美的例子中,他将这种美称为"依存"美,在其中,对象的形式与它预期的功能可能是相容的,甚至是和谐

---

① Immanuel Kant, *Critique of the Power of Judgment*, ed. Paul Guyer, trans. Paul Guyer and Eric Matthews (Cambridge University Press, 2000).10, 5:221; 11, 5:222.

② Ibid., 13, 5: 223.

③ Ibid., 16, 5:229.

④ Ibid., 50.

的。① 很明显，在苏尔策之后，他增加了"理想美"，在这种美中，人的形体的外在美被解释为——尽管这不符合任何规则——这个人的"道德呈现"。②在谈到美的艺术时，康德认为，其"精神"在于对一种"审美理念"的表现，以一种"激发的思考多得永远无法在一个确定的概念中把握"的方式，③对深刻的理性或道德观念做出富有想象力的呈现，从而引发我们认知能力愉悦的自由发挥。而这种认知能力目前不仅包含想象力和知性，也包含理性在内。至此，康德甚至可以宣称，所有的"美（不管是自然美还是艺术美）都可以被视为审美理念的表达"；④显然，我们已不可避免地倾向于将人类和道德意义解读为非人的美。最终，康德认为所有的美都是道德的象征，正是因为构成我们对美的体验的、无需概念的自由游戏，和我们在道德中的自由意志相类

---

① Immanuel Kant, *Critique of the Power of Judgment*, ed. Paul Guyer, trans. Paul Guyer and Eric Matthews (Cambridge University Press, 2000). 16.
② Ibid., 17, 5:235.
③ Ibid., 49, 5:315.
④ Ibid., 51, 5:320.

似,尽管后者仍是由一种律令,即道德律令所支配。[①]换言之,对于康德来说,关于美的最有趣且最重要的例子存在于对象的外在形式和道德意义的和谐之中,无论这种对象是艺术作品、人类,抑或是自然界中的任何事物。毕竟,康德关于美的概念是在苏尔策的传统中牢固确立起来的。

弗里德里希·席勒(Friedrich Schiller)的名作《审美教育书简》(*Letters on the Aesthetic Education of Mankind*, 1795)论证了美的体验所带来的道德和政治利益,但并没有对美本身进行分析。但两年前,席勒在一本辑自其一系列书信的名为《卡里亚斯,或关于美》(*Kallias or Concerning Beauty*)的书中,试图提出一种康德式的,但却是客观的而非主观的对美的阐释,他将美描述为"显现出全然的自由"[②],或者"直觉感知的

[①] Immanuel Kant, *Critique of the Power of Judgment*, ed. Paul Guyer, trans. Paul Guyer and Eric Matthews (Cambridge University Press, 2000). 59.

[②] Friedrich Schiller, "*Kallias or Concerning Beauty*: Letters to Gottfied Körner," trans. Stefan Bird-Pollan, in ed. J. M. Bernstein, *Classic and Romantic German Aesthetics* (Cambridge: Cambridge University Press, 2003), 152.

范围内所能获得的事物的自主性"①。他用客体对象来说明这一点,对象的形式看起来并未任何外在力量的强迫而施加于对象上,②例如,一个花瓶,它必然"受到重力的影响",但"重力的影响"似乎"并没有否认花瓶的本质"。③尽管如此,从根本上来说,席勒关于美的理论仍是康德式的,不仅是因为在我们看来,花瓶的形式是自主的,而非外在力量决定的,这一事实仍带有一些主观色彩;更重要的是因为,对在花瓶之类的东西中显现的自主性感兴趣,这显然意味着我们可以把它视为我们自身的象征,即道德的自主性,席勒和康德一样深切地关注这一点。

美学是继康德之后以"德国唯心主义"而闻名的哲学大发展的核心。本文在此只提作为对立倾向的亚瑟·叔本华(Authur Schopenhauer)和黑格尔(Georg Wilhelm Friedrich)。尽管叔本华更年轻,但他却是第

---

① Friedrich Schiller, "*Kallias or Concerning Beauty*: Letters to Gottfied Körner," trans. Stefan Bird-Pollan, in ed. J. M. Bernstein, *Classic and Romantic German Aesthetics* (Cambridge: Cambridge University Press, 2003), 154.
② Ibid., 156.
③ Ibid., 163.

一个发表关于美的观点的。康德将审美反应视为一种无利害的愉悦感，叔本华将这种极端的说法和自己对被康德根本上视为美的对象之内容的看法相结合：对叔本华来说，审美反应是对事物之本质（"柏拉图式的理念"）进行"纯粹的、无倾向性的、愉悦的、永恒的"沉思——从其特殊性中解脱出来的事物，因此，对其沉思可以使我们从自身的特殊性及其煎熬中解放出来，[①] 能在一定程度上"达到那种状态"，即"纯粹沉思直觉"的对象是美的，而"在整体上和人类一直有敌对关系"，且沉思的状态不得不从这种状态中挣脱出来，这样的对象则是崇高的。[②] 艺术家是天才，有直觉的天分，因此可以发现其他人更难以发现的美的对象，并向我们传达他们所直觉到的这些美的对象之神韵，从而让我们也能领略它们的美。叔本华理论的另一个深层次特征是，从不同层次产生的"理念"代表着对自然的潜在

---

① Arthur Schopenhauer, *The World as Will and Representation*, trans. and ed. Judith Norman, Alistair Welchman, and Christopher Janaway (Cambridge: Cambridge University Press, 2010), 34, 210-11; 38,230. 叔本华该著作的初版可回溯至1819年；这里引用的译本是根据叔本华去世后，其友朱利叶斯·弗劳恩斯特（Julius Frauenstädt）于1873年出版的版本，该版本是叔本华自己大规模扩充的第二版。

② Ibid., 39, 236-7.

现实不同程度的"客观化",从最基础的力量到人类欲望和意志的本质,理念的层次越高,表达它的艺术就越重要——在叔本华看来,悲剧和音乐这两种艺术形式代表了意志本身,因此它们是艺术的最高形式。通过这样的方式,叔本华重构了关于艺术美的重要性的见解,这类见解再现了我们在苏尔策和康德那里发现的重要议题——尽管可以肯定,叔本华基于怜悯的道德观既不同于苏尔策的享乐主义,也不同于康德所提出的建立在自主性基础之上的道德。

1818年,黑格尔在海德堡讲授艺术哲学,之后于1819—1829年在柏林开讲。他去世后,这些讲稿由其弟子霍托(H. G. Hotho)于1835年编辑出版。黑格尔关于美的理论实际上延续了德国唯心主义的传统——"美在纯粹的表象中存在",但"只有精神才是真实的,将一切事物把握于自身之中,因此所有美的事物只有在这个更高的层面上共享且由精神产生时,才是真正的美"。尤其需要指出的是,"自然之美只是对属于精神的美的一种反映";而艺术之美是由人类创造的,人类自身或是精神的一部分,或是精神的产物;艺术之美"是源于精神的美，且使美获得重生"。① 因此，黑格尔认为艺术美比自然美更重要，并且将美学重新定义仅为艺术哲学。然而，尽管黑格尔认为美是关于精神的真理或"理念"（"Idea"，对黑格尔来说，这个词是独一无二的）的感性显现，故而艺术的使命"便是以感性的艺术形态的形式揭示真理"②，从总体上来说，这和叔本华的观点很接近，但是，黑格尔得出的结论却截然不同。对于黑格尔来说，我们对美的理解是一种知识形式，但它最终却是一种不充分、不够智性的知识形式，知识才是最重要的；艺术最终必须被宗教所取代，而且由于宗教本身仍然过于意象性，将必然会被哲学所取代：因此，"考虑到其最高使命，对我们而言，艺术已经并将继续成为过去的东西"。③ 这便是黑格尔"艺术终结论"的主题，这并不是说创造美的艺术不再可能，而是说创造美的艺术不再像过去那样重要。对于叔本华来说，艺术也是一种知识形式，但对我们来说关键不在于

---

① Georg Wilhelm Friedrich Hegel, *Aesthetics: Lectures on Fine Arts*, trans. T. M. Knox, 2 vols. (Oxford: Clarendon Press, 1975), 4, 2.
② Ibid., 55.
③ Ibid., 11.

知识本身，而是无我的沉思所带来的解脱；对他来说，艺术也必须被取代，但因为它只会带来暂时的宽慰，而且取代艺术的不是更好的理论知识，而是我们对存在的伦理态度更为根本的转变。

弗里德里希·尼采的第一本书《悲剧从音乐精神中诞生》在很多方面受到了叔本华的影响，但它对美与崇高之间的关系形成了不同的看法。对尼采来说，传统的美的观念被"日神"，即清晰且清醒的个体神的形象所取代，而崇高则被"酒神"所取代。酒神是对隐藏在个性化原则（*principium individuationis*, 叔本华语）幻觉之下的同一性的一种令人恐惧但却又令人陶醉的暗示。[①]酒神精神是在"奥林匹克山的魔法开启，并且可以说向我们展示了其根源"之时所揭示出的。[②]表面看来，尼采似乎在传达这样的信息，即我们需要美的幻觉来保护我们免受生命的终极事实的影响，即个体生命在万物宏大体系中的微不足道，但实际上他想要论证的却是，

[①] Friedrich Nietzsche, *The Birth of Tragedy out of the Spirit of Music*, ed. Raymond Geuss and Ronald Speirs, trans. Ronald Speirs (Cambridge: Cambridge University Press, 1999), 1.

[②] Ibid., 3, 23.

"美的日神世界"和令人恐惧的酒神式崇高通过"相互的必要性"[①]关联在一起：我们需要个体的美的意象，才能去把握所有事物，但与此同时，在对崇高的体验中我们领悟到，我们只不过是比任何人都大得多的东西的一部分而已，这实际上是一种安慰，而不仅仅是恐惧。美不可能是我们唯一的审美对象，但它仍然是"审美现象"的一部分，而"存在和世界"通过审美现象得以"永恒确证"。[②]

在20世纪的德国，关于美最重要的思想家西奥多·W.阿多诺（Theodor W. Adorno）采纳了司汤达（Stendhal）的名言，即美只不过是"幸福的承诺"，他认为这是一种无法兑现的幸福的承诺，因为现实本身永远无法带来幸福。"艺术的幸福的承诺不仅意味着迄今为止实践阻碍了幸福，而且也意味着幸福是超越实践而存在的。"[③]不仅仅是过去或现在的社会经济安排

---

① Friedrich Nietzsche, *The Birth of Tragedy out of the Spirit of Music*, ed. Raymond Geuss and Ronald Speirs, trans. Ronald Speirs (Cambridge: Cambridge University Press, 1999), 4, 26.

② Ibid., 5, 33.

③ Theodor W. Adorno, *Aesthetic Theory,* ed. Gretel Adorno and Rolf Tiedemann, trans. Robert Hullot-Kentnor (Minneapolis: University of Minnesota Press, 1997), 12.

并没有为所有人带来幸福；而且幸福也是人类难以企及的。受20世纪上半叶德国灾难性历史的影响，以及20世纪早期不以任何传统形式追求美的艺术运动的影响，阿多诺拒绝了叔本华和尼采所承认的美具有暂时或部分救赎的承诺，同时也否认了尼采认为酒神的世界观中也包含着一种救赎的观点。

在变化了的历史语境中，阿多诺的悲观情绪恐怕难以为继。晚近的德国美学家们再次将美视为人类体验中的重要组成部分，①几乎可以肯定地说，这种情况将一直延续下去。

亦可参照：判断力；崇高；真理；丑

---

① 例如，科恩（Andrea Kern）的《美的欲望：康德的审美体验理论》（*Schöne Lust: Eine Theorie der ästhetischen Erfahrung nach Kant*, Frankfurt am Main: Suhrkanp Verlag, 2000）。

崇高

大卫·马丁（David Martyn），
麦卡莱斯特学院德语和俄语研究系
教授。

在18世纪，"崇高"一词被用来描述一种对自然的独特审美反应，而在那之前，没有词为之命名，或是因为不存在相应的术语，或是因为这种反应本身便是新的。从词源上来看，崇高（erhaben）的意思是举起或提升；在修辞学传统中，它指的是一种辞藻华丽的演讲风格，即宏大体（genus grande）或慷慨激昂（vehemens），演讲者在发表关于重大问题的演说时会使用这类风格。而现在这个词不仅用于言语艺术中，也用在了自然物上：高大的山脉、海洋和天空那令人眩晕的广阔，风暴和火山那令人惊惧的力量。这一概念的转变反映了伴随着美学新领域的兴起而发生的变化：修辞学的消亡；从新古典主义诗学向美学的转变，新古典主义诗学设定了美的客观形式标准，美学则分析了在欣赏艺术和自然时所包含的主观过程；审美判断作为一个独立领域的出现，一方面独立于道德判断，另一方面独立于真理判断。这一进展始于法国和英国，而后于18世纪下半叶转移到了德国，在德国它开启了自己的征程，并在伊曼努尔·康德的美学理论中达到了高峰。无论是在德国国内还是国外，康德仍然是后来所有关于崇高问题思考的重要参考依据。

从布瓦洛的"朗吉努斯"到门德尔松

"崇高"一词从修辞学范畴转变为美学范畴的起点是布瓦洛在1674年将《论崇高》翻译成法语,这是一篇写于1世纪的论文,长期以来一直被错误地归于3世纪的修辞学家卡西奥斯·朗吉努斯(Kassios Longinos)名下。布瓦洛的翻译向更广泛的读者群介绍了这一文本,该文本显然仍是在古典修辞学的范围内,但它埋下了使崇高从修辞学转向美学的种子。伪朗吉努斯不仅认为崇高是华丽而精致的、通常和宏大风格相联系的语言,而且他还认为崇高是通过风格上的简洁来产生影响力的乐章。其中,布瓦洛将《创世纪》开篇——"上帝说,要有光,就有了光"——单独举了出来作为一个例证,来证明超越修辞的崇高性,从此以后,这个例子成为关于崇高的论述中的主要内容。这个例子和其他例子都强调了崇高的形式特征及其效果之间的鲜明对照:简洁,甚至于完全没有文字都可以传达出伟大恢宏。《奥德赛》第11章中所记载的当看到被召唤的死者时埃阿斯的沉默"便是一种伟大,也确实比任何话语所能达到的更为崇高"①,而且这也超出了修辞学上的崇高风格。

从多方面而言,布瓦洛的朗吉努斯为把崇高重新塑造成一种审美享受的模式创造了条件,这种模式已不能用将美视为形式的古典原则来解释了。1688年,英国批评家约翰·丹尼斯(John Dennis)写下了"一种愉快的恐惧,一种可怕的快乐"②,这是他在翻越阿尔卑斯山时所感受到的——在面对一片原本只会让旅行者产生令人不快的恐惧和惊骇的风景时,所产生的一种新的、自相矛盾的愉悦感。③在古典时期,"美丽"这个词并不适合描述这类参差不齐且形状不定的风景,而且在1688年,"崇高"一词尚未用于描述自然物。这种情况在18世纪将会得以改变。埃德蒙·伯克(Edmund Burke)的著作《论崇高与美两种观念的根源》(*Philosophical Enquiry into the Origin of our Ideas of the Sublime and the Beautiful*, 1757),将崇高重新定义为像丹尼斯在穿越

---

① Longinus, *On Sublimity,* trans. D. A. Russell (Oxford: Oxford University Press, 1965), 9〔9.2〕.

② John Dennis, *The Critical Works*, ed. Edward Niles Hooker. Vol.2 (Baltimore, MD: John Hopkins University Press, 1943), 380.

③ Carsten Zelle, "*Angenehmes Grauen*": *Literaturhistorische Beiträge zur Ästhetik des Schrecklichen im achtzehnten Jahrhundert* (Hamburg: Meiner, 1987), 81.

阿尔卑斯山时曾体验到的那种令人愉悦的恐惧感。由此，"崇高"指的是这样一种审美享受模式，它不是由美的形式引起的，恰恰相反，它是由大自然的无定形、混乱和令人恐惧的力量激发的。崇高与美现在指向了两种截然不同的审美现象。

1758年，摩西·门德尔松（Moses Mendelssohn）在一篇评论中向德国民众介绍了伯克的《论崇高与美两种观念的根源》，这部作品对德国美学产生了决定性的影响，其起点正是从门德尔松自己对崇高理论的发展开始的。在首版（1758）"崇高与天真"（"On the Sublime and the Naïve"）中，门德尔松根据古典原则将崇高解释为对完美的感性表达所产生的赞美。在1771年的第二版中，受伯克的影响，他将崇高和愉悦的惊颤联系起来，这种愉悦的惊颤不仅是面对完美时所体验到的，也是在面对浩瀚无际或无限（das Unermessliche）时所体验到的，可以是无限的大，也可以是无限的力量。① 至此，康德借以创造其划时代的崇高理论所需要

---

① Moses Mendelssohn, *Philosophical Writings*, ed. and trans. Daniel O. Dahlstrom (Cambridge: Cambridge University Press, 1997), 194-5.

的所有要素——痛苦与愉悦的混合、崇高的对象及其所产生的反应之间的对比、崇高与美的对立、体积的崇高和威力或力量的崇高之间的差异、与不可估量的大或无限的联系等——皆已就位。

康德

康德在1791年的《判断力批判》中提出的崇高理论最显著的创新之处在于他既没有将崇高置于自然之中，也没有将其置于艺术之中，而是置于体验到直到那时才被称为崇高的主体之中："崇高不存在于自然界的任何事物中，而只存在于我们的头脑中。"[1]康德所说的"头脑"指的不是个人的"纯粹主观"的思想，而是人类的普遍性——所有人共有的能力，因为它们是人类经验和行动整体上得以可能的条件。康德将"崇高"视为一种可以使用的东西[2]，通过对它的使用，头脑才能利

---

[1] Immanuel Kant, *Critique of the Power of Judgment*, ed. Paul Guyer, trans. Paul Guyer and Eric Matthews (Cambridge: Cambridge University Press, 2000), 147.

[2] Ibid., 130.

用自然界的事物，由此，头脑才能意识到这些能力——意识到哪些是必然和其他所有人一样共有的能力。所以，康德将崇高主体化所带来的矛盾结果是，给予对于崇高的判断力一个可以获得普遍有效性的基础：不仅仅对个体观察者有效，而且对所有人都要有效。

更具体地说，康德所说的崇高包括了那些不受自然法则限制的心灵维度。超越自然因果关系的能力一直是康德道德哲学的宗旨，康德的道德哲学认为，所有道德行为都必然以某些形而上学的假设为依据：自由、灵魂不朽、上帝。在崇高中，康德如今发现了一种审美体验，它能使实践（即道德）理性"超感官的使命"（übersinnliche Bestimmung）变得"似乎是可感的"（gleichsam anschaulich）[①]，而不是使这些基本条件本身变得可感。为了证明这一点，康德展示了恐惧和愉悦、痛苦与快乐混合的两种情况，这是自伯克以来崇高论的拱心石。它们与门德尔松提出的不可估量的延展（伟大）和不可估量的威力（力量）相对应。在"数学

---

① Immanuel Kant, *Critique of the Power of Judgment*, ed. Paul Guyer, trans. Paul Guyer and Eric Matthews (Cambridge: Cambridge University Press, 2000), 141, 此处对译文调整过。（——原注。）

的崇高"中，感官面对的是山脉、大海、金字塔之类的巨大物体，大到他们几乎无法用单一的直觉来把握它们。然而，通过简单的乘法，人的智力达到无限大数量的能力却是无穷的，因此，智力非常清楚，人要了解的东西比感官在单一直觉中所能把握的东西要多得多。于是，智力就因感官跟不上头脑的思维而产生了不满。但正是这种不足显示出智力更大的力量，从而产生了一种认为我们的理性能力优于最强大的感官能力的愉悦感。① 在"力的崇高"中，类似的理性优于感官自然的优越感也在发挥作用，"力的崇高"即崇高的两种形态中的第二种，它不是在面对大自然的浩瀚时的体验，而是在面对它的力量和暴力时——暴风雨、火山、悬崖峭壁、汹涌的大海等——所体验到的。这样的景象让我们意识到了躯体上的无能为力，但同时提醒我们道德命运的存在，即为了达到自主选择的更高的善而勇敢地面对人身危险的能力。在这两种情况下，我们对自身在感官世界中的有限性的初步体验，引发了一种我们在人类理

---

① Immanuel Kant, *Critique of the Power of Judgment*, ed. Paul Guyer, trans. Paul Guyer and Eric Matthews (Cambridge: Cambridge University Press, 2000), 141.

性的超凡力量中"胜过自然"①的感觉。

这一观念对后来的美学理论影响最大的一个方面是，它为那些由于自身超感官的性质而根本不能被感官描绘的事物留下了可表现的余地。上帝和不朽是看不见的，超然于自然因果律的自由也是看不见的，因为人类的行为都可能溯源于经验主义的动机。康德的崇高论并没有试图对这些超感官的观念进行感官上的表现；相反，它展现了一般意义上感官表现的局限性，从而唤醒了一种有很多感官和想象力所不能表现的东西存在的意识。因此，崇高可被视为不可表现之物的"消极的表现"②——这是一个悖论，未来的美学理论将一次又一次地回到这个悖论中。无可否认，崇高一直与宗教思想和上帝的伟大联系在一起，崇高的感性品质与其深层意义之间的对比也一直被强调。在伪朗吉努斯看来，消极表现的观念已然隐含在埃阿斯崇高的静默那个例子之中。然而，像康德这样如此彻底地否定崇高的感官特征

---

① Immanuel Kant, *Critique of the Power of Judgment*, ed. Paul Guyer, trans. Paul Guyer and Eric Matthews (Cambridge: Cambridge University Press, 2000), 145.

② Ibid., 156.

的，还从来没有过。大自然的伟大促使人们做出崇高的回应，正是因为和要求超越它的人类理性的使命感相比，它显得如此渺小，以至消失。①

这种新颖的崇高理论的含义可以用截然不同的方式来解释。一方面，通过唤醒人类理性的自主意识，崇高可以与政治解放的观念联系起来。康德指出，政府依靠对伟大的感官表现来维持权力：通过"图像和幼稚的手段"，他们解除了国民的"烦恼，但同时也解除了他们拓展精神力量的能力，这种能力可以使他们摆脱被强制设定的界限，而通过这类界限的设定，他们被当作被动的存在，从而更容易被统治"。②这意味着，所有这类感官表现的伟大实则是渺小的，而通过对这种渺小的展现，崇高的体验可以帮助人们逐步养成摆脱政治监督的勇气。另一方面，崇高在理性对自然的胜利也可以从一个不那么积极的角度来解释：它是一幅自然（包括人类自己的感官自然）被一种麻木毫无人情的、冷漠的理性所征服的蓝图。如果崇高表达了"一种超越自然的优越

---

① Immanuel Kant, *Critique of the Power of Judgment*, ed. Paul Guyer, trans. Paul Guyer and Eric Matthews (Cambridge: Cambridge University Press, 2000), 140.

② Ibid., 156, 此处对译文调整过。（——原注。）

感,而建立在这种优越感的基础之上的完全是另一种自我保护",而不是人类在面对自然危险时的求生欲,[①]那么,人们可能会想,在崇高背后究竟是什么。理性战胜了想象力和感官,这是以明确的对立性术语描述的情况[理性对感性施以"暴力"(Gewalt)[②]],以此观之,这可被视为理性对自然的征服,它是如此纯粹,以至于它只考虑其自身的自我保存。

康德之后

康德崇高理论的迥异含义在后世对这一概念的讨论中随处可见,自康德以后,崇高理论在发展中几乎不断地在引用康德的学说。席勒立即认识到并肯定了崇高所具有的解放意义,在根据自己的特定意图对崇高概念进行重构之后,席勒将之纳入了他关于人类审美解放的方案中。作为一名剧作家,席勒感兴趣的不是康德所关注的自然的崇高,他真正的兴趣在于戏剧和悲剧中对崇高

---

① Immanuel Kant, *Critique of the Power of Judgment*, ed. Paul Guyer, trans. Paul Guyer and Eric Matthews (Cambridge: Cambridge University Press, 2000), 145.

② Ibid., 148, 此处对译文调整过。(——原注。)

行为的描绘；这就要求他用比康德更具体的术语来描述作为一种审美现象的崇高和作为道德行为和判断的崇高之间的区别。席勒在"论崇高"和"论悲怆"（1793）中所举的"行为的崇高"①的例子中包含了在道德上应受谴责的行为。比如，在高乃依版的戏剧中，美狄亚为了报复背叛了她的丈夫而杀死了她的孩子们。这种不道德的行为之所以崇高，是因为美狄亚的母爱即使在她杀人时也没有减弱，当看到情感和行为之间的冲突时，我们顿然领悟到，人类行动的能力独立于天性的倾向。虽然描述英雄事迹只会产生对单个个体的道德崇拜，但描述一个高贵灵魂的道德缺陷却表明了抽象的自由是所有人共有的。②由此产生了独特的审美效果——"同一个对象，从道德评价的角度来看并不能令人满意，但在审美上却依然可使人获得最高程度的愉悦感"③——尽管如此，这仍有助于培养一种能够产生道德英雄主义的自

---

① Friedrich Schiller, *Essays,* ed. Walter Hinderer and Daniel O. Dahlstrom (New York: Continuum, 1993), 60.
② Ibid., 64.
③ Ibid., 61, 此处对译文调整过。（——原注。）

由感。①这类审美反应形式后来成了席勒所提出的"人的审美教育"之基础,在席勒对法国大革命无节制的暴行产生拒斥以后,他将审美教育视为所有名副其实的政治解放的先决条件。

几乎同时,至少有另一位读者在康德关于理性战胜自然的叙述中看到的不是解放,而是理性主义的泛滥。在《论美》(Kalligone, 1800)这部对康德美学学派展开尖锐批判的著作中,赫尔德抨击了康德,认为他开了一个从美学维度对理性进行神化的先例。"我便是唯一的、绝对的、全部的崇高:因为我为自己创造了超越自然和所有事物、无可估量的崇高感;但我自己却无处安身";因此,赫尔德描述了康德通过将崇高置于主体的思想之中来赋予观者的地位。②赫尔德的人类学将人的感官、理性和想象力视为一个不可分割之整体的协调有序的组成部分,在这一语境下,康德把崇高描述为理性和想象力之间的冲突,这充其量只是一个不足为信的虚

---

① Friedrich Schiller, *Essays,* ed. Walter Hinderer and Daniel O. Dahlstrom (New York: Continuum, 1993), 67.

② Johann Gottfried Herder, *Schriften zu Literatur und Philosophie 1792-1800*, ed. Hans Dietrich Irmscher (Frankfurt am Main: Deutscher Klassiker Verlag, 1998), 881.

构。赫尔德用前康德式的术语把崇高描述为对高于观者之物的钦佩，而不是对观者自身内在的伟大的钦佩，他坚持认为，崇高是在可感知的自然物的形式和艺术品中能被感觉到的东西。因此，康德关于"消极的表现"的论证是毫无意义的："如果理性的观念……不能被表现出来，那么，如何表现它们的不可通约性？"① 不可否认的是，赫尔德对崇高的感官维度的恢复，是以牺牲很多曾被视为崇高这一概念最为显著、最为吸引人的特征为代价的，比如，恐惧与愉悦的混合、崇高的形式及其意义之间的对比。

同赫尔德一样，黑格尔也反对康德将崇高置于"心灵的纯粹主体性"② 中，但是，在把崇高降格归入艺术史中一段过去的时代时，黑格尔仍保留了消极性的要素。黑格尔将艺术视为意义和形式之间的斗争史，这场斗争在古希腊时期获得了一个终极解决方案，美的理想得以实现。崇高属于向这个理想迈进的过渡阶段：印

---

① Johann Gottfried Herder, *Schriften zu Literatur und Philosophie 1792-1800*, ed. Hans Dietrich Irmscher (Frankfurt am Main: Deutscher Klassiker Verlag, 1998), 875.

② Georg Wilhelm Friedrich Hegel, *Aesthetics: Lectures on Fine Art*, ed. and trans. T. M. Knox (Oxford: Oxford University Press, 1998), 363.

度、穆斯林文化以及希伯来圣经的象征艺术。在这些艺术形式中，（绝对的或神圣的）意义尚未找到合乎需要的形式来表达，但意义和形式之间的冲突本身现在已经变得显而易见了。在康德那里，崇高是一个对不可表现之物的消极表现，黑格尔借鉴了康德关于崇高的概念，将崇高视为"这样一种直觉，即上帝的存在是纯粹精神的、无形的，与世俗和自然界形成对比"。[①]因此，崇高的艺术作品因其不足以表现它要表现的东西从而具有象征意义。黑格尔的历史架构使这种结构看起来不像康德学说中的那样矛盾：从绝对精神的角度来看，我们现在可以知道崇高的艺术究竟想要表现什么，以及未能表现什么，因此，我们一方面可以从其未能达到目的的形式来审视崇高，另一方面还可以从崇高真正想要表达的意义这一维度来审视之。康德学说中理性凌驾于自然之上的抽象胜利，曾遭到赫尔德的猛烈抨击，因为赫尔德认为这是空洞且徒劳的；而现在，康德的这一观点已被居于理智的能力和感官的能力之间具体而实质性的解决方案所取代，即历史在绝对精神上的实现。这是否可以

---

① Georg Wilhelm Friedrich Hegel, *Aesthetics: Lectures on Fine Art*, ed. and trans. T. M. Knox (Oxford: Oxford University Press, 1998), 371.

为赫尔德眼中康德过度的理性主义提供一个有效的替代方案，取决于人们对黑格尔哲学体系的评价。

无论赫尔德还是黑格尔，都没有从与美对立这个立场来理解崇高，他们认为崇高是向美的过渡，而在他们之后，以崇高与美的二元论来界定的崇高概念再也无法完全回归。后来的思想家们通过其他概念结构来理解崇高，比如，崇高与滑稽或幽默的关系［让·保罗（Jean Paul）、弗里德里希·西奥多·维舍尔（Friedrich Theodor Vischer）］。这个词的含义变得越来越漫无边际。它现在甚至可以应用于政治和历史事件中：1848年大革命［库诺·费舍尔（Kuno Fischer）］或普鲁士的军事胜利［爱德华·冯·哈特曼（Eduart von Hartmann）］。国家社会主义的美学思想体系通常是以美而非崇高来架构的，尽管其文化产物（纪念性建筑、艺术和雕塑中对英雄主义所进行的新古典主义式描绘）可被视为对崇高美学的追求。果然不出所料，战后，崇高一词几乎从美学理论中消失了——阿多诺的《美学理论》（*Aesthetic Theory*, 1971）是个引人注目的例外。

当然，阿多诺也同样表现出战后对艺术中崇高主题的蔑视：崇高的内容"通常只是意识形态的产物以及重视权力和等级的结果"。①但康德创造的消极表现的结构显然符合阿多诺所强调的艺术对于"被管制的世界"的消极性,这个词是他对晚期资本主义社会的称呼。在一个经济和工具理性几乎无可替代的时代中,"接受艺术作品的恰当形式是接受不可交流之物的交流"。艺术就这样"占据了曾经由崇高概念占据的位置"。②只要解除崇高与神学的联系,并"从全新的角度去理解崇高这一理念想要达到的持久性",那么,阿多诺就可以去肯定崇高对立面的力量:"康德将崇高界定为精神对权力的抵抗,这是完全正确的。"③康德学说中所隐含的崇高的解放潜能,被席勒首次明确揭示了出来,而到了阿多诺这里,它又重新回到了人们的视野中。

然而,直到20世纪80年代,崇高才真正重新成为德国美学理论界的核心关注点。这回,最初的推动力仍然是来自法国,德里达和让-吕克·南希重新探讨了康德式崇高,让-弗朗索瓦·利奥塔用崇高这一术语来描述

---

① Theodor W. Adorno, *Aesthetic Theory*, ed. Gretel Adorno and Rolf Tiedemann, trans. Robert Hullot-Kentor (Minneapolis: University of Minnesota Press, 1997), 149.
② Ibid., 196, 此处对译文调整过。(——原注。)
③ Ibid., 199, 此处对译文调整过。(——原注。)

先锋派艺术。通过将艺术和文学与"不可表现"之物联系起来，崇高这个词有助于描述审美现象相对于其他表现模式的特殊性。例如，批判现代主义文学便具备崇高的特征，因为它关注的是"某种无法言说的体验"①。

正如这篇简要的概述所显示的那样，崇高概念对美学理论之所以如此有益，最重要的是因为它能准确说出截然不同的审美反应：恐惧或悲剧给人以愉悦；天真或简单的语言引发崇拜之情；大自然压倒一切的威力显示出它对人类自由意志的无能为力；一种感官形式的缺乏或不足所表达的，甚至比最美或最理想的形式所把握的还要多。美学作为一门学科，其立身之道在很大程度上在于它能够解释这种自相矛盾的主观反应，而对这些问题，无论是理论哲学还是道德哲学都无法给出令人满意的解释。仅凭这一点，我们便可以公正地说，几乎没有其他任何一个概念可以像崇高这样，和美学史如此紧密地交织在一起。

亦可参照：判断力；美；暗恐；震撼

---

① Karl Heinz Bohrer, "Am Ende des Erhabenen: Niedergang und Renaissance einer Kategorie," *Merkur* 43 (1989): 747.

摹仿

German
Aesthetics
Fundamental Concepts from Baumgarten to Adorno

克里斯蒂安·西格（Christian Sieg），在明斯特威斯特法伦威廉大学"宗教与政治"高级研究小组担任研究职位，并在德语研究系任教。

摹仿,有着悠久的历史,其定义也是多种多样的,事实证明,它在诸多领域都具有举足轻重的地位。摹仿在美学领域的理论化过程反映出特定的哲学、人类学、心理学以及符号学的议题。在从18世纪到20世纪的诗学和美学话语中,这一概念试图解决的问题涉及艺术的定义、作为人类行为的艺术实践、艺术作品的接受和生产,以及艺术与世界关联的方式等基本问题。

18世纪德国美学关于摹仿的论述始于与亚里士多德的对话。尽管这场对话渐趋尾声,但在这场论争中亚里士多德的重要性怎么被高估都不为过。在亚里士多德的学说中,摹仿已然是一个模棱两可的概念,它在关于艺术的两种思考方式之间摇摆。[1]一方面,它定义了现实与艺术表现之间的联系;另一方面,作为一种实践模式和操作体系,摹仿关涉艺术的表现及其对象。由于摹仿通常被理解为对自然世界的模仿,因此根据自然的不同概念也可以得出不同的摹仿概念。自然可被视为上帝创造的自然世界(natura naturata)(自然作为产品)来

---

[1] Stephen Halliwell, *The Aesthetics of Mimesis. Ancient Texts and Modern Problems* (Princeton, NJ: Princeton University Press, 2002), 23.

模仿，或者被当作能动的自然（natura naturans）（自然作为活动）来模仿。在后一种意义上，这个概念包含了诗的观念，使之区别于任何形式的朴素指称主义。在亚里士多德的《诗学》中，第一章中对舞蹈的讨论显然与艺术只是映照自然这一观念相矛盾，因为舞蹈以约定俗成的而非自然主义的方式来模仿人类的情感。同理，亚里士多德也没有把摹仿局限于对既定之物的模仿。相反，他指出了历史学家和诗人的不同任务——这一区别对于人们探讨摹仿问题是极具推动力的。历史学家关注的是真实发生的事件，而诗人却可以表现未实现的可能性。亚里士多德驳斥了柏拉图关于艺术的论断，他对实际发生的事情和可能发生的事情做出区分，这提供了一种不折不扣的关于虚构的理论。他并没有指责诗人在撒谎，而是把诗的想象理解为艺术对获得一种更高层次的普遍性的要求。和哲学相类似，通过提供范式以及对现实进行象征意义上的表现，艺术为认知的洞察力提供了可能。亚里士多德提出，摹仿并不仅仅是指对既定事物的复制，而且还允许人们把握独具创造性的艺术创作，因此，在18世纪，摹仿受到了各种诗学思考的影响。最终，这一摹仿论促进人们形成了艺术创作是天才的创造性作品这样一种认识——正是这一美学思想脉络，终结了作为一种美学概念的模仿在18世纪的盛行。

在18世纪一个最具影响力的诗学文本的冗长副标题中，摹仿在这一时期诗学话语中的重要性被表达得淋漓尽致。根据高特舍特（J. Chr. Gottsched）《批判的诗学》（Critical Poetics, 1729）副标题的表述，模仿（Nachahmung）自然是诗的本质。高特舍特以几何学术语展开论证，只有大自然的完整性和秩序方能保证艺术中的完美，他是在一个理性主义的框架中使用了这一概念。他根据三种摹仿形式各自的对象来区分它们。绘画充当了摹仿最低形式的范例：通过描绘来模仿自然物。表演艺术和一些抒情的台词表演是第二种形式的典型，它致力于模仿对话。最后，他认为诗意寓言（情节）是摹仿的最高形式。作为亚里士多德学说的信奉者，高特舍特解释了诗人与历史学家任务的不同，并在莱布尼茨和沃尔夫哲学的背景下，主张寓言（情节）指向的不是现实世界，而是可能的世界。尽管在这一转变下，高特舍特甚至可以将伊索寓言纳入摹仿原则，但他也强调，可能的世界与现实世界共享理性原则，并且每一种艺术描绘都要求逼真。真实性和理性这两个范畴都制约了高特舍特诗学中想象的力量，也限制了艺术模仿的对象。在高特舍特那里，摹仿本身绝不是目的，而是构成了艺术教育目标的一部分。诗人〔在此被理解为"博学诗人"（poeta doctus）〕应该去表现一个能展示出有序的理性规则体系的世界。

正是在这一点上，高特舍特和博德默（J. J. Bodmer）、布雷廷格（J. J. Breitinger）之间的差异变得显而易见。尽管布雷廷格的《批判诗学》（*Critical Poetics*, 1740）顺理成章地将说教任务也归入诗的名下，但它更大程度上是在探讨美学议题。初看起来，高特舍特和布雷廷格的相似之处比比皆是。他们都坚定地坚持亚里士多德所确立的摹仿范式。他们甚至引用了沃尔夫的同一句话，认为小说是另一个世界的历史。然而，在模仿的需求和小说的创造性这两者间张力的推动下，布雷廷格对诗人的创造性工作给予了更多的肯定。他十分推崇诗的奇妙和幻想，因此他更青睐于诗的审美体验，将其置于诗的道德目的之上。按照同样的思路，他对只有理性才能评判艺术这样的观点提出了质疑，他认为，想象力同样也可以引导我们审美上的接受。布雷廷格的思想在一定程度上预示着18世纪下半叶想象力的复兴。鲍姆加登（A. G. Baumgarten）在这方面迈出了重要的一步，他的《美学》（*Aesthetica*, 1750/58）开启了美学作为一门学科的发展。虽然鲍姆加登仍在沃尔夫的概念框架内展开，但他将感性认识描述为一个独立的认知领域。尽管鲍姆加登并没有把艺术的审美特质置于道德教诲之下，但他认为审美认知建立在属于理性秩序的感性认识基础之上。在鲍姆加登看来，摹仿类似于一种自然的生产实践，即生产感官对象的实践，由此他更新了亚里士多德对摹仿的定义的一个主要方面。

施莱格尔（J. E. Schlegel）关于亚里士多德的一篇论文为我们提供了一条帮助我们理解他对摹仿论的贡献的最佳途径。在《诗学》中思考史诗问题时，亚里士多德努力解决摹仿理论的内在张力。从本体论角度而言，一切可能的事物都可能成为艺术模仿的对象。然而，考虑到人们对艺术的接受，可信性问题便出现了。一切可能的东西都是可信的吗？亚里士多德用一种不容置疑的方式来处理这种张力："运用不可能的或然性，比运用不能让人信服的可能性更为合适。"[①]尽管亚里士多德

---

① *Aristotle's Poetics. A Translation and Commentary for Students of Literature* (Englewood Cliffs, NJ: Prentice-Hall Inc., 1968), 45.

在此处承认了摹仿原则的一个例外，但施莱格尔却通过强调艺术接受所需要的主观条件，借这种张力使摹仿服从于艺术肩负的传达愉悦的使命。在《论摹仿》（*On Imitation*, 1724）中，施莱格尔认为，相似性所指涉的并不是艺术与世界之间的关系，而是艺术与我们对世界的理解之间的关系。因此，为了激发愉悦感，诗人必须牢记同时代人的世界观：摹仿的对象不是自然，而是我们关于自然的概念。施莱格尔将摹仿理论的结论概括为一个悖论：模仿应该与被模仿的对象不同。

在《拉奥孔：论画与诗的界限》（*Laocoön: An Essay on the Limits of Painting and Poetry*, 1766）中，莱辛（G. E. Lessing）选择以另一种方式重新思考摹仿理论的核心要义。在18世纪，诗画一致是新古典主义中的常见观念，人们通常认为，这来自贺拉斯关于诗如画（ut pictura poesis）的名言。而莱辛质疑诗画一致这种说法。莱辛对诗画关系的重新评价建立在杜波斯（J.-B. Dubos）的文章《对诗歌、绘画和音乐的批判性反思》（*Critical Reflections on Poetry, Painting and Music*, 1719）的基础之上，这篇文章对德国美学思想产生了巨大影响。杜波斯对自然符号和人为符号的区分可追溯到《克拉底鲁篇》，这一区分对莱辛产生了关键性的影响。绘画使用的自然符号与它们所意指的相似，但杜波斯认为诗歌依赖于语言——一种人为的符号系统，其能指和所指有所不同。这种符号学角度的思考会使那种认为绘画和诗歌以同样的方式进行模仿的想法变得复杂。由于语言符号不是图像性的，莱辛否认了诗歌以一种和绘画相似的感官途径去表现自然这一观点。但同时他认为，根据诗歌摹仿的对象，诗所运用的语言绝不是随意的。莱辛坚持主张，诗歌由于其听觉特质而以线性连续的方式展开呈现，因此，诗所模仿的也是在时间中展开的东西：行动。在莱辛所处的时代，有一种倾向将诗歌首先用作描述的手段，他对此进行了批判。诗歌应该关注行动，而不是去模仿绘画。诗人以模仿的方式所叙述的是行动对我们的影响：

> 他想要……使他在我们心中唤醒的思想变得生动，以便在那一刻我们相信自己能感受到这些思想的对象给我们留下的真实印象。在产生这种幻觉时，我们应该停止对诗人为达到这个目的而使用的手段，这种手段正是

诗人的语言。①

莱辛延续了摹仿范式对审美幻觉做了重估。由于诗人旨在激发其读者想象的力量,以唤起感官印象,而不仅仅是复制外部世界的可见元素,因此,莱辛将诗歌置于绘画之上,认为诗歌是一门更具创造性的艺术。他强调了"被想象对象的自主性质"②,这种自主性并非越过,而是满足了摹仿的需求。

在18世纪末,审美话语强调了诗歌创作的自主性维度,在这种情况下,天才的概念常常取代了摹仿的概念。例如,康德在《判断力批判》(*Critique of the Power of Judgment*, 1781)中阐明了这一被广泛认同的假设:"天才是与模仿的精神全然对立的,每个

---

① Gotthold Ephraim Lessing, *Laocoön: An Essay on the Limits of Painting and Poetry* (Baltimore, MD: Johns Hopkins University Press, 1984), 85.
② David E. Wellbery, *Lessing's Laocoön. Semiotics and Aesthetics in the Age of Reason* (Cambridge: Cambridge University Press, 1984), 108.

人在这点上是一致的。"①尽管有这种普遍存在的反对意见,18世纪的诗人卡尔·菲利普·莫里茨(Karl Philip Moritz)和约翰·沃尔夫冈·冯·歌德(Johann Wolfgang von Goethe)的目标不仅是向天才的想象力致敬,同时也以摹仿为依据来对艺术作品进行概念化的思考。在摹仿的创造性维度下,莫里茨的一篇文章《论艺术对美的模仿》(*On the Artistic Imitation of the Beautiful*, 1788)最大程度地拓展了摹仿的范式。莫里茨将摹仿视为艺术创作和接受的能力,这种能力在艺术领域取代了理性。单靠摹仿便能使人认识美,而莫里茨把美作为一个本身即完整的整体来把握:"因此,出自艺术家之手的每一个美的整体,都是整个大自然最高美的缩影;通过艺术家的双手,它再现了那些并非直接属于大自然宏伟计划的东西。"②莫里茨将艺术概念化为

---

① Immanuel Kant, *Critique of the Power of Judgment*, ed. Paul Guyer, trans. Paul Guyer and Eric Matthews (Cambridge: Cambridge University Press, 2000), 187. (此处中译参照,康德著,《判断力批判》,邓晓芒译,杨祖陶校,北京:人民出版社,2002年,第152页)

② Karl Philipp Moritz, "From: 'On the Artistic Imitation of the Beautiful'," in *Classic and Romantic German Aesthetics*, ed. J. M. Bernstein (Cambridge: Cambridge University Press, 2003), 139.

一种媒介，通过这种媒介，自然美得以展现其自身。天才模仿自然的伟力，从而将它们揭示出来。对莫里茨来说，艺术创作的自主性是关键，因为只有天才的伟力才能创造出那种无法"被识别但必须被揭示出来，或必须被感觉到"的美。①

艺术的这种认识论意义及其自主地位反映在歌德一年后发表的短篇论文《简单的模仿，方式，风格》（*Simple Imitation, Manner*, Style, 1789）中，这篇论文回归了他在罗马与莫里茨的讨论。对歌德来说，他这篇文章标题中的三种类型表达了艺术能力的递进顺序。简单的模仿指的仅仅是对对象的映照，方式表现的是艺术过程的特征，这种艺术过程由建立在主观基础之上的表现形式所主导，而三种实践中最高级的一种，即风格，可以理解为综合。一方面，作为一种模仿实践，风格是贴近模仿对象的；另一方面，它找到了一种语言来表达本来无法感知的事物的特征。因此，风格"建立在认知的最根本原则之上，建立在事物的本质之上——确

---

① Karl Philipp Moritz, "From: 'On the Artistic Imitation of the Beautiful'," in *Classic and Romantic German Aesthetics*, ed. J. M. Bernstein (Cambridge: Cambridge University Press, 2003), 143.

保我们能以可见和有形的形式感知这种本质"。[1]与莫里茨的观点类似,歌德注重诗人所承担的认识论任务,在他看来,诗人是自主地进行创作的,而并非以相像为目标。歌德的《论艺术中的真实与逼真》(*On Truth and Verisimilitude in Art*, 1798)建基于此处概述的思想之上,该文非常清楚地表明了这种对摹仿的重新思考是如何为唯心主义美学铺平道路的。重提古代画家宙克西斯的例子,据说宙克西斯的画画得栩栩如生,连鸟儿都想来吃他画的葡萄,歌德在此强调了动物观者和人类观者之间的差异。那些想要以"原始的和粗浅的方式"[2]享受艺术的人认为艺术应是自然的。相反,真正的鉴赏家"认为他必须努力达到艺术家的水平才能欣赏这件作品,他必须把分散的精力集中在艺术作品上,他必须接受并适应它,必须反复观赏它,只有这样方能达到更高水平的认识"。[3]歌德认为,就艺术品是天才的造物而言,它虽然是自然的产物,但实际上超越了自然。通过

---

[1] Johann Wolfgang von Goethe, *Essays on Art and Literature*, ed. John Gearey, Goethe's Collected Works, Vol. 3 (Princeton, NJ: Princeton University Press, 1994), 72.

[2] Ibid., 77.

[3] Ibid., 78.

创造一个统一的整体，艺术作品为人类的教育提供了一个终极目标。尽管在歌德和莫里茨那里，艺术作品的自主性地位在摹仿论范式中是很难被理解的，但这两位艺术家（不同于康德）并没有完全与摹仿论决裂。当然，对康德来说，天才也是自然的产物。但他坚持认为，艺术实践仅仅在将自然用作素材的情况下才依赖自然，但想象力将这种素材转化为"某种全然不同的东西，即某种超越自然界的东西"。① 对康德来说，摹仿只适用于资质较低的艺术家，他们缺乏天才的力量，只是在模仿真正的艺术家的作品。最后，在天才美学理论和想象力价值渐趋上升的背景下，德国浪漫主义者对摹仿原则进行了尖锐的批判。引用诺瓦利斯的话就足以说明这一点，他对摹仿原则"仍在统治"戏剧感到悲哀，他主张："诗也的确必须是感性的—由人创作的—具有创造性的—幻想的！"②

20世纪，德国美学界对摹仿这一概念最有力的重估

---

① Kant, *Critique of the Power of Judgment*, 192.
② Novalis, "Last Fragments," in *Philosophical Writings*, ed. Margaret Mahony Stoljar (New York: State University of New York Press, 1997), 164.

出现在阿多诺（Theodor W. Adorno）的著述中。在《启蒙辩证法》（*Dialectic of Enlightenment,* 1947）中，阿多诺已和霍克海默（Max Horkheimer）一起探索了关于摹仿的人类学、生物学和历史学的维度，而在阿多诺的著作《美学理论》（*Aesthetic Theory,* 1970）中，摹仿成了一个关键术语。阿多诺认为，只有通过艺术，这一建立在摹仿行为基础之上的实践领域，才能打破工具理性的规则，并以一种非从属的方式处理其对象。摹仿性的认知并不是将感官的特殊性纳入抽象概念之中，而是给予对象以普遍性。阿多诺对摹仿的概念化与任何形式的指称论都不一致。相反，艺术继承了神奇的、生物的摹仿的力量："摹仿行为不是模仿某物，而是将自己融入其中。"[①]按照这一思路，艺术以非支配的方式与自然（外在于人类的自然与内在于人类的自然）建立起联系。尽管阿多诺在与美学传统的对照中强调了摹仿概念的人类学维度，但他将艺术的自主性作为其历史起点，而艺术自主性在18世纪便开始使艺术应该模仿自然这

---

① Theodor W. Adorno, *Aesthetic Theory,* ed. Gretel Adorno and Rolf Tiedemann, trans. Robert Hullot – Kentor (Minneapolis: University of Minnesota Press, 1997), 162.

一观念的吸引力逐渐消退；一方面，阿多诺以一种康德式的姿态推崇艺术的自主性，因为艺术的自主性为纯粹理性或实践理性疆域之外的无利害活动提供了可能。另一方面，他也批评了艺术的自主性，因为它在社会分裂中提供了一种虚幻的完整性。在这种辩证的背景下，摹仿成了一种认知能力，通过这种能力，艺术以其自身的风格回应社会。概念上的思考将主体与客体拉开距离，但艺术却发挥了一种媒介作用，为那些原本沉默的体验提供一种表达的媒介。按照这一思路，阿多诺将现代主义艺术家对传统艺术形式的否定解读为对社会苦难的摹仿性表达。而在18世纪，天才成了一种具有超凡魅力的形象，并体现了能动的自然（natura naturans）完全独立的运行，阿多诺将摹仿理解为一种"对抗主体的运动"，它打开了主体间性的领域，并要求艺术家有"能力处理或辨别审美对象自身所要阐明和隐匿的东西"。[①]对阿多诺来说，这便是摹仿论的乌托邦前途之所在。

---

① Theodor W. Adorno, *Aesthetic Theory,* ed. Gretel Adorno and Rolf Tiedemann, trans. Robert Hullot – Kentor (Minneapolis: University of Minnesota Press, 1997), 346.

在20世纪，奥尔巴赫（Erich Auerbach）的具有里程碑意义的著作《摹仿论：西方文学对现实的表现》（*Mimesis: The Representation of Reality in Western Literature*, 1946）也对人们关于摹仿的思考产生了深远的影响。这项研究改变了人们对这个话题的看法。它并没有把摹仿作为一个哲学概念来关注，而是专注于表现现实的文学技巧。在奥尔巴赫看来，欧洲文学从荷马和福音书到现代主义小说都是对现实的诠释。这本书的德语副标题非常清晰地指明了这一点，翻译为"西方文学中被表现的现实"（*Represented Reality in Western Literature*）更为妥当。对奥尔巴赫来说，在认识论上对现实这一概念的疑惑并不是他所关注的论题；相反，他追求的是一部文学史，在这部文学史中，文学作品越来越多地把日常世界描绘为人类生活的一个重要方面。虽然传统上对风格的划分将日常生活局限在喜剧的表现中，但这些文学作品严肃地对待日常生活素材。奥尔巴赫的《摹仿论》也回应了当时的社会政治语境。在第二次世界大战即将结束时，他表达了自己对文学可以指向

"人类普遍拥有的基本共同点"的希望。[①]随着后结构主义的兴起,这一人文主义理念得到了彻底的重新评价。在语言学转向之后,文学的表现如何培养人们对现实的共同信念,这已成为严厉批评的对象。摹仿被视为一种有说服力的修辞实践,参与对"现实"的想象性建构,而不是简单地复制既定之物。从这个角度来看,现实主义再现了刻板的世界观,从而压制了感知世界的其他方式。克里斯托弗·普伦德加斯特(Christopher Prendergast)的著作《摹仿的秩序》(*The Order of Mimesis*,1986)在对这一概念的政治批判中发挥了关键作用。他强调摹仿的规定性维度,而对摹仿"必须服从一系列符号化的安排"这样的观点提出了质疑。[②]普伦德加斯特指出了共享的符号媒介的重要交际功能,同时也试图为这一术语正名。具有摹仿性的语言游戏的目标是传达对现实的艺术表现,如果没有这一目标,社会秩序就会变得难以理解,也就废除了语言与社会秩序之

---

① Erich Auerbach, *Mimesis. The Representation of Reality in Western Literature* (Princeton, NJ: Princeton University Press, 1991), 552.
② Christopher Prendergast, *The Order of Mimesis. Balzac, Stendhal, Nerval, Flaubert* (Cambridge: Cambridge University Press, 1986), 5.

间有意义的交流。通过接受摹仿的一语多义性,普伦德加斯特证明了摹仿并无定论。自古希腊以来,摹仿论的内在张力很有可能在未来美学论争的核心问题中持续存在下去。

亦可参照:判断力;情感

情感：论维特

斯坦利·康戈尔德（Stanley Corngold），普林斯顿大学德语和比较文学教授（荣誉退休），美国艺术与科学院院士。

在18世纪中期,艺术的教育功能和乐趣的一个主要来源是"才智"(wit)。这个词有双重含义:一方面,它对应法语中的"esprit"(智力的敏捷度和速度)一词;另一方面,它有一个更狭义的关注点,指的是一种俏皮话,强调存在于事物之间的意想不到的相关性,这种相关性将明显的对立因素结合在了一起。散文家、剧作家和公共知识分子莱辛(G. E. Lessing)在他的《汉堡剧评》(*Hamburg Dramaturgy*, 1767—1768)中,以一种更为严谨的逻辑的名义"向才气告别",闪耀着启蒙思想的魅力。此后,剧作家所创作的一系列剧作就不能靠雷同和巧合将情节串联起来,而必须以严格的心理因果逻辑关系来建构。但这种理性的心理学刚一取代才智的法则,该理性因素自身便被一种更神秘、更紧迫的人性特征所取代。在"狂飙突进运动"的名号下,18世纪的后三分之一时光见证了约翰·沃尔夫冈·冯·歌德(Johann Wolfgang von Goethe)在这一艺术与文化舞台上大显身手,歌德是所有新颖的、年轻的情感至上主义倡导者的旗手。

歌德的《浮士德》中有这样一幕,在浮士德引诱格雷琴的过程中,格雷琴向浮士德提出了一个灵魂之问,这是一个恼人的问题，以"格雷琴之问"铭刻在了德意志文化记忆中：

"你信仰上帝吗？"浮士德答道，"我的爱人，谁能说：我信仰上帝……谁能给他命名……谁海纳万事万物，谁保护万事万物，难道上帝没有容纳并保护你、我及他自己？……难道不是万事万物都涌入你的头脑和心灵中，或有形或无形地在你周围编织成永恒的神秘吗？极尽其伟大，以它来填满你的心灵，当你全然幸福地沉醉于那种情感中时，你便可以按照你的意愿来命名：称之为幸福！心灵！爱！上帝！我无以名之！情感就是一切；名称如同噪声和烟雾，模糊了天堂的光辉。"①

随着第一次世界大战的结束，名副其实的波士顿浪漫主义批评家欧文·白璧德（Irving Babbitt）将浮士德的这番回答作为靶子予以猛烈抨击，他所要批评的正是这种没有"内在制约"、没有"真正的良知之音"的内

---

① Johann Wolfgang von Goethe, *Goethe's Faust*, ed. R-M. S. Heffner, Helmut Rehder, and W. F. Twaddell (Boston: Heath, 1954), 281; Ⅱ:3426-58.（此处着重号为本书作者所加——译者注。）

在情感生活。①

在青年歌德所处的时代，浮士德以最新的方式把自己交给了魔鬼：他成了一个卢梭主义者……因此他对上帝的定义也就屈从于恣意的情感……浮士德通过宣称情感的至高无上击碎了玛格丽特良心上的不安；……这场激情的结果就是……对一个不幸的农家女孩的勾引。②

但在这场论战开始之时，德国文学史学家莱辛（O. E. Lessing）就给出了一个较有说服力的卢梭式的回应：浮士德的方案并非"不道德的情感主义"（正如白璧德所说的那样），"而是真诚地表达了他身上最优秀的品质。在某种意义上，'感觉就是一切'（Gefühl ist alles）意味着淳朴的心灵之声……"③ O.E.莱辛接着把心灵的激奋融于一种"神秘的和一元论的"、建构

---

① Otto Eduard Lessing, "Irving Babbitt's *Rousseau and Romanticism*", *Journal of English and Germanic Philology* 18 (1919): 630.

② Irving Babbitt, *Rousseau and Romanticism* (Boston and New York: Houghton-Mifflin, 1919), 181, 170, 287.

③ Lessing, "Irving Babbitt's *Rousseau and Romanticism*", 631.

起真理的语境之中,就像卢梭那著名的"存在之感"(sentiment of existence)那样,亦是如此。①对于卢梭而言,"除去了其他任何的情感,对存在之感"的条件是"心灵……处于一种平静的状态,并且不被激情扰乱其平静"。②

在这场发生于20世纪的两个对立学派门徒之间的论争中,我们重新审视了18世纪德国美学和道德哲学在概念上的重要事件,"卢梭主义者"获胜。与白璧德的观点不同,对于年轻的伊曼努尔·康德(1724—1804)而言,情感永远是通往道德的路径,正是"对情感的意识"在其深处释放出了"真正的良知之音",拓展了自我的能力以包容其他思想和心灵。③康德这样写道:

---

① Lessing, "Irving Babbitt's *Rousseau and Romanticism*", 631; Jean-Jacques Rousseau, *Reveries of a Solitary Walker*, trans. Charles Butterworth (Indianapolis and Cambridge: Hackett, 1992), 69.

② Rousseau, *Reveries,* 69.

③ Immanuel Kant, "Remarks in the *Observations on the Feeling of the Beautiful and Sublime*", in *Observations on the Feeling of the Beautiful and Sublime, and Other Writings*, trans. Thomas Hilgers, Uygar Abaci, Michael Nance, and Paul Guyer (Cambridge: Cambridge University Press, 2011), 24; Lessing, "Irving Babbitt's *Rousseau and Romanticism*", 181.

真正的美德只能植根于原则中,原则越普遍,美德就会变得越崇高、越高尚。这些原则并不是思辨的规律,而是存在于每个人心中的对情感的意识,这种意识远远超出了共情和顺从的独特基础……如果这种情感在所有人心中达到了最大的完满性,那么个体肯定会珍爱和珍视其自身,但前提是此个体和其他所有人一样,广博而高尚的情感越出了自身而惠及于人。只有当一个人把自己的独特意愿纳入如此广博的品性中时,我们向善的欲望才能得以恰当运用,并带来高尚的姿态,也就是美德之美……①

这一主张也有其卢梭思想的源头,这一源头贯穿于卢梭的整个学说中,而且康德在其早期著作《论优美感与崇高感》(*Observations on the Feeling of the Beautiful and the Sublime*)中也满怀热忱地承认了这一点:

我本人爱好从事研究工作。我感受到了对知识的热切渴求以及渴望深入探究的那种焦躁不安;同时,我

---

① Kant, "Remarks", 24.

也感受到了每一次习得知识后的满足感。曾经,我以为仅凭这一点就能构建起人类的荣耀,我鄙视那些无知的乌合之众。卢梭纠正了我……卢梭破天荒地在人类所采用的形式的多样性之下,发现了其中相同的且隐秘的律令所隐藏着的本质。根据此律令,上苍便是合情合理的……①

这条律令是通向道德修养的一条法则,它在情感中被把握,也通过情感被把握。卢梭把这一点说得非常清楚:"存在一种纯粹被动的身体的和官能的感性,这种感性似乎通过快乐和痛苦的指引来保护我们的躯体、延续我们的物种。还有另一种我称之为主动的和道德的感性,那正是将我们的情感赋予陌生之物的能力。"② 几十年以后,康德的《实践理性批判》(*Critique of Practical Reason*, 1788)系统地梳理了卢梭在《萨瓦神父的信仰告白》(*Profession of Faith of a Savoyard Vicar,* 1782)中对良知的高扬,并将其视为道德确定性

---

① Kant, "Remarks", 95, 105.
② Rousseau, *Reveries*, 112.

的自主来源。在此，对我们的议题至关重要的是，康德在他的《判断力批判》（*Critique of Judgment*, 1790）中声称，审美判断在其产生方式上与道德判断相类似：我们将"良好的道德性情"归因于习以为常地注意到自然美的头脑。① "美是道德的象征。"②

对康德而言，关键在于一种被称为"无利害的愉悦"（interesseloses Wohlgefallen）的情感构成了审美判断的基础。在判断一种形式为美的过程中，主体感知到了思维能力与概念、形象的和谐游戏，并从中获得愉悦感。在此，和其他地方一样，"情感"一词对德国诗歌、小说和哲学著述都产生了影响，并且在所有这些媒介中都获得了一种无可争议的甚至是绝对的正当性。一种更高级的情感（称之为"幸福！心灵！爱！上帝！"的情感）从埃克哈特大师（Meister Eckhart）、克莱滕伯格（Susannah von Klettenberg）、斯宾诺莎（Spinoza）、克洛卜施托克（Frederick Theophilus Klopstock）和赫尔德（Herder）对宗教体验的记载中流

---

① Immanuel Kant, *Kant's Critique of Judgement*, trans. James Creed Meredith (Oxford: Clarendon, 1964), 160.

② Ibid., 223.

入了歌德心中。[①]从一个更直接的源头来看,情感的主张也引发了德国新教的激烈仪式——尤其是虔信派,该派力图养成一种"对恩典效应的感同身受"。从所有这些源头和主张来看,人们很容易就会尝试着在情欲之爱的效应和艺术的效应中,去感受这种恩典的世俗等价物。

情感成为知识的一个源头——这是一种不同于但并不次于概念认知的知识。我们可以回顾一下,对康德来说,在美的形式中获得的愉悦来自人们在想象力和支撑起各种特定认知的概念性之间所感受到的和谐。这是一种在日常认知活动中丢失的基本知识,人们知道一张桌子就是桌子,但却从来不知道产生这个等式的多种能力之间潜在的协同作用。歌德的化身,也是他颇具影响力的小说《少年维特之烦恼》(*The Sufferings of Young Werther*, 1775)的主人公维特一次又一次地强调情感优先于概念认知,几乎与这部小说的写作同时,歌德提出了格雷琴之问。维特宣称:"唉,我知道的东西谁都知

[①] Lessing, "Irving Babbitt's *Rousseau and Romanticism*", 631.

道（比如地球是圆的）；而我的心却为我所独有。"①心灵的情感传递着个人存在的真实性："殊不知我的心才是我唯一的骄傲，才是我的一切力量、一切幸福、一切痛苦以及一切一切的唯一源泉！"②在此，"心"不只是一个隐喻，在没有更严谨的术语的情况下，它成了一个用来表示身心最充分协作的最合适的术语。当维特喝下一整瓶酒时，他受到了绿蒂的斥责（他不可自拔地爱上了绿蒂）。"'别这样，'她说，'想想你的绿蒂吧！'——'想！'维特反驳道，'还用得着你叫我想吗？我在想啊！——不只是想！你时刻都在我的心中。'"③心灵可以意识到思想无法构想的东西。维特沉思着自己的死亡，他说道："不，绿蒂，不……我怎么能逝去呢？你怎么能逝去呢？我们不是存在着吗……死……这又意味着什么？还不只是一个词儿！是我的心

---

① Johann Wolfgang von Goethe, *The Sufferings of Young Werther*, trans. Stanley Corngold (New York: Norton, 2011), 95. （此处中译参照歌德著，《少年维特之烦恼》，杨武能译，北京：人民文学出版社，1999年，第80页。——译者。）

② Ibid. （此处中译参照歌德著，《少年维特之烦恼》，杨武能译，北京：人民文学出版社，1999年，第79-80页。——译者注。）

③ Ibid., 108. （此处中译参照歌德著，《少年维特之烦恼》，杨武能译，北京：人民文学出版社，1999年，第94页。——译者注。）

灵无法感受到的一个毫无意义的噪声。"①在这里，我们可能会想起浮士德对格雷琴之问的回答："名称如同噪声和烟雾……"——正如我们可能会想起歌德深爱的诗人拜伦（Byron, 1788—1824）的哀叹一样："哦！我永远都不会再拥有/那心灵的清新，像露珠般飘落/从我们目之所及的一切迷人事物中/提炼出美丽且全新的情感……"②情感必经提炼这一关，鉴于此，同时代的伟大诗人弗里德里希·荷尔德林（Friedrich Hölderlin，1770—1843）写道："当情感恰当、温暖、清晰而有力时，它的确反映了诗人最出色的清醒和沉思。"③

批评家乔治·施泰纳（George Steiner）在论述浪漫主义的自我主义时指出："从卢梭和维特开始的几代人……文学成了一部绵延不绝的自传，浪漫主义者陷入

---

① Johann Wolfgang von Goethe, *The Sufferings of Young Werther*, trans. Stanley Corngold (New York: Norton, 2011), 140-1.（此处中译为译者自译。——译者注。）
② Lord Byron, *Don Juan by Lord Byron*, ed. Leslie A. Marchand (Boston: Houghton Mifflin, 1958), 57.
③ Friedrich Hölderlin, *Sämtliche Werke*, ed. Friedrich Beißner (Stuttgart: Kohlhammer, 1961), Ⅳ: 233.

了'自我揭示的迷狂'中。"①然而，这几代人却并没有沉溺于自我主义。恰恰相反，我们发现，卢梭和歌德笔下的维特所感受到的强大的"迷狂"成了道德教化的推动力。恰如维特所说的，并不是因为对某事某物的了解，才发展出了对他人思想和心灵的情感，"存在着另一种感性"，一种对情感的配置，它"具有道德性和主动性"，回应了一种"潜在的律令"。②而在这种对普遍律令（简而言之，即良知）的内在感知的根源处，卢梭、歌德和康德发现了一种更为广泛的自我之爱［这是一种真挚的"自我意识"（conscience de soi）］，它超越了自我，从而建立起真正的社会纽带。

喧嚣的实用主义社会体验已使人无法获得那种揭露真理的力量，而卢梭和康德将这种力量归因于对既具有审美性又具有道德性的自我之爱的情感。卢梭所说的存在感是一种比"自我主义"更有生发性的自我之爱，

---

① F. George Steiner, "Contributions to a Dictionary of Critical Terms: 'Egoism' and Egotism'", in *Essays in Criticism* II(4) (October 1952): 446.

② Jean-Jacques Rousseau, Rousseau, *Judge of Jean-Jacques*: Dialogues, trans. Judith R. Bush, Christopher Kelly, and Roger D. Masters (Hanover, NH: University Press of New England, 1990), 112. Kant, "Remarks", 105.

具有无可比拟的真实性,超过了直接从人与人之间关系中产生的任何一种道德意识,因为这些道德意识往往会沦为被卢梭称之为"反思"(se reflécter)的对自我与他人之间的比较。维特这样批评绿蒂的丈夫阿尔伯特:"哦,他不是那个能满足她心中所有愿望的人。"显然,维特这一批评的基础是:"他这人缺乏敏感,缺乏某种……随你怎么理解吧,总之,在读到一本好书的某个片段时,他的心不会产生强烈的共鸣,像我的心和绿蒂的心那样……"①

卢梭认识到,在人对存在的感知中,如果自由游戏要表达其自身,那么它只有在神性的隐喻中才能得以充分发挥:卢梭说,他"像神一样地"和自己的意识进行"游戏"。②歌德笔下的维特也有一种类似的迷狂,在这种迷狂中,他沉浸于一种完整的存在感中;在此,正如卢梭所说的"像上帝一样,我们自己是自足的",维特又一次想起"这一切的一切,我全包容在自

---

① Goethe, *The Sufferings of Young Werther*, 96.(此处中译参照歌德著,《少年维特之烦恼》,杨武能译,北京:人民文学出版社,1999年,第81-82页。——译者注。)
② Rousseau, *Reveries*, 69.

己温暖的心里,感到自己像变成了神似的充实,辽阔无边的世界的种种美姿也活跃在我的心灵中,赋予一切以生机"。① 卢梭为此类"另一种愉悦"提供了智性的维度:"然而,当我孤独一人时,我的乐趣究竟何在?我自身、整个宇宙、存在的一切、可能存在的一切、可感世界中一切美的事物、思想世界中可以想象的一切……"② 康德在其《判断力批判》的导言中也赋予这种自我启示的审美情绪以激进的智性力量,将其定义为自然世界中清晰可辨的存在之基础:

在一个判断力的批判中,包含审美判断力的部分是本质地属于它的,因为只有这种判断力才包含有判断力完全先天的用作它对自然进行反思的基础的原则,这就是自然根据其特殊的(经验性的)规律对我们的认识能力的形式合目的性原则,没有这种形式合目的性,知性就不可能会和自然相容……但是,这个先验原理,即把自然在一物的形式上与我们的认识能力处于主观关系中

---

① Rousseau, *Reveries*, 69. Goethe, *The Sufferings of Young Werther*, 69. (此处中译参照歌德著,《少年维特之烦恼》,杨武能译,北京:人民文学出版社,1999年,第56页。——译者注。)

② Rousseau, *Judge of Jean-Jacques*, 579, 577.

的合目的性设想为对这形式的一条评判原则的原理……它把这一点托付给审美的判断力，在鉴赏中去决定这产物（它的形式）对我们的认识能力的适合性（只要这种适合不是通过与概念的协和一致，而是通过情感来断定的）……①

科学知识的合理组织取决于对可理解性的最初情感。

最后，我们回到歌德影响力深远的小说《少年维特之烦恼》，可以说，这部作品就是散文音乐，其节奏由维特的自我得失感所决定。在这持续不断的感觉潮涌中，维特的自我意识像抒发情绪一样展现出来——例如，"一种美妙的快乐抓住了我整个灵魂"。② 正是因为有如此直接的联系，所以感知生命的这一面便凸显了出来，而其抒发情绪的那一面就没那么重要了。这位写作者也使自己和他作品中的主角协调一致：他们共有同样的情绪。

迷狂和虚无的节奏影响了维特的自我，这种节奏

---

① Kant, *Critique of Judgment*, 35.（此处中译参照康德著，《判断力批判》，邓晓芒译，杨祖陶校，北京：人民出版社，2002年，第29页。着重号为本书作者所加——译者注。）

② Goethe, *The Sufferings of Young Werther*, 23.

主要取决于他和他挚爱的绿蒂之间的关系。在一系列的章节中,有非常丰富的线索,帮助我们去了解维特最初体验自我的方式。"她责怪我对什么事都太爱动感情,说照此下去我会毁了的……"[①] "是啊,常言道:人之幸福,全在于心之幸福。"[②] "唉,那时我是多么经常地渴望着……竭尽自己胸中有限的力量,感受一下那位在自己体内和通过自己创造出天地万物的伟大存在的幸福。"[③] "真的,有八天之久,我感到深受鼓舞,心情格外舒畅。"[④] "我穿过(去往我老家的)城门,一下子就感觉自己真的到了家。"[⑤] "……殊不知我的心才是我唯一的骄傲,才是我的一切力量、一切幸福、一切痛苦以及一切一切的唯一源泉。"[⑥]

[①] Goethe, *The Sufferings of Young Werther*, 51.(此处中译参照歌德著,《少年维特之烦恼》,杨武能译,北京:人民文学出版社,1999年,第36页。——译者注。)

[②] Ibid., 61.(此处中译参照歌德著,《少年维特之烦恼》,杨武能译,北京:人民文学出版社,1999年,第48页。——译者注。)

[③] Ibid., 69.(此处中译参照歌德著,《少年维特之烦恼》,杨武能译,北京:人民文学出版社,1999年,第56页。——译者注。)

[④] Ibid., 87.(此处中译参照歌德著,《少年维特之烦恼》,杨武能译,北京:人民文学出版社,1999年,第72页。——译者注。)

[⑤] Ibid., 93.(此处中译参照歌德著,《少年维特之烦恼》,杨武能译,北京:人民文学出版社,1999年,第79页。——译者注。)

[⑥] Ibid., 95.(此处中译有一部分参照歌德著,《少年维特之烦恼》,杨武能译,北京:人民文学出版社,1999年,第79-80页。其他为译者自译。——译者注。)

多可悲啊，我的感觉千真万确，一切的过错全在我自己——不，不是过错！总之，正如一度一切幸福的根源全存在于我本身，现在一切痛苦的根源也在我自己身上。当初，我满心欢喜地到处游逛，走到哪儿，哪儿就变成了天国，心胸开阔得可以容下整个宇宙，难道我不是同一个人了吗？可如今，这颗心已经死去，从中再也涌流不出欣喜之情；我的眼睛枯涩了，再也不能以莹洁的泪水滋润我的感官；我的额头更是可怕地皱了起来。①

在此，再次引用如下这段话，因为这是至关重要的："她责备我不知节制！……说我不该每次一端起酒杯来就非喝一瓶不可。'别这样，'她说，'想想你的绿蒂吧！''想！'我反驳道，'还用得着你叫我想吗？我在想啊！——不只是想！你时刻都在我的心中。'"② "她的形象四处追逐着我！不论我醒着还是做梦，都充满我整个的心灵！现在，当我闭上双眼，在

---

① Goethe, *The Sufferings of Young Werther*, 107.（此处中译参照歌德著，《少年维特之烦恼》，杨武能译，北京：人民文学出版社，1999年，第92-93页。——译者注。）

② Ibid., 108.（此处中译参照歌德著，《少年维特之烦恼》，杨武能译，北京：人民文学出版社，1999年，第93页。——译者注。）

这儿,在聚集着我的内视力的头脑中,便显现出她那双黑色的明眸来。就在这儿啊!我无法向你表达清楚。每当我一阖上眼,它们就出现在这里,在我面前、在我心中,静静地,如一片海洋、一道深谷,填满了我头脑里的感官。"①

在上述对情感的"论证"中,有几个关键词值得注意,这对于我们理解青年歌德、理解我们所指定的同时代人的成果具有关键意义:由于缺乏一个更为准确的生理学的或哲学的术语,我们暂时把意识的根源称作"心灵"。自我和其意向对象之间的关系不是一种概念与事物的关系,而是一种"心灵"与"呈现"的关系:世界"呈现于"一种意识面前,这种意识并不是概念的意识——而是"一种情感的意识",比起大脑或思想来,这是一种更接近于内在感觉、更接近于"我头脑里的感官"的理解模式。②在绿蒂黑色的眼眸里,凝聚着汹涌而来的、让人无法抗拒的自然,把维特迷得神魂颠倒。

---

① Goethe, *The Sufferings of Young Werther*, 115.(此处中译参照歌德著,《少年维特之烦恼》,杨武能译,北京:人民文学出版社,1999年,第101-102页。部分译文有调整——译者注。)

② Ibid., 115.(此处中译参照歌德著,《少年维特之烦恼》,杨武能译,北京:人民文学出版社,1999年,第102页。——译者注。)

现在他的心里已没有自我的一席之地。该书第一编就在这样微妙的、具有先兆性的话语中结束："他俩走出了林荫道；我仍呆呆立着，目送着他们在月光下的背影，随后却扑倒在地上，痛哭失声，一会儿又一跃而起，奔上土坡，从那儿，还看到她的白色衣裙，在高高的菩提树下的阴影里闪动，可等我再伸出手去时，她的倩影已消失在园门中。"①这种失落感最终使其走向绝望的结局："已经决定了，绿蒂，我要去死……"②

《少年维特之烦恼》展现了感伤主义文学运动和"狂飙突进运动"的典型特征，既是这两场运动的例证，也构成了对它们的批判。感伤主义是一种情感话语，它赋予情感以道德尊严，它要求一种自我反省的机制，通过这种机制来鉴别和判断各种情感。维特对绿蒂的爱及其所经历的各种考验，即便这最大限度地放弃了才智〔"我没完没了地……开着玩笑"（ich witzele

---

① Goethe, *The Sufferings of Young Werther*, , 77.（此处中译参照歌德著，《少年维特之烦恼》，杨武能译，北京：人民文学出版社，1999年，第64页。——译者注。）

② Ibid., 128.（此处中译参照歌德著，《少年维特之烦恼》，杨武能译，北京：人民文学出版社，1999年，第116页。——译者注。）

mich……herum）①］，也推动了小说的发展。维特对书信的男性收件人的友谊之深也是非同寻常的："此刻，我恨不得扑到你怀里，痛痛快快地哭一场，向你倾吐我激动的情怀，我的好友。"②维特的这类言辞以一种虔敬派的风格、《新约》的措辞，充斥于整部作品中。这部作品更具狂飙突进文学的特色，主要表现在维特情感迸发的可怕力量，这植根于"身体强大的感受力和快感"③；同样独具特色的，还有维特顿悟"自然中的上帝"的体验，和对当时普遍存在的贵族阶级结构的叛逆的不满，但这些对于他那最终以失败告终的伟业都于事无补。

亦可参照：模仿；情绪/调谐

---

① Johann Wolfgang von Goethe, *Die Leiden des jungen Werther,* ed. Katharina Mommsen and Richard A. Koc (Frankfurt am Main: Insel Verlag, 2001), 103.

② Goethe, *The Sufferings of Young Werther*, 73-4.（此处中译参照歌德著，《少年维特之烦恼》，杨武能译，北京：人民文学出版社，1999年，第60页。——译者注。）

③ Ekbert Faas, *The Genealogy of Aesthetics* (Cambridge: Cambridge University Press, 2002), 186.

反讽

文字往往比使用文字的人更了解文字本身。

——弗里德里希·施莱格尔

German
Aesthetics
Fundamental Concepts from Baumgarten to Adorno

米歇尔·沙乌利（Michel Chaouli），在印第安纳大学布鲁明顿分校教授德语和比较文学。

我们生活在反讽中，而反讽也存在于我们之中。我们使用它，也承受着反讽的滥用。广告朝我们使眼色，电视角色似乎都在用引号说话，我们在社交媒体上最常听到的腔调是一种温和的自嘲。然而，即便是浸泡在了反讽的环境之中，这种体验似乎也并没有让我们做好足够的准备来应对反讽在审美思维中所占据的显赫地位。从早期浪漫派（即耶拿学派）时期开始，反讽何以在众多事物中脱颖而出，成为很多关于艺术的思考的核心，这一点尚不明确。为何其主要理论倡导者，年轻的弗里德里希·施莱格尔将反讽提升到诗歌创作的原则如此之高的地位？我们如何理解这样一个事实：至20世纪，反讽已经成为一个声势浩大而异彩纷呈的文化生产领域的关键类型，它贯穿于从高度现代主义的文学技艺（比如，反讽出现在托马斯·曼、普鲁斯特和穆齐尔的作品中），到达达主义和超现实主义，再到观念艺术，最后出现在被我们贴上后现代标签的那些20世纪后期的文学、音乐、建筑以及视觉艺术作品中？虽然我们与反讽共存，但我们仍然要学会用它来进行思考。它为我们提供了怎样的智慧？

凭直觉便可知，光靠反讽的定义我们肯定走不远。

在谈到苏格拉底式的反讽时,施莱格尔这样写道:"对于一个尚未把握反讽要义的人来说,即便它公之于众,却仍然是一个谜。"[1]用批评家肯尼斯·伯克(Kenneth Burke)的话来说:"除非我们能自然而然地在反讽中怡然自得,否则我们便无法真正成熟地使用语言。"[2]因此,反讽是语言的一个核心特征,而不是一个附加功能,并且同隐喻等其他核心特征一样,任何尝试去定义的努力都会无果而终。如果要理解对反讽定义的解释,我们必须先知道反讽是什么(一种其自身便遵循反讽逻辑的洞察力),那么,反讽的定义与其说是不可能的,不如说是毫无意义的,因为我们努力界定我们已然确知的,以便能理解我们正想方设法构想的定义。这就是为何自称"反讽学家"的米克(D. C. Muecke)以这样的一段论述开启了他对这一论题的丰富研究:"既然……埃利希·海勒(Erich Heller)……已完全不去定义反

---

[1] Friedrich Schlegel, *Philosophical Fragments*, trans. Peter Firchow (Minneapolis: University of Minnesota Press, 1991), 13.

[2] Kenneth Burke, *Language as Symbolic Action: Essays on Life, Literature, and ,Method* (Berkeley: University of California Press, 1966), 12.

讽,那么不再去重新定义它也就无关紧要了。"①

鉴于这种情况,我们可以预见到,对反讽定义的成与败都同样具有启示意义。让我们从最传统的定义开始,即把反讽定义为"一种修辞格,其要表达的意思与所用词语表达的意思恰恰相反"(如《牛津英语词典》中的定义)。我们从中提取了四个要点:(1)反讽是一种语言的转喻。(2)这种转喻是有确定指向性的。(3)其独特之处在于彻底改变了词的意思["转喻"这个词从一个意为"转向"(turn)的词派生而来]。(4)这个派生而来的词和"用词语表达的"意思形成对比,后者通常也被称为这些词"实际的""本来的""主要的"或"规范的"意义。这个说法的确没有错;它确实描述了某些类型的反讽,尤其是一些更为彰明较著的反讽方式(当有人打翻一杯咖啡时来一句"干得漂亮",诸如此类)。然而,只有当我们注意到这个定义遗漏了什么,以及其他相关的阐述(包括其中最古老的阐述)抓住了什么的时候,关于反讽的一些最为关键的问题才会显现出来,尽管它们常常带有尝试性或含

---

① D. C. Muecke, *The Compass of Irony* (London: Methuen, 1969), 14.

蓄性。

公元1世纪，昆体良在其修辞学教科书《雄辩术原理》（*Institutes of Oratory*）中对反讽进行了重要的整理编纂，这在西方传统中是首次。与《牛津英语词典》一样，昆体良将反讽归为比喻类，他也认为反讽的特定效果是说"与实际所说相反的话"[①]。但他紧接着又提出了一种模糊性，深刻地改变了我们对反讽现象的理解。昆体良刚断言反讽会产生与"实际所说"相反的意思之后就马上补充说道，一个反讽的陈述"另有所指"[②]。这产生了一种令人欣喜的效应，也就是承认反讽不只是彻底颠倒一个话语的字面意思这么简单，而是有着多种类型，其实这指的就是已进入批评家们视野的文学和其他艺术中各种形式的反讽。"爱德华——我们这样称呼一位殷实富有且风华正茂的男爵——在自己的苗圃里消磨了四月某一天上午的美好时光……"在歌德名作《亲和力》的这段著名的开篇中，语词本来的含义并未发生

---

① Quintilian, *The Institutio Oratoria of Quintilian*, trans. H. E. Butler (Cambridge, MA: Harvard University Press (Loeb Classical Library), 9, 2, 45.

② Ibid.（此处着重号为本书作者所加。——译者注。）

任何颠倒，但如果我们不能领会贯穿于整部小说作品中的温和的反讽风格的话，便会错过很多东西（在某种程度上可以说会错过关于这部作品的一切）。在将这些例子也列入反讽的概念中时，相比我们在传统意义上所理解的反讽，昆体良给出的标准带来了一个影响力深远的转变，正是这一转变开启了反讽领域惊人的拓展。如果反讽描述的是语词实际表达的意思和它们想要表达的意思之间的差异，并且正如昆体良所指出的，如果转喻只是"一个词或短语从其本义到另一个意思的艺术性转换"①，那么，反讽不就是从总体上准确描述了转喻的基本运作了吗？更为全面地提出关于反讽力量的主张，其带来的结果应该是将其从一种转喻转变成所有转喻共同的运作原则。

推动着反讽所能运用的领域飞涨式扩张的那种模糊性，也指向了另一种路径，经由这一路径，昆体良使传统意义上的反讽变得更加复杂。在他的论述中，反讽不仅仅是一种转喻，更是一种被他称为"喻象"（figure）之物。他首次尝试区分这两者，但并没有使

---

① Quintilian, *Institutio*, 8, 6, 1.

核心要点充分显现出来:"在转喻中,冲突纯粹是语言方面的,而在喻象中,词句的意涵,乃至我们所处情境的整体情况都和我们所使用的语言、语气相冲突。"①其实,只要提到一个恰当的名字,昆体良想要表达的真正意思便会一下子清晰起来:"不仅如此,一个人的整个人生都有可能具有反讽的色彩,就像苏格拉底那样,他被称为反讽主义者,因为他扮演了一个对他人的智慧感到无比惊叹的无知之人。"②如果反讽一开始仅限于意义出现分歧的一个词或一个词组,如果反讽后来又扩展到可以指所有出现歧义的词所发挥的作用(我们可能会说,这是词的"歧义"本身),那么,我们现在所遇到的是这样一个反讽的概念,它抛弃了"纯粹语言的"那一面,涵盖了"我们所处情境的整体情况",甚至"整个人生"。反讽喻象的形象有一个名字,那就是苏格拉底。正是因为有了他的出现,反讽就不再是关于如何转变一个词的意思这样的问题,而是成了一种生活方式——而且恰恰是最为著名的一种人生。反讽渐渐

---

① Quintilian, *Institutio*, 9, 2, 46.
② Ibid., 9, 2, 46.

成了一种典型的人生路径。伴随着这一进展，反讽不仅不再局限于一种指向其他意思的语言工具的角色中，还以自我反讽的形式成了一种符合人自身在世界中的处境的态度。

苏格拉底只是西方反讽概念的两个古老源头之一。另一个源头是昆体良没有提及的阿里斯托芬（Aristophanes），他的喜剧《云》是已知最早使用"反讽"一词的文献。这部剧并没有为这个将拥有如此卓越前景的词提供最体面的舞台。反讽以一股辱骂的洪流进入了西方文学传统中：人们骂道，"骗子""无赖""卑鄙之人"，在他连珠炮似的攻击中包含着对"狡猾的伪君子"（Eiron）的抨击，即我们当代字典中的"讽刺家"。（虽然这部剧中出现了以哲学家为原型的角色苏格拉底，但遗憾的是，在剧中他并没有被视为哲学家。）苏格拉底式的反讽是哲学的生活方式（在他身上，也是一种死亡方式）最重要的美德，它是一种通过坚持自己的无知而获得真理的态度，但我们在阿里斯托芬身上发现的反讽却和幽默，尤其是诸如戏仿、滑稽剧和讽刺作品等"低级"形式的幽默有着紧密的关联。这两种形式的反讽（即喜剧的和哲学的）逐步渐进式地推动了对反讽这一理念的重要构思：一种是积极地瞄准一个终被揭露为小丑的对话者；另一种是严肃的，适用于反讽者自身，尽管其效果可能仍是激进的。

对苏格拉底和阿里斯托芬的回溯表明，我们在反讽中所指出的两级交流模式（说一件事的同时是在说另一件事）要求具有一种戏剧场景，而不仅仅是对话场景。对话涉及双方（即便是在独白中，也可被视为一种"内部"对话），但戏剧场景至少由三个要点组成，即舞台上对话的双方以及目睹对话的观众。观众可能并未卷入舞台上的事件，但他们完全参与其中；观众的存在影响了剧场里所发生的一切。这种大体上呈三角形的结构使我们能够更好地处理反讽式交流，这种交流总是同时含蓄地向两类受众说话，一类观众领会到了眨眼所示之意，而另一类则未能领会——即共谋者和无知的人。伯克说"成熟的"语言使用是指自然而然地在反讽中怡然自得，其实这里指的就是这种区别，每次针对成熟的观众使用反讽时，通常无须费心说明，并假设另有不成熟的、只能在最直白的层面上理解这场交流的观众。如果我们稍稍改变一下这一认识，即每一种反讽式的交流不仅假设了无知的观众，而且认定，甚至创造了这类观众,那么,我们就已接触到反讽中发挥作用的力量的动态。无论如何,每一次反讽式的交流(每一个眨眼示意)也同样为一无所知者确定了一个位置,他们因此被置于对话场景的边缘,以便使那些会意的人更接近中心,更靠近反讽者。

我们在探索反讽这一领域时所揭示的关于反讽的所有重要特征,当反讽在德国传统中被明确当作一种在美学中所产生的理念得以首次的、最为重要的表述时,发展到了顶峰。这发生于18世纪90年代,按欧洲的标准来看是比较晚的,但弗里德里希·施莱格尔提出的反讽是西方美学经典中最敏锐、最有影响力的概念之一。他的表达方式本身就很有意义,因为他并没有以日耳曼式的系统论述来表达关于反讽的思考,而是在无数文本片段中将其建构出来,这些文本片段涵盖了多种多样的体裁,如断片、散文、对话、笔记条目和信件。对于读者来说,这可能导致无尽的挫败感,因为当一个人通读施莱格尔的作品时,一个新的突转、一个始料不及的隐喻或一种怪诞的联想在文本的每一个角落若隐若现,这有可能颠覆一个人一直都在努力构建的见解,这种挫败感会越来越强烈。然而我们很快就发现,那无尽的挫败感,甚至可能挫败感本身便是反讽逻辑的一部分:反讽首先是由对反讽的呈现所带来的,而不是通过记录一个外在于自身的、被称为"反讽"的实体所带来的。

让我们回到施莱格尔的说法——苏格拉底式的反讽"对于一个不懂反讽的人来说""仍将是一个谜"。我们在其论述中所关注到的矛盾结构(即必须先懂得反讽才能理解反讽)在施莱格尔这段文字中以多种语体风格呈现,并成为贯穿其中的主旋律,以下摘引《批评断片集》第108断片:

在这类反讽中,一切都应是诙谐的,一切又都应是严肃的,一切都坦白公开,而一切又隐藏得很深。它产生于处世之道与科学精神的结合,产生于完善的自然哲学与完善的艺术哲学的融合。它包含着并在一定程度上激发起一种不可调和的对立感,这种对立存在于绝对与相对之间,存在于充分交流的不可能性和必要性之间。反讽是所有可行之道中最自由的一条道路,因为人们借助于它可以超越自身;而且反讽还是最合法的,因为它是绝对必要的。当平和的浅薄无趣之人面对层出不穷的自我戏仿而不知所措,在相信与怀疑之间没完没了地摇

摆不定,直至头晕目眩,从而严肃地对待戏谑,又戏谑地对待严肃,这便是一个非常好的迹象……①

我们很快发现,前文提到的无知的人又在此处出现了。"平和的浅薄无趣之人"的出现是"一个非常好的迹象",因为当他们感到困惑时,我们认识到我们和他们是不同的。这确实是反讽逻辑产生的两面。但施莱格尔提出了更高的要求,因为通常情况下,反讽者通过向观众保证他们是知情者,而不是想象中的那些无知者,以此来奉承观众,而在这里,并非完全被蒙蔽的读者却意识到,他们总会发现自己属于那些"浅薄无趣之人"。正如上述哲学断片中所表明的,我们永远无法获得真正"完全充分的交流";意图并不能保证意义,因为正如施莱格尔在他的文章《论不可理解性》中所写的那样:"文字往往比使用文字的人更了解文字本身。"②如果真是如此,如果包括说话者在内的任何人

---

① Schlegel, *Philosophical Fragments*, 13. (此处引用的译文有调整——本书作者注。)

② Friedrich Schlegel, "On Incomprehensibility", in *Theory as Practice: A Critical Anthology of Early German Romantic Writing*, ed. Jochen Schulte-Sasse et al. (Minneapolis: University of Minnesota Press, 1997), 119.

都不能完全掌控"所指为何",那么,我们所能预知的必然结局便是至少在某些时候,我们会"严肃地对待戏谑",反之亦然。我们必然会成为无知者,我们只是不知道这何时会发生在我们身上。

施莱格尔还以另一种关键的方式提升了反讽的重要价值。尽管苏格拉底用反讽来提升其关于思想的"助产术",但施莱格尔借助反讽最大限度地拉近了截然分立的对立双方之间的距离,而其目的无非是揭示它们之间的紧张关系。在此,反讽并不意味着与真理、和谐、美等的对立,而是在游戏与严肃性、自然与艺术、交流的不可能性及其必要性等对比性的术语之间"激发起一种不可调和的对立感"。正如另一则断片所说的那样:"反讽就是悖论的形式。"[①]如果反讽被理解为一种态度或一种生活方式,鼓励差异之间的碰撞,而不是一种将意义推离其惯常路径的修辞技巧,那么,原始意义(即实际的、本来的意义)和反讽意义之间的整个区别就变得多余了。对施莱格尔来说,双方是对称的:有时,看起来是严肃的东西实际上意味着一个玩笑;而有

---

① Schlegel, *Philosophical Fragments*, 6.

时候，看起来像玩笑的东西其实却很严肃。没有任何一方会认为自己凌驾于另一方之上。

一些笔记式条目将反讽的激情推向了极致。因此，施莱格尔创造了反讽是一种"永恒的解说演员致辞"① 这一新观念。阿里斯托芬剧的观众一下子就能认出解说演员致辞来。解说演员致辞是一个修辞性的名称，指的是一个角色直接向观众讲话的情形，它打断了戏剧的连贯性，暂时搁置了不信任感。通过把反讽称为永恒的解说演员致辞，施莱格尔要求我们在中断通常发生在连续性的背景这一前提之下，思考一些极度矛盾的情形；要把反讽理解为永久性的东西实在很难。[保罗·德·曼（Paul de Man）在他的文章《反讽的概念》（*the Concept of Irony*）中阐述了这个想法的一些含义。②] 与苏格拉底式助产术的生产能力相反，在此，我们遇到了一种不停打断的思维方式。黑格尔是最早认识到聚集在这一反讽概念中的毁灭性潜力的观察家之一，他对此

---

① Friedrich Schlegel, *Kritische Friedrich-Schlegel-Ausgabe*, ed. Ernst Behler et al. (Paderborn: Schoeningh, 1958), 18, 85

② Paul de Man, "The Concept of Irony", in Aesthetic Ideology, ed. Andrzej Warminski (Minneapolis: University of Minnesota Press, 1996), 163-84.

进行了尖锐的批评。①

　　反讽所造成的中断未必等于破坏（尽管它当然可能会带来破坏），这一发现也许是概念性的诗学最重要的收获，因为恰恰正是这一被黑格尔完全无视的想法使得施莱格尔对反讽的思考能够聚合成一种诗歌创作模式的原则。该模式适用于这样的一个社会，在其中，连贯且有意义的整体性的存在变得不可假设——我们将其简要地称作现代社会。可以确定的是，这是一种艺术创作形式，与哲学（确切地说是所有概念性的思考）所青睐的创作能力是截然不同的。这种创作形式对中断、不解和不完整等诸种情况都欣然接受，而不是采取回避的态度。此外，施莱格尔要求我们去设想作品在其结构的每一个点上可能都是如此，他也要求我们去设想作品在其存在的每一个时刻都向一种反讽的循环（一种类似"合唱队致辞"式的插叙）开放。这一艺术生产观是如此新颖且影响力深远，它以这样或那样的形式进入了几乎所有的现代美学思潮中，它无可取代，也无与伦比，为后

---

① Georg Wilhelm Friedrich Hegel, *Aesthetics: Lectures on Fine Art,* ed. and trans. T. M. Knox (Oxford: Oxford University Press, 1998), 1, 64-9.

世的理论所不及。

目前,学界有一种倾向认为,耶拿学派是由这样的一个愿望所推动的,即试图以一个宏大的神秘方案来消除所有的差异,这种倾向的依据是施莱格尔《雅典娜神殿断片集》第116号断片等,这些断片竭力主张"渐进的总汇诗"(即"浪漫诗"的一个别名),"应该把诗和散文、天才和批评、艺术诗和自然诗时而混合起来,时而融会于一体"[1]。但这样的解读显然是无知的,对反讽的语体风格充耳不闻(现在是时候打出反讽这张王牌了)。施莱格尔提醒我们,反讽并不是诗的一种可有可无的添加物,而是"绝对必要的"[2],因此,对反讽充耳不闻就等同于对诗自身的基本原则充耳不闻。反讽使得对立的实体结合在一起,却并没有去消除它们之间的差异;相反,反讽增强了它们"不可调和的对立"感。正是这一点使它成了现代性的典范。

亦可参照:讽喻

---

[1] Schlegel, *Philosophical Fragments*, 31.(此处中译参照,施莱格尔著,《雅典娜神殿断片集》,李伯杰译,北京:三联书店,2003年,第72页。)

[2] Ibid., 108.

聆听

米尔科·M.霍尔(Mirko M. Hall),康威斯学院德语研究副教授和语言、文化和文学系主任。

1877年，阿尔伯特·格拉夫勒（Albert Gräfle）在他的一幅著名画作中描绘了贝多芬为他最亲密的朋友们弹钢琴的情景。友人们聚集在钢琴周围，被乐音深深打动——宁静地听着，全神贯注，倾慕不已。一个年轻人靠在椅子上，眼睛睁得大大的，凝望着天花板。似乎音乐正在打开天堂之门。如今，这种对音乐的虔敬沉思在西方严肃的音乐文化中仍持续代表着聆听的理想。

聆听是一种话语实践，它直接影响了人类意识、主体性和习俗的听觉概貌。自18世纪中期以来，近距离的、专注的聆听在对现代资产阶级身份进行意识形态维度的建构中发挥了重要作用。在严肃音乐文化的框架中，这是一种对文化的革命活动，这种活动能够利用音乐的审美力量来帮助听众充分发挥人的潜能。这种对聆听音乐的变革性力量〔及其推进批判性自我塑造（即教化，Bildung）的能力〕的信念，是美学、文学、音乐和哲学领域重大的、认识论上的变革的结果。这些变革受到启蒙运动重估书写文化的影响，使音乐内在的审美潜能得以发挥，从而无限地（ad infinitum）拓展我们认知情感的视野。

大约在1750—1850年间，一种崭新的（积极的、批判性的、自我反省式的）聆听方式出现了，并得到有见识的公众以及音乐鉴赏家们的青睐。这种青睐要求"听众表现出一种虔敬的态度，而在以前，这种虔敬更多地出现在宗教礼拜的场所"，①后来则被德国早期浪漫派神化了。只有那些用心去认真聆听的人才能充分体会到传达着深刻的人类思想和情感的音乐之道。这种新出现的对人们聚精会神地聆听音乐演奏时将音乐当作一种准宗教体验的强调以及对深刻自我反省的需要，显然与前人的习性有着明显的不同。在上述时期之前，尤其是在观赏歌剧表演期间，听众总是一派喜气洋洋、兴高采烈（大家吃啊、喝啊、抽着烟等）。18世纪70年代左右，法语和德语地区的音乐界首先开始推崇在虔敬的静默中聆听音乐。尽管诸如预订专座、付费订购和礼仪规则等规训的技巧在一定程度上有利于这一新取向的形成，但真正推动近距离而专注的聆听实现内在化转向的主因却是公共领域的学术话语，而这些话语明显受到了文学、音乐和哲学领域的新发展的启发。

这种新的聆听观念必须在多种多样的文化活动的

---

① Matthew Riley, *Musical Listening in the German Enlightenment: Attention, Wonder, Astonishment* (Aldershot: Ashgate, 2004), 1.

语境中来审视，而这些活动（有时出人意料地）并不依赖于实际的音乐创作和表演。这些文化活动以18世纪和19世纪初期的一些思潮为基础，而这些思潮将音乐的地位提升到哲学文本的高度，能探索美学和主体性之间的联系。音乐所获得的这一地位在音乐美学的领域掀起了一场非凡的认知转变，并在1800年左右达到了其理论巅峰。至此，从作家到哲学家和音乐家，一大批开明的思想家开始重视"资产阶级主体的身份、艺术的审美自主性及高雅文化的内在价值"[①]。为了充分体验音乐作品的隐含意蕴，这些思想家强调采取"艰苦卓绝的努力，在音乐形式的层面上对微妙的细节进行区分，而最重要的当数……一种超然的、无功利的审美态度"[②]。虽然人们常常是在浪漫主义美学的视角中来认识这些进展的，但是，意识到细致而专注地聆听的重要性，却是启蒙运动的直接结果。

自17世纪中期以来，德国理性主义哲学注重对

[①] Berthold Hoeckner, *Programming the Absolute: Nineteenth-Century German Music and the Hermeneutics of the Moment* (Princeton, NJ: Princeton University Press, 2002), 3.

[②] Riley, *Musical Listening*, 2.

注意力（Aufmerksamkeit）的唤醒、维持和培养，并强调其重要意义——这是人类思维的一种关键的认知能力。亚历山大·戈特利布·鲍姆加登（Alexander Gottlieb Baumgarten）、戈特弗里德·威廉·莱布尼茨（Gottfried Wilhelm Leibniz）、克里斯蒂安·沃尔夫、乔治·弗里德里希·迈尔（Georg Friedrich Meier）、约翰·格奥尔格·苏尔泽（Johann Georg Sulzer, 1720—1779）的哲学著述着眼于智性直观（intellectual intuition）所具有的辨别清晰明了的理性认识的特殊能力，探究了注意力所能达到的智性直观。尽管苏尔泽表达了对音乐的一些矛盾心理，但他对注意力和审美感知之间重要关系的阐述对于理解这些新兴的聆听实践是很有价值的。他那本广博的《美的艺术之通论》（*General Theory of the Fine Arts, 2vols*, 1771-1774）为这个时代的美学论争提供了大部分概念性的框架。苏尔泽认为，美的艺术有一种教化的力量，可以增强大众的批判能力，并培养其道德品质。为了确保他们的审美感知始终充满活力地发挥作用（从而促进美的思维和道德思维），个人需要通过明智的判断来微调他们的认知。人的专注力通过大脑与生俱来的表现能力，为艺术作品中审美特征的多样性提供了广博而统一的明晰性,从而为这种判断提供支持。据此,根据苏尔泽所说的模式,细致而专注地聆听音乐(即能够完全理解音乐作品的组成结构的能力)是通过提升人类的心灵和思维来激发令人愉悦的行动力的。引用一位年龄较长的、被誉为当代苏尔泽的音乐评论家约翰·弗里德里希·雷查特(Johann Friedrich Reichardt)的话来说:正因为如此,音乐"以不可抗拒的力量征服了感性自然之整体,并将其推向天国"[①]。但这个过程不是自然而然的,聆听必然要求精心的实践和提升。

培养聆听能力的需求是音乐史学家约翰·尼古拉斯·福克尔(Johann Nicolaus Forkel,1749—1818)的一个重要教学项目,他致力于提升公众的聆听技能和实践。他为业余的音乐爱好者群体的崛起而烦恼,这一群体缺乏必要的技术知识(尽管他们热情高涨),也就无法充分领会构成音乐基础的美学原则的普遍性。为了改变这一局面,福克尔于18世纪70年代在哥廷根大学

[①] David Gramit, *Cultivating Music: The Aspirations, Interests, and Limits of German Musical Culture,* 1770-1848 (Berkeley: University of California Press, 2002), 4.

组建了如今已享有盛誉的系列音乐会。在音乐会开始前的讲座中，福克尔提倡"对听觉器官进行适当的练习和培育"①，以理解音乐作曲技巧和其预期审美效果之间的联系。这种遵循音乐作品线性时间而展开的诠释活动，不仅以理性和高雅趣味的法则为基础，而且也建立在细致而专注的聆听之上。福克尔认为，业余听众只关心音乐令人愉悦的外在效果，而没有集中精力去深入音乐作品内在的运作方式。要达到理想的聆听状态，他们不应止步于对音乐修辞技法的简单认识或只是吸收音响效果的审美力量，而是通过"不懈的努力、精心的全神贯注及敏锐的感知"②与音乐作品内在的美和道德目的达成一致。对福克尔来说，个体需要有意识地、倾心地聆听——这一主张预示着浪漫主义对音乐虔敬沉思的注重。

福克尔热衷于教育公众认识音乐的审美普遍性，这与严肃音乐公共领域的建立不谋而合。至18世纪末，在一个有教养和开明的社会中，音乐已然成为一个值得

---

① Johann Nicolaus Forkel, *Allgemeine Geschichte der Musik*, 2 vols (Leipzig: Schwickertschen, 1788-1801), 2:8.
② Riley, *Musical Listening,* 88.

给予批判性关注和支持的话题。①音乐不再是一种由贵族赞助的专有媒介，也不是表达对彼岸天国宗教式虔诚的专有媒介，如今，音乐能够把人类的自我实现这一启蒙运动时期确立的计划变为现实。为了利用这一潜能，中产阶级男性（以及一些女性）积极参与了以音乐为中心的、不断拓展的公共领域。他们观看交响乐音乐会，阅读有关音乐史和音乐理论的书籍，并在沙龙和咖啡馆讨论音乐生活的高尚品质。而以莱比锡为中心的音乐报纸杂志出乎意料的繁荣也极大地增强了这种氛围。在各种出版物（包括时尚杂志、知识阶层的公报和专业音乐杂志）上，音乐发烧友可以阅读当代音乐生活的全部内容：从作曲家传记到音乐会表演评论和音乐美学论文。此外，在报刊［比如，由莱比锡的大熊音乐出版社（Breitkopf & Härtel）出版的权威刊物《综合音乐报》（*General Musical Newspaper*）］上所刊载的详细的音乐评论文章也努力去帮助业余听众成为真正的鉴赏家。

在同一时期，器乐（即没有配词的音乐）成了最负盛名的媒介，对细致而专注的聆听进行审美表达。然

---

① Gramit, *Cultivating Music*, 20-21.

而情况并不总是如此。从17世纪到18世纪中叶,音乐理论家(通过所谓的情感学说)认为音乐是通过模仿来激发人类情感的。但由于声音的语义力量仍然无法确定,因此,音乐的风格统一性和意图需要通过语言的中介作用来加以阐释和澄清。然而,在18世纪末,许多后理性主义思想家渐渐确信,器乐(例如,交响乐、协奏曲和奏鸣曲那广阔的音响结构)意味着音乐挣脱了语言的束缚,并获得了一种极富成效的解放的力量。在认识到音乐的感官表现力及其不可思议的情感能力的同时,这种新的音乐美学将音乐视为完全自主(或者说绝对自主)的,原因在于"它没有概念、对象和目标"[1]。目前,处于崛起中的绝对音乐的观念形态坚持认为,音乐作品实际上是最优秀的艺术作品,因为声音的能指可以被无穷尽地阐释,音乐现在可以表达单凭人类语言无法充分描述的东西:那些无穷无尽的和那些无边无垠的。音乐不具有任何语词的明确性,这在以前是被当作一种缺陷来诟病的,而现在却上升到宗教的层面予以褒扬。

1810年,霍夫曼(E. T. A. Hoffmann)在《综合音

---

[1] Carl Dahlhaus, *The Idea of Absolute Music*, trans. Roger Lusting (Chicago: University of Chicago Press, 1989), 7.

乐报》上发表了一篇关于贝多芬《第五交响曲》的评论,在这篇里程碑式的文章中,绝对音乐的概念备受推崇。霍夫曼将哲学见解与音乐谱号分析相结合,为音乐批评树立了一种新的标准。据此,他论述了贝多芬的音乐如何打开了"那个浩瀚无垠的王国",并将听众带入了"精彩绝伦的永恒的精神王国"之中。① 交响乐团众声融聚的力量和动人的声音乐章以高深莫测的、令人惊叹的音乐征服了听众。通过这种方式,音乐体现了康德的"审美意象"(aethestic ideas)观——即超出了常规语言所能掌控的概念、理念和表现形态。

弗里德里希·施莱格尔(Friedrich Schlegel, 1772—1829),这位德国早期浪漫派的重要理论家较早地发现了绝对音乐的价值,并成为其倡导者。他18世纪90年代的著述(尤其是其文学和哲学笔记中随手写的关于音乐的断片)坚定地主张音乐是所有艺术形式中最具普遍性的。尽管施莱格尔非常熟悉他所处的时代对于音乐的论争,但他从未将这些断片发展成一种综合的音乐美学

---

① E. T. A. Hoffman, *Sämtliche Werke*, ed. Hartmut Steinecke and Wulf Segebrecht. 6 vols (Frankfurt am Main: Deutscher Klassiker, 2003), 1: 533, 534.

理论。不过，在这些笔记中，施莱格尔注意到了作为一种先验反思的理想媒介，器乐所具有的批判的革命性本质。他认为，音乐以线性时间展开的方式正典型地体现了哲学探究过程本身。由于其无限的可完善性以及诠释的无穷无尽性，这两种媒介都超越了任何旨在解释有限可理解性的努力：它们通过不断造就意义的新途径来促进批判性的自我反思的形成。

尽管美学、哲学和音乐批评对18世纪末的聆听实践产生了显著的影响，但对绝对音乐以及细致而专注的聆听这两者所具有的审美力量展开最清晰描述的却是在文学领域（作为公共领域教化的一种核心机制）。在此，发生在文学和音乐之间的交互促进具有绝对关键的意义。事实上，与绝对音乐相关的很多理念（比如，声音能指的审美潜能或作为严肃音乐文化之基石的交响乐）最早是在德国早期浪漫派的文学作品中出现的（或者说是通过这些作品逐渐流行起来的）。施莱格尔的朋友，如克莱门斯·布伦塔诺（Clemens Brentano）、弗里德里希·冯·哈登贝格（Friedrich von Hardenberg）或诺瓦利斯（Novalis）、路德维希·蒂克（Ludwig Tieck，1773—1853）和海因里希·威廉·瓦肯罗德（Heinrich

Wilhelm Wackenroder, 1773—1798)都在他们各自的作品中表达了音乐的崇高力量。这些作家和诗人确信,音乐(以海顿、莫扎特及其后贝多芬的交响乐作品为代表的音乐)传达了多种多样的感知和表现,即那些妙不可言的、永恒无限的以及不可逾越的,它们都超越了单纯对语言约定俗成的运用。这种新发现的对音乐的虔敬在蒂克和瓦肯罗德合作完成的文学大作《一个热爱艺术的修士的内心倾诉》(*Outpourings of an Art-Loving Friar*, 1797),以及《献给艺术之友的艺术幻想》(*Fantasies on Art for Friends of Art*, 1799)中得到了很好的展现,他们的作品很快便启发了公众的想象力。然而,这种对器乐的独特理解"直到霍夫曼借用了(瓦肯罗德和蒂克的)话为贝多芬正名,才找到了(一个真实存在的)合适的对象"。[①]

值得注意的是,器乐的巨大声望可以追溯到一个规模相对较小的作家群体,他们不是严格意义上的音乐家,但仍然"相信严肃音乐的道德优越性"[②]。除了写

---

① Dahlhaus, *The Idea of Absolute Music*, 90.
② Gramit, *Cultivating Music*, 6.

绝对音乐的准宗教特征（或攻击其他音乐形式的煽情、矫揉造作以及拙劣的技艺）之外，他们还（用瓦肯罗德自己的语言）勾勒了聆听之"正道"①。就描绘细致而专注的聆听之美学概貌而言，瓦肯罗德以其相关表述而成为"唯一一位举足轻重的人物"。②他在艺术上很有天赋，当他还是一名大学生的时候，现场聆听了福克尔在哥廷根开办的讲座。他所写的关于音乐的文学作品有一些是和蒂克合著的，在这些作品中，（矛盾之处在于）瓦克诺德用诗歌语言的力量来证明聆听的理想模式。每个人都应"镇定自若地、一动不动地，以一种在教堂中的虔诚态度来聆听，聆听时……眼睛注视着地面"，通过"屏息凝神地专注于音符及其进程"来体验音乐。③

施莱格尔再次阐明了细致而专注的聆听所包含的认识论契机。对他来说，聆听是将音乐作品视为一种永远

---

① Wilhelm Heinrich Wackenroder, *Sämtliche Werke und Briefe. Historisch- Kritische Ausgabe*, ed. Silvio Vietta and Richard Littlejohns. 2 vols (Heidelberg: Winter, 1991), 2:29.

② Mark Evan Bonds, *Music as Thought: Listening to the Symphony in the Age of Beethoven* (Princeton: Princeton University Press, 2006), 22.

③ Wackenroder, *Sämtliche Werke*, 1: 133, 2: 29.

处于变动中的、不断自我实现的整体来进行剖析的,①它密切关注音乐作品的声音细节及其整体作曲结构之间的互动关系。施莱格尔和他的朋友们论证了奏鸣曲-快板曲式是这种聆听的最合适的催化剂。这种曲式以贝多芬为杰出代表,其特点在于通过不同和声源的巧妙(通常是意想不到的)并置,从而对音乐材料进行了广泛的语境重构。通过聚精会神地专注于音乐,听众能够理解其乐旨主题的组成成分是如何通过奏鸣曲在时间中的逐步呈现而不断发展的(比如,变化、并置和重复)。他们可以看出曲作的内部运作,不会被其宏观结构的力量所淹没。但更为重要的是,聆听者的这种自我反思式的清晰阐释加强了音乐作为反思媒介的专有地位,这揭示了音乐作品本身所具有的能指的潜力。换言之,在聆听者和音乐作品之间存在着一种至关重要的共时性对话,对于前者而言,其注意力使他们进入令人愉悦的批判性活动中;而对于后者,其意义是通过引导聆听者进入他们各自的现实生活和想象生活之间的相互关联而持续彰显出来的。

---

① Mirko M. Hall, "Friedrich Schlegel's Romanticization of Music", *Eighteenth-Century Studies*, 42 (2009): 421-5.

至18世纪末及其后，让许多思想家深感担忧的是，那些蓄意煽情的拙劣的音乐作品会破坏人们在聆听严肃音乐中所养成的淳朴自然的主体性。在这种情况下，细致而专注的聆听便成了化解这一危机的一剂良方，它可以清楚地识破这些摆弄修辞的企图。（由于西奥多·W.阿多诺后来的研究，这种方法现在通常被称作"结构聆听"。）就这样，聆听成了一种变革性的、认知-情感的策略，参与了公众批判性的自我塑造。通过从音乐之无限的可完善性、作曲家之理性的意向性、聆听者之仔细的辨析力以及批评家之富有洞见的调和等多因素之间相互的积极作用中汲取阐释的力量，细致而专注的聆听对人的主体性产生了深刻的影响力。

聆听，通过审美体验塑造了聆听者的思维过程，并通过个体所具有的自我决定的新能力培养了他们的听觉意识。如今，经过启蒙洗礼的社会，其公民可以通过音乐实现智性的独立，并有勇气自己去聆听！

亦可参照：绝对音乐

伦理

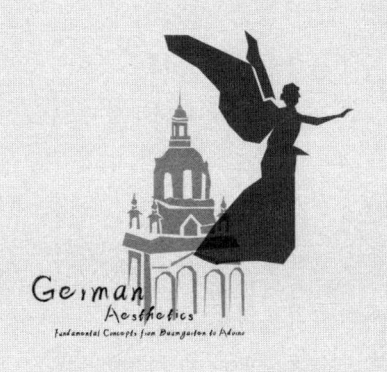

贾森·迈克尔·佩克（Jason Michael Peck），美国罗切斯特大学德语系副教授。

在《理想国》中，柏拉图就诗歌所存在的伦理风险提出了警告，这一警告影响深远。尽管亚历山大·鲍姆加登（Alexander Baumgarten）对哲学美学的重新思考已经过去了半个世纪，谢林（Schelling）仍然在其《艺术哲学》中提到了柏拉图对艺术的批判：

> 柏拉图对于诗歌艺术的谴责——尤其是和他在另一些著作中对迷狂诗歌的赞美相比较——岂非恰恰是在反对诗人的实在论，并且预见到了整个精神尤其是诗歌精神后来的路线？无论如何，柏拉图在《理想国》里面的那个评判根本不能应用到基督教诗歌身上，因为基督教诗歌总的说来明确承载着无限者的特性，正如古代诗歌总的说来承载着有限者的特性……正因为如此，我们比柏拉图具有一个更全面的关于诗歌的理念，并且能够对诗歌进行建构。①

---

① Friedrich Wilhelm Joseph von Schelling, *Philosophy of Art*, ed. and trans. Douglas W. Stott (Minneapolis: University of Minnesota, 1989), 5.（此处中译参照谢林著，《艺术哲学》，先刚译，北京：北京大学出版社，2021年，第9页。——译者注。）

对于哲学而言，在将哲学和美学相结合的过程中，仍有一些要点必须加以辩护：哲学和美学真正的共处同两者仅仅停留于表面的结合是有区别的。谢林关于我们"现代"哲学家在柏拉图所理解的美学基础上有所进步这一主张，是18世纪美学话语重新出现的征兆。也就是说，为了证明美学是一个有价值的哲学对象，必须有一个相应的伦理话语来确保美学对于哲学的合理性。

这在被公认为德国文学批评鼻祖和美学的早期倡导者的约翰·克里斯蒂安·戈特舍德（Johann Christian Gottsched）身上已经初见端倪。对于戈特舍德来说，追求审美的完美反映了自然美的完美，而这正是上帝的秩序在世界中的体现："艺术品的美并非建立在空洞的假设之上，而是牢牢扎根于万物之本质之中……自然物本身便是美的，因此如果艺术也想创造出美的东西，那么它必须模仿自然的范式。"① 美学将这种对自然界的完美的不懈追求当作其规范性原则，而"偏离这种范式常

---

① Johann Christoph Gottsched, "Critical Poetics", trans. Timothy J. Chamberlain, *Eighteenth Century German Criticism*. German Library v. 11 (New York: Continuum, 1992), 5.

常会产生一些杂乱和无趣的东西"。①从哲学的角度来看，审美品质不是根据真实性来判断的，而是根据与自然的规范性的美相比之下美的完美性来判断的。

弗雷德里克·C.拜泽尔（Fredrick C. Beiser）在他的理性主义美学著作《狄奥提玛的孩子们》（*Diotima's Children*）一书中，分析了戈特舍德的美学方案和他的伦理学方案之间的联系：

"戈特舍德使我们确信，它（美学态度）完全符合伦理学本身的基本原则，事实上，审美态度与伦理学基本原则是互补的：'尽一切努力使自己和他人更加完美'……完美的程度越高，我们从对它的感知中所获得的愉悦感就越大。"②这种不断增强的完美观念（即把完美与美在质量和数量上的增加联系起来）的根源在于莱布尼茨/沃尔夫形而上学，该学说将感官知觉理解为一种低级的认知能力。美学（源于希腊语αἰσθάνομαι，

---

① Johann Christoph Gottsched, "Critical Poetics", trans. Timothy J. Chamberlain, *Eighteenth Century German Criticism*. German Library v. 11 (New York: Continuum, 1992), 5.

② Frederick C. Berser, *Diomima's Children: German Aesthetic Rationalism from Leibniz to Lessing* (Oxford: Oxford University Press, 2009), 78.

意思是"我觉察到或我感觉到")不仅仅是作为一般诗学和艺术的研究，它也应是一门感官知觉的科学。迄今为止，感官知觉在形而上学中的地位一直都是低下的，而为了使其摆脱这一处境，美学的哲学研究必须包含一种伦理诉求，即感官知觉可以超越"单纯的"表象领域而"完善"自我。

这成了最早的美学实践者，也是最为著名的现代美学创始人（以及"美学"这一术语的创造者）亚历山大·鲍姆加登最为关心的问题。再次引用拜泽尔的话：

> 对于鲍姆加登来说，美学不仅是一门实践学科，也是一门伦理学科。美学的目的不在于仅仅创造美的事物，而在于教育人类，去创造鲍姆加登所说的"美的精神"（schöner Geist, ingenium venustum）。这将使人们成为一个不仅发展其理性，而且也发展其想象力、注意力、记忆力和感受能力的人。[1]

---

[1] Frederick C. Berser, *Diomima's Children: German Aesthetic Rationalism from Leibniz to Lessing* (Oxford: Oxford University Press, 2009), 121.

在《诗的哲学默想录》(*Meditationes philosophicae de nonnullis ad poema pertinentibus*)中,鲍姆加登指出:

哲学家也可以有机会,而且并非徒劳无益地去探讨一些方法,借此去改善和磨砺低级的认知能力,使它们更好地为全世界造福……因为我们的定义好像近在咫尺,就不难想象出一个准确的名称……"可理解的事物"是通过高级认知能力作为逻辑学的对象去把握的;"可感知的事物"是作为知觉的科学或美学的对象来感知的。①

根据鲍姆加登的说法,一般诗学是"一种有关感性表象的完善表现的科学"②。在研究美学并将美学研究

---

① Alexander Gottlieb Baumgarten, *Reflections on Poetry*, trans. Karl Aschenbrenner and William B. Holther (Berkeley: University of California Press, 1954), 78.(此处中译参照鲍姆加登著《诗的哲学默想录》,王旭晓译,滕守尧校,北京:中国社会科学出版社,2014年,第97页。——译者注。)
② Ibid., 78.(此处中译参照鲍姆加登著《诗的哲学默想录》,王旭晓译,滕守尧校,北京:中国社会科学出版社,2014年,第98页。着重号为本书作者所加。——译者注。)

成果广为传播的过程中，哲学家的任务是通过诗学研究来完善较低级的能力。

鲍姆加登在其后来的著作《美学》（Aesthetica）中进一步阐述了这一思路。尽管他仍然坚持逻辑和美学之间的严格区分，但他的作品提供了一种利用美学来达到道德完善的完整方法："感官认知之美和审美对象的改善展现出（darstellen）具有同样普遍有效性的完善的集合。"[1]鲍姆加登将这一过程的结果称为"审美真理"。虽然对于哲学家来说，这个真理可能无法达到与逻辑真理相同的确定性和完善性，但审美真理可以更好地解释个体心理。[2]此处诉诸个体心理，或者说艺术作品的客观内容及其在主体中的比照之间的桥梁，这便是审美伦理发生的空间："在最狭义的意义上道德属于审美真理，这种可能性不仅存在于认知主体之中，而且也存在于客体本身之中，客体必须在主体的反思中被审视，以便在其既定的表象中清晰而准确地呈现出

---

[1] Alexander Gottlieb Baumgarten, *Theoretische Ästhetik. Die grundlegenden Abschnitte aus der 'Aesthetica' (1750/58)*, ed. and trans. Hans Rudolf Schweizer (Hamburg: Felix Meiner, 1983), §24.

[2] Ibid., §433.

来。"① 要使美学成为道德的,那么,认知主体对明确的美之对象的判断与对象本身的完美性就必须是一致的。尽管在审美认知中主观自主性的空间更大一些,但鲍姆加登仍然坚持一种更为古老的形而上学体系,在这一体系中,审美判断从感官世界的不完善性转入了逻辑和真理的完美世界。

伊曼努尔·康德的《判断力批判》自1790年问世以来,彻底改变了关于美学和伦理学的讨论。在其第三批判中,康德把对审美对象的鉴赏定义为:"通过不带任何利害的愉悦或不悦而对一个对象或其呈现方式做评判的能力。一个这样的愉悦的对象就叫作美。"② 或者进一步来说,"美是一个对象的合目的性形式,如果这形式是没有一个目的的表象而在对象身上被知觉到的

---

① Alexander Gottlieb Baumgarten, *Theoretische Ästhetik. Die grundlegenden Abschnitte aus der 'Aesthetica' (1750/58)*, ed. and trans. Hans Rudolf Schweizer (Hamburg: Felix Meiner, 1983), §435.

② Immanuel Kant, *Critique of Judgment*, trans. Werner S. Pluhar (Hackett Publishing Company, Inc., 1987), 211.此处标注的页码是根据如下版本:*Kant's gesammelte Schriften*, edited by the Royal Prussian (later German, then Berlin-Brandenburg) Academy of Sciences (Berlin: Georg Reimer, later Walter de Gruyter, 1900-).(此处中译参照康德著,《判断力批判》,邓晓芒译,杨祖陶校,北京:人民出版社,2002年,第45页。——译者注。)

话"。① 戈特舍德和鲍姆加登认为，恢复审美中的伦理性主要是教化性质的（即对美的对象的沉思通常会导向道德的改善），而康德却认为："要觉得某物是善的，我任何时候都必须知道对象（应当是）怎样一个东西，也就是必须拥有关于这个对象的（确定的）概念。而要觉得它是美的，我并不需要这样做。"② 对善的喜好和对美的喜好并无关联。

然而，在第三批判中，康德仍感觉到有必要将美与道德的善相联系起来，以这样的讨论来结束"审美判断力批判"。然而，他试图淡化对象的重要性，从而支持主体对其所认同的审美判断力进行反思，与此相应，他写道："道德上的善就是鉴赏力所展望的理智的东西……我们的高级认识能力正是为此而协调一致，没有它，在这些能力的本性之间当和鉴赏所提出的要求相比

---

① Immanuel Kant, *Critique of Judgment*, trans. Werner S. Pluhar (Hackett Publishing Company, Inc., 1987), 236.（此处中译参照康德著，《判断力批判》，邓晓芒译，杨祖陶校，北京：人民出版社，2002年，第72页。——译者注。）

② Ibid., 207.（此处中译主要参照康德著，《判断力批判》，邓晓芒译，杨祖陶校，北京：人民出版社，2002年，第42页，引用时有部分变动。——译者注。）

较时就会净产生一些矛盾了。"[①]道德上的善并不是美的对象所追求的理想；相反，它是一种调节性的概念，允许任何鉴赏力判断的存在。按照康德的说法："判断力发现其和主体自身中的及主体之外的某种既非自然、亦非自由，但却与自由的根据即超感性之物相连的东西有关系……"[②]。不仅如此，"在对美的判断中，想象力的自由被表现为与知性的合规律性是一致的"[③]。此处，"一致"一词至关重要：在道德上的善与美之间建立一种确定的联系，会质疑康德通过审美判断中的无功利而建立的主观的自由。他在第三批判第一部分的最后一段中这样总结道：

> 鉴赏根本上说是一种对道德理念的感性化（借助

[①] Immanuel Kant, *Critique of Judgment*, trans. Werner S. Pluhar (Hackett Publishing Company, Inc., 1987), 353.（此处中译主要参照康德著，《判断力批判》，邓晓芒译，杨祖陶校，北京：人民出版社，2002年，第200-201页，引用时有部分变动。——译者注。）

[②] Ibid., 353.（此处中译主要参照康德著，《判断力批判》，邓晓芒译，杨祖陶校，北京：人民出版社，2002年，第201页，引用时有部分变动。——译者注。）

[③] Ibid., 354.（此处中译主要参照康德著，《判断力批判》，邓晓芒译，杨祖陶校，北京：人民出版社，2002年，第201页，引用时有部分变动。——译者注。）

于对理念及其感性传达进行反思的某种类比)的评判能力;从它里面也从必须建立在它之上的对出于道德理念的情感(它叫作道德情感)的更大的感受性中,引出了那种被鉴赏宣称为对一般人类都有效,而不只是对于任何一种私人情感有效的愉快。①

为了使审美判断奏效(我们确定某物唤起崇高感或美感并要求其他人也赞同我们),这些判断必须在道德观念的超感知领域中有一个类比对应。尽管康德煞费苦心地论证了对道德善的喜爱与对美的喜爱是如何不同的,②但道德善通过诉诸主体的自由提供了判断美的规范原则,在此,主体的自由是由一种超感官的联系来保证的。

在康德的第三批判之后,美学与伦理学之间的联系从通过对美的对象的沉思所逐步形成的关于完善的观念转变为对审美沉思所给予的主体自由进行反思。弗里德

---

① Immanuel Kant, *Critique of Judgment*, trans. Werner S. Pluhar (Hackett Publishing Company, Inc., 1987), 356. (此处中译主要参照康德著,《判断力批判》,邓晓芒译,杨祖陶校,北京:人民出版社,2002年,第204页,引用时有部分变动。——译者注。)

② Ibid., 354.

里希·席勒（Friedrich Schiller）在《审美教育书简》中以康德的美学理论作为其审美王国的基础。在此，席勒将审美状态理解为人类获得自由的唯一方式：既不是作为自然赋予的东西，也不是作为由理性所规范的东西，而是作为一个居于这两种中间的概念，它为在这两者之外进行自由思考留出了空间："因为心灵在直观美的东西时正处在法则与需要之间的一个恰到好处的中间位置，所以，正因为分身于二者之间，它也就不仅摆脱了法则的强制，而且还摆脱了需要的强制。"①在审美领域中限制的缺失，主体利用自然界的材料和理性法则自主地进行反思的能力，这恰恰正是道德语体出现的地方："只有审美状态是一个在自身中的整体，因为它把它的起源的一切条件和它的延续的一切条件都在自身之中结合起来了。唯有在审美状态中，我们才感到好像挣脱了时间：我们的人性才纯洁而完整地表现出来，仿佛它还

---

① Friedrich Schiller, *Letters on the Aesthetic Education of Man*, ed. and trans. Reginald Snell (New Haven, CT: Yale University Press, 1954), 78.（此处中译参照席勒著，《审美教育书简》，张玉能译，南京：译林出版社，2012年，第46页。）

没有由于外在力量的影响而受到任何损害。"①

席勒完全颠覆了柏拉图在《理想国》中对艺术和艺术家的评价,他发现道德正是出现在审美领域中的:"'外观在道德世界中可以有多大的范围?'对这个问题,简短扼要的回答就是:只要它是审美的外观,这就是说,外观既不想代替实在,也无须被实在所代替。审美的外观绝对不会危及道德的真理……"②由于审美既不止步于降低自然界原始材料的重要性,也不会满足于迫使理性服从于粗浅的现实,因此它展现出一种作为道德世界最终仲裁者的主体自由——这大致类似于康德对超感官的认同所展现的判断主体与道德善的结构性联系。

此外,席勒认为,审美不仅与道德和道德上的善产生调节性的联系,而且一个未来的国家也可能建基于这种联系之上:

---

① Friedrich Schiller, *Letters on the Aesthetic Education of Man*, ed. and trans. Reginald Snell (New Haven, CT: Yale University Press, 1954), 103. (此处中译参照席勒著,《审美教育书简》,张玉能译,南京:译林出版社,2012年,第67页。)
② Ibid., 129. (此处中译参照席勒著,《审美教育书简》,张玉能译,南京:译林出版社,2012年,第88-89页。)

如果说在权力的动力国家里,人与人以力量相遇,人的活动受到限制,而在义务的伦理国家里,人与人以法则的威严相对立,人的意愿受到束缚,那么,在文明社会的范围内,在审美国家里,人与人就只能作为形象来相互显现,人与人就只能作为自由游戏的对象面面相对。通过自由来给予自由,是这个国家的基本法则。①

只有在审美国家里,主体才有可能获得真正的自由,因为在这样的国家中,主体所获得的自由是通过一个无约束的过程("以自由的方式来给予自由")所给予的。因此,"在审美的国家中,一切东西——甚至供使用的工具,都是自由的公民,他同最高贵者具有同样的权利;知性本来总是粗暴地使顺从的未成形质料屈服于它的目的,但在这里它也必须征询这些未成形质料的意见"。②

主体自由是审美领域中一种新的伦理立场。对于戈

---

① Friedrich Schiller, *Letters on the Aesthetic Education of Man*, ed. and trans. Reginald Snell (New Haven, CT: Yale University Press, 1954), 137. (此处中译参照席勒著,《审美教育书简》,张玉能译,南京:译林出版社,2012年,第95页。)

② Ibid., 140. (此处中译参照席勒著,《审美教育书简》,张玉能译,南京:译林出版社,2012年,第97页。)

特舍德和鲍姆加登而言，对美学进行伦理维度的描述是规定性的（即美学和道德世界的联系在于其以身作则的能力），而对于康德和席勒而言，美学中的伦理契机是描述性的（即美学与道德世界的联系正是它为主体带来的自由）。

一篇题为《德国唯心主义体系的最初纲领》（*Earliest Program for the System of German Idealism*）的文章典型地体现了这种新的美学伦理观，虽然同时也批判了对审美模式更具实践性的使用（特别是对席勒所提出的审美国家）。这篇文章很有可能是由黑格尔、谢林、荷尔德林和神学专业的学生于1796年在耶拿共同写就的。该文提出了一个问题："一个道德主体的世界必须如何建构？"[①]答案与席勒和康德所给出的相差无几，那便是在审美的领域中寻找道德性："现在我确信，理性的最高行为是一种美学行为，因为理性包含了所有的思想，因为真和善只有在美中才能结合在一起。哲学家必须具备和诗人一样的审美力量。精神哲学即是一

---

① Friedrich Hegel et al., "Earliest Program for a System of German Idealism", in *Theory as Practice: A Critical Anthology of Early German Romantic Writings*, ed. Jochen Schulte-Sasse et al. (Minneapolis: University of Minnesota Press, 1997), 72.

种美学的哲学。"①事实上，在这个新的伦理观念中，哲学的地位发生了变化，它从属于审美领域。值得注意的是，这篇文章从一个碎片式的副标题——《一种伦理学》开始，这证实了该文作者（或作者们）试图将哲学和美学都重新定义为一种新的伦理学。

该文接着写道："通过这种方式，诗歌获得了更高的尊严，它回到了它最初的状态——为人师，因为已无哲学，已无历史——只有诗歌艺术（Dichtkunst）才能比所有其他科学和艺术存在得更为长久。"②在此，我们又一次很接近美学中伦理话语的传统：使诗歌"为人师"，这样看来，诗有其实际的目的，但美学的这种实际运用不再构成形而上学意义上的完美。并不是说艺术、诗歌等作品让我们更接近于我们自身之外的真或美的理念（eidos），而是说，似乎审美仅通过其存在便内在地改善了人性，因此："最终道德世界、神性和不朽的观念发展起来了——推翻了所有理性自身造成的迷

---

① Friedrich Hegel et al., "Earliest Program for a System of German Idealism", in *Theory as Practice: A Critical Anthology of Early German Romantic Writings*, ed. Jochen Schulte-Sasse et al. (Minneapolis: University of Minnesota Press, 1997), 73.

② Ibid., 73.

信，比如，最近发生的披着理性的外衣对神职的迫害；同时也摒弃了所有精神的绝对自由，这种绝对自由将知识世界置于其自身内部，且绝不在其自身之外探寻上帝或不朽。"①并非在一个外在的形而上学概念中去追求"绝对自由"，而是通过审美的话语来探寻，这正是审美最大的伦理善。然而，美学的这种内在运用并没有像在席勒学说中那样延伸到一种新的道德和政治现实之中："我想要表明，并不存在国家的理念，就像没有机器的理念一样，因为国家是某种机械之物。只有与自由有关的东西才能称之为理念。因此，我们也必须超越国家。"②如果说席勒赋予美学以特殊的地位，是因为美学与人类自由之间存在着最佳的关联，那么，使美学为国家效力，只会对重启美学的伦理契机"造成阻碍"。

在《德国唯心主义最古老的体系纲领》（*Oldest System Program of German Idealism*）一文的结尾，哲学、伦理学和美学之间的整个关系被颠倒了。现在美学

---

① Friedrich Hegel et al., "Earliest Program for a System of German Idealism", in *Theory as Practice: A Critical Anthology of Early German Romantic Writings*, ed. Jochen Schulte-Sasse et al. (Minneapolis: University of Minnesota Press, 1997), 72.

② Ibid., 72.

正通过一种掩饰性的话语来改善哲学，而不是认为美学不如哲学，也不是认为美学充其量就是可以通过模仿哲学必须履行的教化责任来改善人性：

> 除非我们把思想变成审美的，即变得具有神话性，否则人们对它们毫无兴趣；相反，除非神话是合乎理性的，否则哲学家们必定会对此感到羞愧。因此，归根结底，启蒙的和未被启蒙的必须握手言和，神话必须成为哲学，人们必须变得理性，而哲学也必须变得有神话性，从而使哲学家们变得可感。①

美学，不再是为了使真理获得支配地位而必须从哲学国中驱逐出去的东西；相反，美学成了整个哲学，通过这样的美学，哲学变得"可感"了，从而也就具有了伦理性。

亦可参照：想象力；判断力；美

---

① Friedrich Hegel et al., "Earliest Program for a System of German Idealism", in *Theory as Practice: A Critical Anthology of Early German Romantic Writings*, ed. Jochen Schulte-Sasse et al. (Minneapolis: University of Minnesota Press, 1997), 73.

绝对音乐

German Aesthetics
Fundamental Concepts from Baumgarten to Adorno

桑娜·佩德森（Sanna Pederson）专攻19世纪德国音乐史和文化，自2001年以来一直在俄克拉荷马大学担任音乐教授。

有哪个词能比"绝对音乐"更能概括整个德国美学?"绝对"一词援引了德国唯心主义哲学的伟大传统,尤其是康德和黑格尔的哲学;"音乐"包含了18和19世纪德国/奥地利器乐的巨大繁荣。这两个词结合起来,"绝对音乐"一词传达了德国美学令人印象深刻的抽象和形而上学的基础,而音乐作为最无形的艺术,出色地实现了在理论上不可言喻的表达。也许最好还是就此打住,因为任何更仔细的研究都会暴露出太多的矛盾和悖论。但那些并不满足于如此抽象和完美之物的人,可尝试着去解开构成绝对音乐历史的那些难解的概念难题以及历史上发生的争执,以此找到更为坚实可靠的历史。

瓦格纳/贝多芬

第一个悖论是,理查德·瓦格纳虽然创造并传播了"绝对音乐"这一术语,却并没有将其用于自己的音乐,而是用于贝多芬的音乐。在他苏黎世时期(1849—1851)的作品中,瓦格纳的参照标准始终是贝多芬的《第九交响曲》,他将其描述为绝对音乐终结的标志。

对于最后《欢乐颂》乐章中词句和人声的出场,他做了这样的解释,即这种现象表明在贝多芬音乐中达到顶峰的器乐交响乐传统正向着瓦格纳的未来艺术作品(即歌剧)发生历史性的转变。

汉斯立克

最受推崇的音乐工具书[《新格罗夫音乐词典》(*New Grove Dictionary of music*)、《古今音乐大辞典》(*Die Musik in Geschichte und Gegenwart*)、《新哈佛音乐词典》(*New Harvard Dictionary of music*)]都承认瓦格纳创造了"绝对音乐"这个词,但他们主要把该词和19世纪音乐评论家爱德华·汉斯立克(Eduard Hanslick)联系在一起。事实上他们忽视了这一点:汉斯立克仅仅在他1854年的成名作《论音乐的美》(*Vom Musikalisch-Schönen*)中使用过一次"绝对音乐"这个词:"绝不能说音乐可以做器乐不能做的事,因为只有器乐才是纯粹、绝对的音乐。"①这部推理严密的作品得益于汉斯立克在哲学和法律论证方面所接受的严格训练,它提倡对音乐进行形式主义的理解,在这方面至今仍是引用率最高的文本,人们常常以他对音乐的定义即"乐音运动的形式"(tönend bewegte Formen)来概括。但汉斯立克并没有进一步创作任何理论著作来推进对形式的分析。相反,直至1904年去世前他一直为《新自由报》(Neue freie Presse)撰写评论和散文,因此成为维也纳最重要的音乐评论家。即便是在大约1880年,人们把他和"绝对音乐"一词相联系起来之后,也很难在他的著作中见到"绝对音乐"这几个字的踪影,唯一的一次是在1900年他谈到约翰内斯·勃拉姆斯(Johannes Brahms)时用过。他所支持的作曲家勃拉姆斯反对瓦格纳和李斯特。正如上述提到的1854年的那段引文所示,他似乎是将绝对音乐等同于器乐,这在一定程度上符合瓦格纳的定义。这两位论敌在这个概念上

---

① 转引自Carl Dahlhaus, *The Idea of Absolute Music,* trans. Roger Lustig (Chicago: University of Chicago Press, 1989), 27. 原文献见于Carl Dahlhaus, *Die Idee der absoluten Musik* (Munich and Kassel: Deutscher Taschenbuch Verlag and Barenreiter Verlag, 1978).

并没有太大分歧，他们的分歧在于如何评价这个概念。对瓦格纳来说，器乐本身并不重要，而对于汉斯立克而言，器乐则是音乐自身全部荣耀之所在。

术语

这是一个简单的术语问题吗？这确实是一个术语问题，但没有一个简单的解决方案。这个词的使用总带着显著的不安。从一开始，我们用绝对音乐这个词的时候就以引号、以"所谓的"这样的修饰词将其标注出来，并以"找不到一个更好的词"为理由作为开场白。我们很难去解释绝对音乐到底是什么，所以它可以指"抽象的""自主的""超然的""独立的""纯粹的""为其自身而存在的"，也可以指许多其他不对等的东西，比如，器乐或音乐会音乐等。汉斯立克更青睐于"纯净的"或"纯粹的"音乐这个词。像"绝对的"这个词一样，"纯净的"或"纯粹的"可以用作副词，表示"唯有"或"百分之百"：指的是绝对正确的或纯粹只是一个语义问题。谈到音乐的纯粹性以及被净化的音乐，这就引出了道德的、伦理的和宗教的价值观，这些价值观不同于绝对价值，而绝对价值更多地隐含着哲学和科学的色彩。

达尔豪斯

对于杰出的德国音乐学家卡尔·达尔豪斯（Carl Dahlhaus）来说，术语根本不成问题，通过将他1978年的著作命名为《绝对音乐观念》（*Die Idee der absoluten Musik*，1989年被英译为 *The Idea of Absolute Music*），达尔豪斯巧妙地解决了这个问题。根据达尔豪斯的重要论述，绝对音乐的"观念"起源于早期浪漫派，并且流传广泛，迄今已成为对艺术音乐普遍审美立场的基础。这一说法很有影响力，且常被人引用。达尔豪斯首先用这样一个假定来界定绝对音乐的概念，即音乐不需要任何形式的副文本，比如，标题、剧本或歌词来补充。理解音乐最好的方法就是从音乐本身出发，而与任何其他东西无关。在此，绝对音乐似乎等同于自主的音乐艺术作品。虽然早期浪漫主义者中并没有人使用"绝对音乐"这个词，但达尔豪斯对早期浪漫主义者瓦肯罗德和路德维希·蒂克在1800年左右的著述引用的频率远远高于他对瓦格纳或汉斯立克的引用。有人从哲学意义上来谈"绝对",但像达尔豪斯等人［最离奇的是罗杰·斯克鲁顿（Roger Scruton[①]）］那样用绝对音乐来代替"绝对"的确会造成很多问题。

浪漫主义

我们可以理解人们为何倾向于把绝对音乐归为早期浪漫派的发明。虽然E.T.A.霍夫曼(E.T.A.Hoffmann)没有使用这个词,但他在1810年对贝多芬的《第五交响曲》进行评论时以这样一个问题开篇:"当我们把音乐作为一门独立的艺术来谈论时,我们是不是不应该总是把我们想要表达的意义局限于器乐?器乐纯粹地表现了音乐的特殊性,所以我们就认为只能在器乐这种形式中才能认识艺术的独立性?器乐是最浪漫的艺术（人们也许会说,这是唯一真正的浪漫主义艺术）,因为它以无限为

[①] Roger Scruton. "Absolute Music", in *The New Grove Dictionary of Music*, revised ed., Vol.1 (London: Macmillan, 2001), 36-7.

其唯一的主题。"①尽管这一宣言已经足够明确,这整篇评论也结合了奇异的意象,以及对音乐所进行的详细的技术层面的分析,但仍不能代表浪漫主义对音乐的普遍理解。

当达尔豪斯深入了解关于瓦肯罗德、蒂克、赫尔德、卡尔·菲利普·莫里茨（Karl Philipp Moritz）、弗里德里希·施莱尔马赫（Friedrich Schleiermacher）以及霍夫曼学说中的任何一个细节时,他非常清楚,他们对器乐的浪漫主义式的推崇通常都是在宗教的语境中展开的。达尔豪斯接着解释说,根据浪漫主义,与其他类型的音乐相对立的绝对音乐不是由音乐本身决定的,而是由听者所听到的东西决定的；音乐引发了一种宗教或准宗教式的体验。因此,"绝对的"状态并不是任何特定音乐所固有的；任何音乐都有可能成为催化剂。当一部音乐作品被命名〔比如,赖夏特（Reichardt）或贝多芬的一首交响乐,帕莱斯特里纳（Palestrina）的一首弥撒曲〕时,它会使定义变得更复杂,而不是更清

---

① E. T. A. Hoffmann. *E. T. A. Hoffmann's Musical Writings: Kreisleriana, The Poet and the Composer, Music Criticism*, ed. David Charlton (Cambridge: Cambridge University Press, 2004), 96.

晰。达尔豪斯绝不会认为，将绝对音乐定义为听者的一种态度，其实同他早期把绝对音乐和自主的艺术品相等同的观点是相矛盾的。此外，还有一个历时的问题：正如蔡宽量（Daniel Chua）在他那部受阿多诺影响的著作《绝对音乐与意义的建构》（*Absolute Music and the Construction of Meaning*）①中所说的那样，如果绝对音乐是早期浪漫派的发明，那么它是短暂的、无以为继的，且最终走向自我毁灭。如果真是那样的话，绝对音乐早在晚期贝多芬时代便已结束，比这个术语被创造的时间还早了20年。

费尔巴哈（Feuerbach）

人们认为，瓦格纳特意从路德维希·费尔巴哈（Ludwig Feuerbach）对黑格尔的批判中借用了"绝对"一词。费尔巴哈致力于打破把绝对视为绝对同一性的逻辑。费尔巴哈提出了一种基于感官经验直接性的更具人类学色彩的方法，以替代作为哲学思想创造的绝对

---

① Daniel K. L. Chua, *Absolute Music and the Construction of Meaning* (New York: Cambridge University Press, 1999).

精神（Geist）。他建议从存在之物质性开始，而不是以思想（Geist）为出发点。因此，当瓦格纳开始使用这个术语时，它正在经历着一场被重新评价的过程，从无可置疑的关于思想的有限性下降到唯心主义哲学那问题重重的基础。瓦格纳可能从最广泛的意义上挪用了这一点，将费尔巴哈对德高望重的黑格尔传统的激烈批判与他自己对贝多芬遗产的批判做了一个类比。瓦格纳认为，历史的辩证法使绝对音乐成为过去，现在则是展望"未来艺术作品"的时候了，这话呼应了费尔巴哈对"未来哲学"的呼唤。

绝对音乐对阵标题音乐

当绝对音乐与标题音乐的对抗最终成为音乐美学和音乐政治中普遍的论争时，即大约在1880年至1914年这段历史时期中，两者的对立是明确的，但这两个术语的含义并不明确。瓦格纳的一些追随者认为，绝对音乐是与瓦格纳歌剧迥然不同的。但自从瓦格纳当时最亲密的盟友弗朗兹·李斯特（Franz Liszt）加入这场论争并支持标题音乐这种类型（以他自己的交响诗为例证）之后，绝对音乐也被理解为没有标题的器乐。此外，从理论上来说，绝对音乐和标题音乐可能被视为对立的，但实际上它们的关系更为融洽：某部具体的音乐作品在一位批评家看来是绝对音乐，而在另一位批评家眼中则是标题音乐。随着标题音乐至20世纪末渐趋主导，甚至汉斯立克也承认，赋予一部器乐作品以一个描述性的标题是可取的，这样作曲家可以将听众的想象力导向预期的方向。

瓦格纳、叔本华和尼采

关于瓦格纳，更为人所知的是他后来改变了自己的想法。众所周知，在热衷于费尔巴哈几年之后，瓦格纳就受到了亚瑟·叔本华（Arthur Schopenhauer）音乐形而上学的影响。曾经，他坚持认为绝对音乐本身是无用的，只有通过强调戏剧才能产生效果，然而现在他彻底改变了自己的构想：如今戏剧只能从表面上实现音乐深刻的非物质性及其内在的真理。总之，瓦格纳放弃了一段短暂但非常公开的反浪漫主义时期，并开始接受那种将音乐视为最高艺术的浪漫主义。叔本华声称即使世界不存在，音乐也会存在，就此，他在形而上学上比任何人都走得更远。而具有讽刺意味的是，叔本华从来没有用过绝对音乐这个词，首先是因为当时这个词还没有被创造出来，其次是因为他断然拒绝了他的宿敌黑格尔所提出的"绝对"概念。

在叔本华影响下的瓦格纳的学说对弗里德里希·尼采（Friedrich Nietzsche）产生了最为深刻的影响，在这一点上，无人能及。至少最初的情况便是如此。但在随后的写作过程中，尼采激烈摒弃了浪漫主义、形而上学，最为重要的是摒弃了瓦格纳。尼采主要是在他支持瓦格纳的那段时期中使用过绝对音乐这个词，并且在1871年的《悲剧的诞生》（*The Birth of Tragedy*）中达到了顶峰，他认为瓦格纳意义上的绝对音乐是不充分的，是一种自成天地的艺术。但这一阶段也是他最陶醉于浪漫的、形而上学的以及"绝对"音乐理念的时期。无论如何，至1878年《人性的，太人性的》（*Human, All-Too-Human*）一书问世之时（请特别查阅该书第215条格言），尼采已将绝对音乐积极和消极两个方面的意义都摒弃了，转而青睐音乐的"谱系学"（即对音乐进行一种更具历史性和唯物论的描述）。

形而上学

瓦格纳在其后来的著作中没有使用这个词,因为在他早期出版的著作中这个词已被用作一个负面的概念。从正面的角度重新塑造绝对音乐,这一使命便落到了其弟子的身上。在作曲家瓦格纳去世后至第一次世界大战爆发前这段非同寻常的瓦格纳主义时期,瓦格纳主义者不断地对他的作品进行精彩的阐释,从而缓和了各种矛盾,并以令人惊叹的后见之明重新诠释了瓦格纳的生活及其作品。例如,弗里德里希·冯·豪泽格尔(Friedrich von Hausegger)在其1893年发表的一篇名为《理查德·瓦格纳和叔本华》(*Richard Wagner und Schopenhauer*)的文章中声称,叔本华的理论在瓦格纳所有的作品中都有体现,包括那些在瓦格纳听说叔本华之前的作品。这些作者为绝对音乐塑造了一个新的、积极的定义,而不是去发明一个新的术语——当然是因为正是这一术语具备了这些作者想要赋予瓦格纳以及瓦格纳式的交响乐作曲家安东·布鲁克纳(Anton Bruckner)的那种宏大的形而上学共鸣。这个术语太有价值了，因此决不能留给汉斯立克和勃拉姆斯（Brahms）这样的论敌。（应该注意的是，这种哲学内涵并没有完全转移到另一种语言和文化中，英语出版物总是比德语出版物更泛泛地使用绝对音乐一词。）

下一代学者以一种更加深奥的方式来界定这个术语。音乐理论家奥古斯特·哈尔姆（August Halm，1869—1929）和恩斯特·库尔特（Ernst Kurth，1886—1946）提出了关于绝对音乐的全新观点，这是以前任何学者都未曾揭示的。这两位的名声比起本文引用的其他人物而言都要逊色很多。然而，他们对于理解达尔豪斯以及其他共同铸就"绝对音乐理念"的人来说却是至关重要的。哈尔姆深受教育改革家古斯塔夫·维内肯（Gustav Wyneken）的影响，并在维克斯多福郡（Wickersdorf）的学校任教。他的音乐著述融合了德国神学和哲学，精选了《圣经》以及黑格尔、叔本华、尼采学说中的部分内容结合在一起。哈尔姆的年轻朋友恩斯特·库尔特将心理学、浪漫主义以及受虔诚的天主教徒布鲁克纳（Bruckner）启发而产生的宗教情感综合起来，构成了他关于瓦格纳和布鲁克纳研究著作的基础。哈尔姆和库尔特从三个方面显著地改变了绝对音乐的定义。首先,他们与听觉主体彻底决裂。无论有没有听众,甚至无论有没有人类,绝对音乐都存在。哈尔姆将绝对音乐比作宇宙中一颗遥远的星,对地球上的人类漠不关心。库尔特做了一个精辟的论断:"我们可以清楚地看到'绝对'这个词有着双重含义。从技术层面来说,它意味着从歌曲中消失;从精神层面来说,它意味着从人身上消失。"[1]第二个改变同样重大:严格来说,绝对音乐并不是发声的音乐。它是先于音乐存在的、先于物质性而存在的,它存在于整个宇宙,存在于天才作曲家的头脑中。对于库尔特来说,"绝对音乐没有任何具形的形态(*Gegenständlichkeit*);相反,它所依据的唯一定律是,它只是一种力量(*Kraft*),是藏在声音质料中的那种威力的外溢"。[2]哈尔姆和库尔特的第三个观点使他们与其他人更加疏远:只有在安东·布鲁克纳的交响乐中才能找到那种给人以绝对音乐感觉的声响音乐。

这些理论是在20世纪初艺术音乐的日益普及之下

---

[1] Dahlhaus, *The Idea of Absolute Music*, 40.
[2] Ibid.

发展起来的。他们将绝对音乐塑造成一个真正尊贵的领地，大众无法轻易接近。这种对绝对音乐的看法表达了一种深刻的反现代主义和文化悲观主义，而我们在19世纪的早期浪漫派、汉斯立克以及其他任何人那里都找不到这一点。最后，20世纪早期对绝对音乐的这种理解同20世纪晚期对这个词新近的用法并不契合，后者并没有在宇宙的回响中探寻绝对音乐，而是在作曲家选择创作自主的音乐作品中去探寻，而且作曲家的这种选择是可以被理性地阐释的。

结论

德国音乐学家汉斯·海因里希·埃格布雷希特（Hans Heinrich Eggebrecht）在其1997年出版的《音乐与美》（*Die Musik und das Schöne*）一书中，对绝对音乐与自主音乐所做的区别其实很简单：前者是一个美学类别，后者是一个社会学的概念。[①]埃格布雷希特和达尔豪斯坚持一种传统的认识美学的方式，将它严格限制

---

① Hans Heinrich Eggebrecht, *Die Musik und das Schöne* (Munich and Zurich: Piper, 1997).

于音乐本身。他们接受了伟大的哲学家们所提出的重大美学问题,并以全面的和思辨的方式回答了这些问题。在这个信息时代中,我们不可避免地会以不同的眼光看待事物。既然我们越来越多地接触到更为广泛的材料,那么美学和音乐都可以被视为由不断变化的力量塑造出的种类,而这些不断变化的力量使得对过去的概括变得非常容易。出于很多不同的原因,人们认为绝对音乐也有着很多不同的含义——这使得它在德国美学史上变得更加有趣,也更为重要。

亦可参照:聆听

艺术的终结

German
Aesthetics
Fundamental Concepts from Baumgarten to Adorno

埃娃·戈伊伦(Eva Geulen),德国文学和哲学的学者,在美国和德国的多家机构任教。

对艺术终结的推测是一种具有浓厚现代色彩的痴迷，即便是人们已经假定"宏大叙事"〔J. F.利奥塔(J.F.Lyotard)语〕已然终结之后，这种痴迷也依然存在着。关于艺术终结的传言一直持续到如今这个被以后现代、后历史和后意识形态等多样化名称命名的时代。激发起艺术终结论修辞的特定意图往往和表达艺术终结论的机会一样是多种多样的。然而，艺术终结论的每一种表述都建立在如下两个微小且相互关联的前提之上，即历史意识和非规范性的艺术观念。这两个条件只有在现代性中才能得以满足，而现代性在18世纪下半叶开始出现于德国，这一时期的德国也见证了美学作为一门哲学学科的兴起。尽管前现代的艺术家很有可能抱怨艺术创作质量的下降，但他们从未将此视为艺术的终结。相比之下，现代人却持有艺术终结论，他们经常表达无比感伤之情，并且常以许多不同的方式表现出来。

最近的两个例子足以表明对艺术终结论的解释有着多么丰富的选择。2004年，艺术史学家唐纳德·卡斯比特（Donald Kuspit）出版了一部著作，对当代艺术进行了猛烈抨击（当然，他并不是第一个这么做的）。他认为，马塞尔·杜尚（Marcel Duchamp）是开启艺术向后艺术持续转变的罪魁祸首。[①]在卡斯比特看来，后艺术可以比作后现代主义，因为艺术家可以任意选择，但这种自由实际上只不过是指没有落下任何东西而已。照此，卡斯比特的判断伴随着对过去，一种其无法企及的荣光间接取决于所谓的艺术消亡所投下的阴影的过去的追怀。哲学家兼艺术评论家亚瑟·丹托（Arthur Danto）以一种截然不同的方式得出了相似的结论，不过他对这个问题持完全积极的看法。[②]在库斯比特眼中极为糟糕的相对主义，却被丹托解释为艺术家（以及艺术观赏者）从历史的重担中解放出来。根据丹托的说法，我们所有人最终都可以自由决定各自的艺术好恶。库斯比特和丹托代表的两种说法重复频率如此之高，以致人们可能会不无嘲讽地得出这样的结论，只有当人们还在争论艺术终结的问题时，艺术才具有活力；也可以说，只要人们还在争论这个问题，那么艺术仍有生机。事实上，矛盾之处在于，艺术的终结是一种（消极的）

---

① Donald Kuspit, *The End of Art* (Cambridge: Cambridge University Press, 2004).
② Arthur C. Danto, *The Philosophical Disenfranchisement of Art* (New York: Columbia University Press, 1986).

规范性的最后残余。艺术终结论在美学话语中享有与审美判断（包括前康德的和后康德的）或审美体验的问题相类似的正典地位。这并不是说艺术终结论完全属于美学的领域；相反，它往往更多地与政治目的有关，而不是与艺术或美学有关（如：1968年在巴黎流传的口号"艺术已死，不要消耗它的尸体"）。尽管如此，下文所述的艺术终结论，仅限于将它视作自黑格尔以来德国美学传统的一个标志性特征，以及它包含着反美学的艺术哲学传统。

黑格尔对艺术终结论的再次审视

以一种激起持久论争的表述来描绘艺术终结论这一主题，这肯定是黑格尔的功劳。然而，不管是在黑格尔死后出版的《美学讲演录》（1835），还是在其最为著名的著作《精神现象学》（1807）中，都找不到关于艺术之死或艺术终结的公式化表达。人们所知的"黑格尔关于艺术终结的命题"出自《美学讲演录》中的一段话，在这段话中黑格尔指出，艺术关乎我们（艺术家和欣赏者）的最高使命，但这已然成为过往，且在未来也改变不了。根据黑格尔的说法，特定内容要求特定形式的那个时代已经结束了。如今，艺术已成为"一种自由的工具"，每位艺术家都可以根据自己的主观喜好来自由支配。黑格尔并没有宣称艺术创作将会停止。事实上，几乎所有的历史形式和素材现在都处于艺术家的把握之中，但在这些条件下产生的任何作品都无法摆脱一般意义上的相互关联，也就无法达到往昔伟大艺术所享有的重要意义或独创性。黑格尔所预见到的是20世纪末由丹托和库斯比特重新发掘的历史主义时代。既矛盾又具有讽刺意味的是，他们之所以能做到这一点，是因为黑格尔的宣言早于现代主义在后来所取得的成就。事后看来，这与其说是一个判断，不如说是一个预言。

根据黑格尔在讲演录中所提出的架构，艺术史的特点在于艺术形式和内容的连续序列，即象征型、古典型和浪漫型。艺术的最高目标是赋予物质或精神以赏心悦目的外观，使内在内容在一个统一整体的外在形式中得到充分且无拘无束的表达。只有在古典希腊才能做到这一点，因为在这里，艺术便是希腊政治-宗教精髓最高、最完满的表达，黑格尔在其他场合称之为"艺术-宗教"。相比之下，前艺术的象征阶段（涵盖希腊艺术之前和希腊艺术以外的所有艺术），以及后来始于基督教兴起一直延续到黑格尔时期的浪漫型阶段的艺术，都是以形式和内容的差异为特征的。象征型艺术无可回避的一个事实是，形式和内容尚未完全分离，而是以抽象的统一体出现，神秘的埃及金字塔就是一个典型的例子。在后古典浪漫型艺术中，内容或实质（即基督教而非希腊多神教）其自身不再适用于外在可见的表现。所谓艺术终结论标志着第三阶段也是最后一个阶段的艺术的终结。从今以后，艺术对我们来说已经成为过去，因为我们的灵魂已经找到了其他更为合适的表达形式和知识，而其中最重要的是哲学。就这一点而言，艺术的墓碑或坟墓就是黑格尔自己的《美学讲演录》。

无数评论家反对黑格尔赋予古典艺术的荣耀，同样也有许多人不太愿意接受（黑格尔式的）艺术哲学与艺术本身的终结论并存。然而恰恰相反，诸如奥多·马夸德（Odo Marquard）等人则认为黑格尔实际上是解除了艺术的哲学职责。① 自鲍姆加登创立美学以来，对美学的哲学规训已将艺术置于哲学的中心舞台。在唯心主

---

① Odo Marquard, "Kant und die Wende zur Ästhetik", *Zeitschrift für philosophische Forschung* 16 (3), 363-74 (1962).

义落下帷幕之时，黑格尔纠正了一直以来哲学对艺术的工具化倾向。黑格尔以艺术终结论解放了艺术，从而使它能够承担不同于传达哲学真理的其他功能。这仍然没有撼动希腊艺术无可置疑的巅峰地位，但因其受到历史上的限制，其优越的地位也不会产生具有规范性的影响力。

在黑格尔早期的《精神现象学》中，关于艺术终结的说法有所不同。争议的焦点是黑格尔对希腊艺术宗教向启示宗教过渡的描述。与《美学讲演录》不同的是，黑格尔在《精神现象学》中提出了一个独特的论点，涉及古希腊时期艺术类型的发展更迭及其式微。值得注意的是，黑格尔并没有将古典希腊艺术的卓越成就视为艺术的终结，而是为自己所处的时代将古希腊艺术成就保留了下来。与此相反，《精神现象学》中所描述的艺术终结可以说完全就是一个希腊事件。根据黑格尔的说法，荷马史诗的出现标志着希腊艺术的开始。荷马史诗的后继者是古希腊悲剧（在此，古希腊悲剧被认定为最高形式）。史诗又催生了喜剧，而如今喜剧被视为艺术的终结，但是这里说的终结不是指艺术的消亡，而是指艺术所取得的成就。在《精神现象学》中，艺术是以喜剧艺术形式结束的。这是因为在喜剧这种艺术形式中，艺术颇具反讽意味地承认它自身并没有实质内容。正因为此，这是一个具有反讽色彩的终结。以反讽告终，但同样地，结局亦是反讽的，因为它是通过艺术实现的，也是以艺术的方式来实现的，更具体地说是以喜剧的形式实现的。根据《美学讲演录》的说法，对艺术缺乏实质内容的揭示是从哲学视角洞察艺术而导致的结果，而在此，这种揭示是由艺术本身和特定的艺术形式产生的。

据《精神现象学》，艺术在喜剧中并且以喜剧的形式结束，这种反讽式的终结可以通过《美学讲演录》对客体幽默（objective humor）的分析而与这本在黑格尔去世后出版的书相联系。黑格尔对弗里德里希·施莱格尔所提出的浪漫的反讽的概念充满了鄙夷，因为（不同于作为一种艺术形式的喜剧的客体反讽）施莱格尔意义上的反讽只关乎妄自尊大的主体性。对此，黑格尔简要提出了客体幽默的概念作为一种替代方案，以此使得形式和内容即便是在伟大艺术终结之后仍能结合在一起。由此，客体幽默为艺术终结之后的"严肃"艺术创造了可能性。有很多人借鉴黑格尔的客体幽默概念以发展出一种真正的现代艺术理论,其中包括哲学家迪特·亨利希(Dieter Henrich)和文学批评家沃尔夫冈·普莱森丹茨(Wolfgang Preisendanz)。[①]他们都以各自不同的方式证明了黑格尔美学对后世的启示,他对艺术终结的断言并未阻碍这一趋势,反而起到了推波助澜的作用。

海因里希·海涅:艺术时代的终结

黑格尔《美学讲演录》中影响力深远的格言"艺术的终结",与诗人海因里希·海涅关于"艺术时代的终结"[②]的断言几乎同时发生,这两者构成了一种奇特的类比。海涅所说的"艺术时代的终结"是指从18世纪70年代歌德登上文学舞台开始直至1832年歌德去世(黑格尔已于此前一年去世)的这段时间。1828年,海涅在一

[①] Dieter Henrich, *Fixpunkte. Abhandlungen und Essays zur Theorie der Kunst* (Frankfurt am Main: Suhrkamp Verlag, 2003). Wolfgang Preisendanz, *Humor als dichterische Einbildungskraft. Studien zur Erzählkunst des poetischen Realismus* (Munich: Wilhelm Fink Verlag, 1976).

[②] Heinrich Heine, *The Romantic School and Other Essays*, ed. Jost Hermand and Robert C. Holub (New York: Continuum Publishing, 1985).

篇关于沃尔夫冈·蒙泽尔（Wolfgang Menzel）文学史的评论中首次提出了这一观点，1831年再次提及，1833年在他那本论述"浪漫派"的著作中又一次提及。尽管海涅只涉及前60年，且不同于黑格尔，海涅对新时代的新艺术怀有希望，但是他们之间仍有一些相似之处。例如，海涅也认为，即将到来的过渡时期将由主观主义和幽默主导。而评论家们则倾向于以海涅来证明黑格尔对艺术终结的论断是错误的。因为海涅是第一个发现新闻中所蕴藏的文学潜能的人，在浪漫主义时代结束之后成功地探索出了新的文学模式，因此被誉为现代的先驱。尽管这种说法在客观上可能是符合实际情况的，但却未能准确把握海涅自己的矛盾心理，这涉及他自己过往的浪漫主义者身份以及歌德的伟岸形象这一最重要的问题。歌德的作品也许如雕像一般了无生机，但其"无生命的不朽"却更引人注目。由此，歌德的作品持续产生着影响力，而艺术作品的这种影响力在黑格尔看来早已不复存在。

反审美的情感（尼采、本雅明、海德格尔）

仅仅是反唯心主义的修辞策略还不足以推翻黑格尔的艺术终结论，然而它必须接受挑战，只有这样黑格尔以后的现代艺术才能获得（或保持）其作为艺术的合理性。同样紧迫的是另外一种艺术哲学，这种艺术哲学能避免唯心主义的窘境。始于19世纪，并在20世纪不断发展，愈演愈烈的反黑格尔主义开启了艺术理论的一种反美学的传统。

弗里德里希·尼采是这一反美学的传统最有影响力的倡导者之一，他没有写过一部系统的美学著作，但其早期作品常被视为美学著作。这个臭名昭著的指责传达了这样一个事实：在尼采看来，审美态度和艺术创造不再局限于艺术，甚至不再主要存在于艺术之中。它们的确指向一种更为普遍甚至是广泛的实践，这些实践活动植根于我们创造隐喻、编故事以及乐于幻想的能力之中。可以这样定义，审美实践遍布于生活的所有领域。然而，如此生机勃勃的审美观并没有阻止尼采写出一本突出表现艺术之死的书。这里所说的尼采的书（尼采后来称之为"带着一丝黑格尔的气息"）即《悲剧的诞生》(*Birth of Tragedy*, 1872)。在该著作中，训练有素的古典语言学家尼采对古希腊悲剧如何从酒神节期间演出的酒神颂乐中兴起给出了一个全新且在当时的学术标准下极其与众不同的解释。尼采笔下的希腊与黑格尔的希腊艺术-宗教观有着很大的不同。就像他之前的荷尔德林一样，尼采创造了另一个希腊，和众所周知的高贵的单纯、静穆的伟大的那个希腊截然不同，而这单纯和静穆的希腊却是自温克尔曼到黑格尔的时代中一直支配着德国的文化想象。尼采笔下的希腊人对所有生命所惧怕的东西都有深刻的洞察，所以他们才不得不创造了悲剧，来承受可怕的事实并继续生活下去。在尼采看来，黑格尔所设想的希腊人的"艺术-宗教"其实是一种补偿性的策略。尽管如此，尼采似乎并未能放弃艺术终结的观念，尽管这一观念与黑格尔的相似之处只是停留在表面上：作为酒神式的陶醉和日神式的冷淡这两种对立的艺术驱动力的独特综合，伟大的悲剧艺术在欧里庇得斯的喜剧中开始消亡。受到威胁的艺术最终在苏格拉底对话中找到了庇护。后来，柏拉图对话中所主张的新理性产生了一种科学的理性，尼采也将其称为苏格拉底式的理性。它诞生于雅典，至今仍享有盛誉。虽然这似乎让人想起黑格尔的主张，即知识和哲学已经取代了诉诸感官的艺术形式，但尼采的观点却是迥然不同的。对他来说，科学的理性并不外在于艺术，它只是艺术驱动力实现自我的另一种方式。审美态度，即在游戏和隐喻中所获得的愉悦，在理性世界中也依然存在，即便审美态度的一些典范往往认为自己便掌握着真理。然而由于他们所说的真理也只是一种审美幻觉，尼采仍然希望在不久的将来，人们能够从科学时代再次步入审美的时代。伟大的艺术即将在一个全新的时代中回归，而《悲剧的诞生》便是在这种精神的指引下写成的。尼采认为，正是在瓦格纳的音乐中我们见到了这个新时代的曙光。

瓦尔特·本雅明的《德国悲剧的起源》（*The Origin of German Tragic Drama*, 1927）也进一步促成了由尼采所发起的关于悲剧是否可能在现代出现这一论争。本雅明转向了当时几乎被遗忘的诸如洛恩施泰因（Lohenstein）等17世纪巴洛克时期德国新教作家所创作的悲剧。本雅明将这些作品视为对古典主义、浪漫主义以及尼采的泛美学化倾向的一种反美学式的纠正。他把离奇的悲苦剧理解为本身支离破碎的艺术作品，这些作品通过其支离破碎来对抗专注于呈现美，且将作品视为整体的美学传统。

这种反美学的传统在马丁·海德格尔的哲学中变得更为激进,尤其体现在他关于尼采的多场讲演(1936—1946,并于1962年首次出版)、关于"艺术作品的起源"的文章(1935)以及那篇《哲学献文》(Contributions, 1938)之中。《哲学献文》通常被认为是海德格尔在《存在与时间》(1927)之后的另一力作。[1]海德格尔有不少著述以他在20世纪40年代初所发表的关于诗人弗里德里希·荷尔德林的演讲开篇,随后拓展到对塞尚和克利绘画的反思。除了这些论著之外,在《哲学献文》中,海德格尔也认为艺术日益成为通向受现代技术支配的世界的另一种途径。艺术向哲学化的中心舞台的回归及其所赋予的某种具有救赎意味的品质,从一开始便和海德格尔对西方美学传统的强烈批判相矛盾。在他看来,西方美学传统是那有必要抛开的形而上学传统的一部分。

在这种背景下,海德格尔判定尼采是最后一位形而

---

[1] Martin Heidegger, "The Origin of the Work of Art", in *Basic Writings*, ed. David Farrell Krell (New York: Harper & Row Publishers, 1977), 139-212.

上学者，因为在尼采权力意志的概念中，（不受美学支配的）审美的生产逻辑是至高无上的。同样，黑格尔的美学被明确称为最后的美学，但也被认定为最伟大的美学。海德格尔特别强调黑格尔关于艺术终结的论断具有无可置疑的正确性。正是因为艺术有可能在美学这一介质中消亡，黑格尔的美学通过对艺术终结的论断而超越了传统。在一篇艺术随笔的附录中，海德格尔指出，在今天依然伟大的艺术是否仍然可能作为对真理的一种表达，这取决于整个西方形而上学。自所谓的"转向"以来，海德格尔坚持认为，没有任何方法可以克服、超越或打破形而上学传统，因为恰是这个传统蕴藏着一种战胜自身的潜能。这尤其适用于美学传统，海德格尔赋予美学传统以一种自我毁灭的潜力，这种潜力使得美学话语可以越出其自身的界限。而在黑格尔那里，这种潜力则以艺术终结论的形象为标志。

艺术、新媒介以及现代文化(克拉考尔、本雅明、阿多诺)

每当一种新的媒介出现(诞生于19世纪的摄影以及后来的电影、广播、电视和互联网)时,各种关于终结论的慷慨陈词便会激增。20世纪的艺术终结论可以在这样的语境中加以审视。

社会学家和电影理论家齐格弗里德·克拉考尔(Siegfried Kracauer)也是最早将大众娱乐本身视为一种文化并发展出相关理论的研究者之一。大众娱乐文化不同于曾占据主导地位的资产阶级艺术,但其价值并不亚于后者。对于克拉考尔来说,(资产阶级)艺术的终结是一个事实而非信念。在1927年发表于《法兰克福报》的一篇题为《大众装饰品》、专门探讨踢乐女孩(the Tiller Girls)的短文中①,克拉考尔指出,这些舞女所展现的几何图案已不再类似于任何为人所熟知的几何或舞蹈形式。再现流水线上默默无声的工作模式,这

---

① Siegfried Kracauer, "The Mass Ornament", in *The Weimar Republic Sourcebook*, ed. Anton Kaes, Martin Jay, and Edward Dimendberg (Berkeley: University of California Press, 1994).

样的一种新文化一开始常令人叹息，最终却出现了一个惊人的转折。克拉考尔坚定地支持对这些形象和形式进行审美式的鉴赏，因为它们将可见的形式赋予了原本不可见之物。当"踢乐女孩"为无产阶级增添了显著的特色时，她们所起的作用就好比艺术-宗教成就了希腊人生活的精髓，也好比是"伟大艺术"之于资产阶级的意义。虽然克拉考尔秉持艺术终结论，但他坚信，将艺术视为对历史文化的传达的那种美学传统是不会终结的。

一场关于后现代主义以及"弥合高雅与通俗文化之间沟壑"［莱斯利·菲德勒（Leslie Fiedler）语］的论争持续至今，而克拉考尔正处于这场论争的开始阶段。推动这场论争的另一股重要力量来自瓦尔特·本雅明，其名作《机械复制时代的艺术作品》（1935）早已成为经典。表面看来，本雅明似乎在支持电影及其受众颠覆往昔气质独特的艺术作品及相应的沉思接受模式。然而，细究之后我们便会发现，首先，对有气质的艺术的衰落怀着某种矛盾心理，这在本雅明对早期肖像摄影略带忧郁的描述中是一个引人注目的问题，艺术的气质崇拜价值在阿特热（Atget）拍摄的街头照片中彻底消散之前便隐遁于早期肖像摄影中。这种矛盾心理并非个人的优柔寡断，而是本雅明所处的历史政治环境的客观矛盾的反映。由于电影业不仅掌握在资本家手中，而且也被国家社会主义用于宣传，新媒介的革命潜能是否有机会实现其自身尚不明确。在这方面，本雅明采取了一种在海德格尔那里很常见的模糊态度，但其原因不同。此外，本雅明还认为，新媒介对旧的艺术形式有追溯性的影响力。它们产生了一种效应，对所有先前文化传统的价值进行了清算。这并非一种损失，或者说这不仅仅是损失，因为这也意味着对过去的救赎；从传统的专制价值中解放出来，早期文化的产物以某种方式获得了重生。在其后的著作中，本雅明的确提出了这样的主张，即任何一种文化的记录也总是一部蛮荒录，过往的历史则只适用于获得救赎的人类。

后一种思想与西奥多·W.阿多诺（Theodor W. Adorno）作品中的论调有些相似，阿多诺还认为，完满的人性不再需要艺术，而艺术是从痛苦中诞生的，并且一直受制于痛苦（这是在尼采那里非常常见的主题）。然而，在阿多诺那里，这只不过是艺术终结论的一种说法。另一种说法是由大众文化所带来的艺术的消亡（和克拉考尔、本雅明的观点相比，对于阿多诺来说，大众文化肯定不是文化）。尤其是《启蒙辩证法》中论述文化产业的那一章，几乎就是对好莱坞电影和电视展开的具有警示意义的抨击。当然，阿多诺非常清楚，像马戏团这样的娱乐是一直存在的。但这种娱乐和好莱坞产业化的电影工业毫无关联。严厉反对大众文化的是遵循现代主义严苛逻辑的那些非凡的艺术作品，例如，贝克特的戏剧等。然而，阿多诺最终还是在文化产业的谎言中找到了一些真谛。在其耀眼的光芒之下，高雅艺术的弊端昭然若揭。例如，文化产业将风格冷酷地还原为自同性（self-sameness），这揭示了一个常被隐蔽的事实，即任何艺术风格都是艺术家粗暴地处理素材的结果，也是艺术家自我折磨的结果。

亦可参照：真理

讽喻

杰伊·丹尼尔·米宁格（J. D. Mininger），任教于保加利亚美国大学（AUBG）。

正是由于讽喻在20世纪的复兴及其概念重构，它在德国美学中扮演了一个关键概念的角色。古典、中世纪和文艺复兴时期的讽喻形式通常包含一个一以贯之的隐喻，在其中，一个词、一个形象或人物相当机械地代替了另一个往往是很抽象的概念。尽管这样的讽喻形式具有持久的影响和重要性，但20世纪重新燃起的对讽喻的兴趣大大调整了这些传统的看法。瓦尔特·本雅明提高了这一术语的价值，此举很有影响力。尤其是在本雅明的推动下，20世纪一些著名的讽喻方法避开了其原本僵硬的传统准则，转而将讽喻重新解释为这样一种活动，即质疑意义与对象、符号与比喻、名称与意义之间假定的对应关系。讽喻在20世纪"重生"的意义不在于进步；相反，本雅明和保罗·德·曼等人通过有效地重塑讽喻，找到了一种可以解决（哪怕只是隐晦地解决）他们所处的现时代中社会和历史的诸种冲突，比如，法西斯主义的审美意识形态，通过被阿多诺和霍克海默称之为文化产业的程序对艺术进行商品化等。

研究18世纪和19世纪德国美学的理论家和实践者也都谈到了讽喻的问题；然而，对于讽喻在艺术和艺术评价中的重要性或作用，人们却并没有达成最终一致的意见。在18世纪和19世纪讽喻是被贬低的,人们更青睐于象征,20世纪由本雅明和德·曼所提出的对讽喻的重新解释遵循了对讽喻的这样一种历史叙事。在18世纪和19世纪,传统的讽喻模式肯定会遭到批评。理性主义对讽喻表示反感,因为理性主义的倡导者在艺术中探寻更大程度的现实主义。更进一步而言,受够了讽喻呆板的、可预测的、理性至上的运作,浪漫主义者促成了"诗学话语的一种转变,这需要将象征主义创造成一种更为强大、更具精神性以及更具活力的表达形式"。[①] 早期浪漫派作家奥古斯特·威廉·施莱格尔、弗里德里希·施莱格尔、诺瓦利斯、施莱尔马赫和蒂克等,哲学家谢林、佐尔格(Solger),而且还包括歌德,无论他们各自对讽喻持何种观点,都将讽喻置于和象征主义的比照中来确定其特征。对于许多浪漫主义者来说,象征保住了人类对神圣世界的直观感和亲近感,而这是讽喻所不能及的。

约翰·约阿希姆·温克尔曼(Johann Joachim Winckelmann)便表明了18世纪语境中围绕关于象征和

---

① Jeremy Tambling, *Allegory* (London: Routledge, 2009), 62.

讽喻的不断变化的评价之复杂性。温克尔曼是艺术史学科的先驱者之一，也是新古典主义在德国思想中广泛复兴的主要推动者，他倾向于将这两个术语混为一谈，有时甚至可以交替着使用。特别是，他的绘画理论强调了讽喻的核心作用：正如弗雷德里克·拜泽尔（Frederick Beiser）对温克尔曼的范式所做出的解释，"既然绘画的目的是用可感的手段去描绘不可感之物，既然讽喻本质上是以可感知的去象征不可感知的，那么，绘画的目的应当就是讽喻"。① 因此，尽管最终仍屈从于这两者高度对立的关系，但大部分18世纪美学仍然注意到了象征和讽喻之间的家族相似性。汉斯-格奥尔格·伽达默尔（Hans-Georg Gadamer）的《真理与方法》（*Truth and Method*）以象征与讽喻之间关系的变化史证明了19世纪修辞学地位的下降。在这本书中，作者指出了两者之间的一些重要的共同特征：

［象征和讽喻］这两者都是指含义并不存在于其外

---

① Frederick C. Beiser, *Diotima's Children: German Aesthetic Rationalism from Leibniz to Lessing* (Oxford: Oxford University Press, 2009), 189.

表或声音中，而是存在于其自身之外的某种意义之中。两者的共同点是，在这两者中，一物代表着另一物。经由这种意义关系，非可感之物可向感官清晰呈现，这在诗歌和造型艺术领域，以及宗教和圣礼领域中也都存在着。①

然而，尽管象征和讽喻有着共同的指涉不同于它们首先会表现出来的意义的潜在性，但事实证明，它们完成这种意义转化的方式却和18世纪语义学的发展趋势大相径庭，由此而强化了术语之间的对比。

伽达默尔(Gadamer)认为，高扬象征而贬损讽喻在很大程度上是歌德时代所形成的天才观所造成的："当艺术将其自身从所有教条的束缚中解放出来，并且可以被定义为天才无意识的产物时，讽喻在美学上的意义便不可避免地遭到了怀疑。"②根据这种天才观，经验以及对经验的表达之间的鸿沟可被天才的诗意语言所跨越，从而促进主观经验可以直接和普遍真理相一致这一观念的形成。与讽喻不同的是，象征就类似于举隅法，

---

① Hans-Georg Gadamer, *Truth and Method*, 2nd ed., revised, trans. Joel Weinsheimer and Donald G. Marshall (London: Continuum, 2004), 62-3.

② Ibid., 68.

应保持其感性的表达及其所体现的不可被感知的内涵之间的内在联系。正因为如此,像歌德这样的作家便赋予象征以优越性,认为象征作为一种自然符号,能够直接指涉精神世界,而非屈服于他们所认为的较低级的、过于呆板、过于贫瘠的审美形式,比如讽喻。讽喻涉及的是一个任意选择的符号,而象征则预设了"可被感知的和不可被感知的这两者之间的一致性"[①];换言之,讽喻是通过约定俗成来表意,而象征则指向符号和意义之间的某种自然联系。讽喻属于**逻各斯**的范畴——即属于语言和言说的真理。就词源学的核心要义而言,讽喻指的是比喻式的言说行为,即指向所说的表面意思之外的一种言说行为:换言之,言说的是别的,或对他者言说。讽喻提供了一个言说某物、指涉某物或表征某物的机会,并且通过讽喻意指另一物——实际上讽喻同时指称两物。但是对于歌德及其18世纪的同代人而言,并且在更深刻的层面,对于十九世纪几乎所有的浪漫主义艺术和批评来说,讽喻在符号和意义之间的关系本质上

---

① Hans-Georg Gadamer, *Truth and Method*, 2nd ed., revised, trans. Joel Weinsheimer and Donald G. Marshall (London: Continuum, 2004), 64.

是偶然的，这意味着艺术仍受制于理性主义，且个体的经验和普遍真理之间的鸿沟仍然存在：不可能存在一种"完整、单一和普遍的意义"。[①]通过贬抑讽喻，象征在18、19世纪的德国美学传统中独领风骚。

在20世纪，讽喻的概念被当作一个关键概念接受了重估，意义深远。瓦尔特·本雅明和保罗·德·曼这两位思想家对重建讽喻做出了引人注目的贡献。他们都以如下方式来推崇讽喻的概念：（1）美学范畴是任何历史阶段中的现代性的关键组成部分，而讽喻对于理解这一点具有指导性的作用。（2）讽喻的形式同样也是语言的一个基本特征，通过提出符号和意义之间不可避免的脱节，对那些将现代性的话语自身视为话语（一种表意体系）、历史（一种叙事）或概念（一种哲学体系）的观点进行了探讨。

本雅明在20世纪30年代做的一项重大工程（即《拱廊项目》）十分倚重讽喻的概念，既把它作为一个论题基础（在此处指19世纪盛期资本主义文化的理论研究

[①] Paul de Man, "The Rhetoric of Temporality", in *Blindness and Insight: Essays in the Rhetoric of Contemporary Criticism*, 2nd ed., revised (Minneapolis: University of Minnesota Press, 1983), 188.

基础），也为一种源于哲学的批评形式提供了方法论指导。但在此前的《德意志悲悼剧的起源》这部构思于1916年、成书于1925年的作品中[①]，本雅明表达了对讽喻这一概念最为经久不变的评论。如其后续的《拱廊项目》一样，这本关于悲悼剧的书既把讽喻当作其研究内容的关键组成部分，也将讽喻用作一种批评的方法。

在"认识论批判序言"中，本雅明将其以讽喻为依据的著作结构解释为形式和方法，他还抨击了早期美学传统所主张的通过象征的表征来系统地获取真理。因为本雅明认为人类语言本质上就是讽喻的，因此这种象征的表征有可能使语言的使用变得神秘，从而最终沉迷于人类具有自主性的幻觉中。本雅明倡导"星丛"观，这促使那种将断片集中在一起的讽喻式方法的形成，当我们把这些断片放在一起阅读时，它们正"意味着"彼此相互作用的关系。因此，它们彼此相异，各具特性，但也必然交织在一张关系网（一个星丛）中，经由现在的视角去表达往昔的每一个片段。本雅明的讽喻方法拒绝任何带有象征式表征意味的行为，在这类表征中，某个

[①] Walter Benjamin, *The Origin of German Tragic Drama, trans. John Osborne* (London: Verson, 1998), 25.

单一的、一体化的整体便号称可直接触及真理。

通过确证被称作"悲悼剧"（即哀悼或悲叹的戏剧）的17世纪巴洛克戏剧形式的历史意义，对《德意志悲悼剧的起源》中讽喻主题的研究探寻着对这一概念的更新。通过对悲悼剧形式特征的分析，本杰明凭借悲悼剧的讽喻技巧将其从古典悲剧中分离出来。通过将讽喻置于象征之上，本杰明将讽喻与忧郁并置，这源于讽喻在语言、知识和真理中所暴露出的意义危机。这场危机展现为一个绝对偶然性的状态，结果其祛魅的力量却是毁灭性的——由此，诸如一些无可争议的表达方式及其与真理的直接联系，这类原本在象征的表现中人们所习以为常的一切，现在它们所起的调和作用也令人沮丧。本雅明写道："任何人、任何物、任何关系都绝对可以指其他任何东西。有了这种可能性，一个破坏性的、但公正的裁决将给予世俗世界：它被刻画为一个细节无足轻重的世界。"[①]世界的驱魅——或者说世俗化，其中支撑真理的所有超验性的支柱都已丧失——用讽喻的形式来表达困扰着它的各种矛盾。一方面，讽喻指向自身

---

① Walter Benjamin, *The Origin of German Tragic Drama*, trans. *John Osborne* (London: Verson, 1998), 175.

之外的事物，表现得好像受到了一种超验力量的鼓舞，以悲悼剧中的统治者形象为例，他悲哀地陷入了只有造物力量才能显现出来的内在世界。在某种程度上，因为超验的形式是假扮的，"使它们看起来不再是与世俗事物相称的力量……确实可以将它们神圣化。"①另一方面，讽喻的历史根基是随机可变的，与之相伴随，个别事物（符号）作为通达真理本身的表达形式，其价值也就受到了贬损，由此，讽喻扭曲了意义的语境，正是在这种意义上可以说，讽喻"破坏"了思想。这是在悲悼剧之中讽喻的自相矛盾性所具有的破坏性一面。而废墟便是讽喻这一面相的象征："在废墟中，历史实实在在地融入了其语境之中。"②转瞬即逝的形象激活了讽喻的意义，正如悲悼剧中对尸体的强调——任何一种对时间进行空间化或形象化的符号都表现出这种讽喻的力量。因为讽喻依赖于习俗惯例，所以每一个讽喻表达都（讽喻似地）显现着转瞬即逝的真理。

本雅明在悲悼剧中所发现的讽喻模式将现代经验

---

① Walter Benjamin, *The Origin of German Tragic Drama*, trans. John Osborne (London: Verson, 1998), 175.

② Ibid., 178.

本身讽喻化了，该模式以其不断增长的文化结构调节内在世界，而对真理却没有任何来自超验世界的支撑。为此，本雅明将他的讽喻研究拓展到了盛期资本主义文化以及夏尔·波德莱尔的作品中。本雅明在未完成的《拱廊街计划》中强调的一个例子是将讽喻当作商品崇拜，他特意将其与现代经验和文化联系在一起，并声称这在17世纪尚未充分发展，那时候的讽喻在某种程度上仍只是一种"纯粹的"审美策略。[1]商品崇拜就是一个典型的"惊惧不安的形象"[2]，在这种形象中，符号和意义之间讽喻式的偶然排布使得某种商品被赋予一种看似稳定的价值（交换价值），但要付出巨大代价并贬抑其无法估量的价值或其自身的价值（使用价值）。"惊惧不安"的形象将永恒的短暂性讽喻化，以期挑战政治、经济和文化的神秘性。然而，《德意志悲悼剧的起源》一书中的讽喻和《拱廊项目》中的讽喻之间的关键区别在于历史语境：当现代性本身是讽喻性的（即驱魅的），

---

[1] Walter Benjamin, *The Arcades Project*, trans. Howard Eiland and Kevin McLaughlin (Cambridge, MA: Harvard University Press, 1999), 347.

[2] Ibid., 366.

正如在19世纪语境中的盛期资本主义，讽喻作为社会和政治批判工具的力度可能会变弱。

在德意志美学传统中，本雅明的灵感和洞察力在西奥多·W·阿多诺的作品中得到了最为明确的体现。例如，本雅明在悲悼剧研究中所形成的讽喻理论为阿多诺著作《克尔凯郭尔：审美对象的建构》的形式和内容都注入了活力，这是阿多诺在其教授资格论文基础上稍加修改的版本，它确立了贯穿阿多诺全部巨著的一些根本性的主题和洞见。罗伯特·赫洛特-肯特尔（Robert Hullot-Kentor）在《克尔凯郭尔：审美对象的建构》一书英译本前言中指出，本雅明的讽喻理论在阿多诺思想中发挥了关键作用："黑格尔的辩证法经由本雅明的讽喻思想，成为阿多诺作品中解释所有文化的形式。作为对任何一种先在的辩证法的批判，黑格尔辩证法已不再是一种进步的辩证法，而是不断将意义转化为对短暂性的表达。"① 对于阿多诺而言，本雅明的讽喻理论有助

---

① Robert Hullot-Kentor, Foreword, "Critique of the Organic", in *Kierkegaard: Construction of the Aesthetic*, by Theodor W. Adorno, trans. Robert Hullot-Kentor (Minneapolis: University of Minnesota Press, 1989), xix-xx.

于形成一种如何以外化的形式来言说不可言说之物的方式：即消极地表明，试图通过讽喻来获得一种超越于现行文化之上的文化，这种愿景是靠不住的，因为讽喻同时既表征又否定其所表现的真理。

这种最为根本的模棱两可性是讽喻发挥作用的关键所在，它也为保罗·德·曼的作品提供了一种批判的模式。和本雅明一样，当然也是在一定程度上受到了本雅明作品的启发，德·曼为讽喻恢复了名声；此前，一般认为，浪漫派作家贬低讽喻，浪漫主义对讽喻的接受是带有批评性质的。在《论时间性修辞》一文中，德·曼制定了他的计划，以重新确立讽喻的重要性。然而，他不只是斥责了浪漫派对象征的用法，这种用法不管是无心还是有意，在表达对完整统一的主体性的渴望时，都忽略了语言的修辞或形象维度。将讽喻和浪漫反讽研究相结合，德·曼同样赋予了浪漫诗学以优越性。

对德·曼来说，讽喻不仅仅是批评和解释的一种工具。德·曼式对讽喻的解读非但没有表明讽喻会使文本陷入阐释的僵局，在其中，修辞和形象的语言破坏了预期的意义；相反，这种解读坚定地主张讽喻所必然具有的表征性和物质性本质。这包含着一个同时进行的双重过程：通过语言的转义揭开其面纱——即语言的一种比喻用法——以及对该转义的解构；我们可以将此理解为转义（或语言的任何一种修辞的维度）是如何通过符号和意义之间的脱节或语法和修辞语体风格之间的脱节来质疑其自身的叙述。[①]这种做法的经验是：由于语言的不可简化的隐喻性，语言必定总是在叙述。即便其意义看起来是不言自明的，符号也必然指向它自身以外的某处或某物。关于这一点，德·曼作品中一个最有说服力的例子来自《黑格尔美学中的符号与象征》一文，在该文中，他探讨了"自我"的位置，以及"实际的自我和它所自称的"之间的区隔。[②]

在《论时间性修辞》一文中，人类将这些经验应用于浪漫主义文本以及象征与讽喻之间的张力关系中。在一个呼应本雅明关于讽喻和瞬时性之间重要关联的段落中，德·曼解释道，"讽喻的流行总是对应着真正意义

---

① 参见Paul de Man, *Allegories of Reading: Figural Language in Rousseau, Nietzsche, Rilke, and Proust* (New Haven, CT: Yale University Press, 1982).

② Paul de Man, "Sign and Symbol in Hegel's Aesthetics", *Aesthetic Ideology*, ed. Andrzej Warminksi (Minneapolis: University of Minnesota Press, 1996), 99.

上暂时的命运的揭示。这种揭示在如下主题中展开,即极力躲避自然世界中时间的影响,而暂时的命运与此实际并无关联。"①浪漫主义艺术以及对其一贯的批判性接受受到了符号表征固有的一种危险因素的负面影响,但在早期浪漫主义文学中,德·曼找到了揭示这种危险的讽喻情形:"讽喻主要指的是与自身起源的距离,它摒弃了怀旧和追求巧合的欲望,在这种时间差分的缺失中,讽喻确立了自己的语言。这样做,它防止了自我和非自我之间形成一种虚幻的自我认同,而"非自我"现在已被完全地,尽管是痛苦地视为一种"非我"。②促使德·曼青睐讽喻,这里隐含着一种内在的危险,这种危险既是一种行为(自我神秘化),也是一种欲望(怀旧):简言之,是一种审美意识形态。

讽喻与审美意识形态问题紧密结合在一起,这是当代哲学美学亟待解决的问题。在与德·曼文本的对话中,在《浪漫主义对欲望的矛盾表达》一文中,约亨·舒尔特-扎塞将审美意识形态定义为:

---

① de Man, "Rhetoric of Temporality", 206.
② Ibid., 207.

一种意识形态（或者更准确地说，一种约定俗成的话语实践）旨在抑制结构的结构性，而青睐于一种对整体性的虚幻体验。用拉康的术语来说，美学使主体能够在自我和文本之间建立一种想象的关系。艺术在此就如一面镜子，主体在这面镜子里感受到了自身的统一性；艺术也拥有着同样统一的、优先的意识。诗意语言支撑着这种想象的关系，因为它声称超越了语言的修辞性质，而修辞性质反过来又能够弥合经验及其表征之间的差距。①

在舒尔特-萨斯的解读中，讽喻和象征之间最具争议的区别在于讽喻和欲望的关系。象征在统一的主体性中表达了对整体性的渴望，而讽喻则暗示了一种主体立场，即接受主体固有的碎片和缺失。在某些方面类似于曼弗雷德·弗兰克（Manfred Frank）对德国早期浪漫派

---

① Jochen Schulte-Sasse, "General Introduction: Romanticism's Paradoxical Articulation of Desire", *Theory as Practice: A Critical Anthology of Early German Romantic Writings,* ed. Jochen Schulte-Sasse et al. (Minneapolis: University of Minnesota Press, 1997), 2.

的无限近似概念的理解①;相比于德·曼对浪漫主义的批判性评论,舒尔特-萨斯更进了一步,他指出,浪漫派的"思考并未止步于承认语言是修辞的,他们已经认可对审美意识形态理想的追求是必要的,而同时也预见到了其'不可能性'"。②舒尔特-萨斯认为,讽喻可以构建被公认为虚构的主体角色:"一种幻觉,使浪漫主义者能够将自己构建或'综合'为一个整体,且始终清醒地认识到每个构建都是初步的和不完整的。"③通过这种方式,以"仿佛"推进,并辅之以审美反思,主体实现了唯一可能的"统一性"。

讽喻之风险在于审美意识形态。其结构性影响包括身份政治的危险操作,如民族主义,原教旨主义、性别歧视、种族主义等等。讽喻的重要性在于让我们直面我们的欲望。从这个意义上说,讽喻并没有隐藏其意义来等着读者去解读或揭示。相反,讽喻把缺失、碎片和

---

① 参见Manfred Frank, *The Philosophical Foundations of Early Romanticism,* trans. Elizabeth Millan-Zaibert (Albany: State University of New York Press, 2008).

② Schulte-Sasse, "Romanticism's Paradoxical Articulation of Desire", 7.

③ Ibid., 7.

短暂性（即"隐匿"本身的状态）都暴露了出来，认为这是表意的核心要素缺席的表现；而这种缺席对于欲望的产生具有重要影响。这意味着欲望在美学中的中心位置。因此，讽喻能否以及以何种方式继续在哲学美学中发挥其越来越重要的价值，取决于它应对持久的欲望问题时历史的、伦理的、社会的以及（尤为重要的）政治的利害关系，即审美意识形态问题，而这一直都是讽喻表意化的"另一面"。

亦可参照：反讽；价值；悲剧/悲悼剧；介入艺术

价值

A. 基亚莉娜·科代拉（A. Kiarina Kordela），麦卡莱斯特学院德语教授兼批判理论研究项目主任，也是西悉尼大学的名誉兼职教授。

按常规做法，审美价值通常是由某一特定对象或情形所具有的美的品质或亮点等来界定的，这和人们对该对象或情形所产生的愉悦或不愉悦的体验有着很大的关联。但也许可以说，在所有美学概念中，价值这一概念最能凸显艺术同人类生活和社会的其他重要构成要素（经济、伦理和语言学）的相互交织（更准确地说，是结构和概念上的同源性）。至关重要的是，在审美价值之外，还有交换价值、道德价值，以及我们从费迪南·德·索绪尔那里获知的语言学价值。鉴于此，为了区别于那些传统的定义，本章对"价值"这一概念做了重新定位，即它产生于世俗资本主义现代性的哲学美学中，并和美学、经济学、伦理学、语言学或艺术表征同源且彼此关联。

审美价值和经济价值在世俗资本主义现代性中出现，同伦理和艺术表征模式的发展同步。这一发展过程分为四个阶段：第一，孕育着现代价值观的"观念内容"（ideal content）运动，它一直持续发展直至康德的介入；第二，从启蒙运动中爆发出来的"抽象主义"或"形式化"的新范式；第三，"结构主义"，于此，浪漫主义推进了形式化的范式；第四，"表述行为的自我指涉性"，这亦是上述第三种即"结构主义"的现代产物，尤其在海德格尔和本雅明那里得以阐述。

这场"观念内容"的运动认为其使命在于通过具体的观念界定良好的趣味。18世纪下半叶，直至康德之前，美学理论的先驱（比如，鲍姆加登、温克尔曼和莱辛）理所当然地将他们个人的审美趣味，包括以古希腊-罗马时期为主的特定艺术作品（如，众所周知的拉奥孔），视为在主题和技巧层面效法的典范。以"观念内容"一词来命名这一萌芽阶段并不是因为它所强调的是主题而非形式（技巧），而是因为这些价值并不属于某种更大的范式或体系。这里的"内容"可被视为结构主义意义上的"内容"，这就好比在一个纯关系网中填补空白"位置"的填充物一样。[①]鉴于这一（关于价值和评价的）正式关系网尚未构想出来，这场"观念内容"的运动就只有内容。

"观念内容"运动便是一种典型的"等级知识"

---

① Gilles Deleuze, "How Do We Recognize Structuralism?" trans. Melissa McMahon and Charles J. Stivale, in *Desert Islands and Other Texts 1953-1974*, ed. David Lapoujade (Los Angeles: Semiotext(e), 2004), 174.

（knowledge of order），这种知识彰显了"古典认识论"的特色，并迫切希望最大限度地进行"分类学"操作并将其百科全书化。①例如，按照温克尔曼（1755）的说法，这种知识要求"寓言"（在此，"寓言"是指基于一些确定的意义，"使一些总体概念……得以表达出来的具体形象"）被"归入"一类"纲要"中，以便"指导艺术家如何去运用"它们。②此处的"寓言"概念尚未涉及和符号的区分，而是一种自斯多葛学派以来价值表征的主流建构方式的延续；根据斯多葛学派的观点，符号建基于"标记（能指）与事物（所指）相联系的相似性"之上，因此这种"联系"是"有机的"。③世俗的表征逐渐瓦解了这些"相似性"，自此之后，"物与词将被分离"，符号将变得随心所欲。④康德对

---

① Michel Foucault, The Order of Things: *An Archaeology of the Human Sciences* (New York: Vintage, 1970), 71.

② Johann Joachim Winckelmann, *Thoughts on the Imitation of the Painting and Sculpture of the Greeks*, trans. H. B. Nisbet, in *German Aesthetic and Literary Criticism: Winckelmann, Lessing, Hamann, Herder, Schiller, Goethe*, ed. H. B. Nisbet (Cambridge: Cambridge University Press, 1985), 52-3.

③ Foucault, *The Order of Things*, 42.

④ Ibid., 43.

物自体和表象世界的分割明确了这一进程。作为现代（即世俗资本主义）的第一阶段，正是价值理论的形成期，这场观念内容的运动仍然将价值和价值判断建立在符号和意义之间的连接性之上，这将包括艺术在内的人类表达降格为分类法——即使这些前世俗化时代延续下来的东西在当时已经开始衰退。

表征性的价值从"有机的"到"随心所欲的"渐变，所对应的正是从封建主义到"'重商主义'的经济转变，重商主义将货币的价值从……其金属的固有价值中解放出来"，从而"使货币从其形式或纯粹作为符号的功能中"任意地"获取其价值"。①交换价值作为一种非物质的抽象价值的分级系统，最终在马克思的《资本论》第1卷（1867）中找到了其系统化的表述，该卷指出，在"商品作为价值的客观性"中"不存在任何一个物质原子"，这种"客观性"并非"自然的"，而是"纯然社会的"或是与其他因素相关联着的。②

早在《纯粹理性批判》（1781）中，康德就通过呼

---

① Foucault, *The Order of Things*, 175-7.
② Karl Marx, *Capital: A Critique of Political Economy, Volume 1*, trans. Ben Fowkes (London: Penguin Books, 1990), 138-9.

呼弃用基于"仅凭经验的""假定的规则"之上的"趣味判断",来表达这种趋于抽象关系形式的倾向,而青睐于一种摆脱了"感觉"且建基于先验"直觉和……纯粹表现形式"基础之上的全新的"超验的审美"。[①]他的呼吁势必造成作为艺术价值标准的技巧的衰退,因为技巧属于艺术作品后天经验的层面。[②]但康德对形式主义的主张必然带来审美价值与使用价值的分离——以此类推,这昭示着马克思将交换价值从实用"物体……粗略的感官客观性"中分离出来。[③]现代美学价值的概念和经济价值的概念,连同美学和政治经济学领域的区分,都是经由审美价值和使用价值的分离而产生的,事实上,从大卫·休谟(David Hume)到亚当·斯密(Adam Smith)的思想历程都清晰地证明了这一点。

到18世纪中叶,艺术的商品化开始挑战道德哲学

---

① *Immanuel Kant, Critique of Pure Reason,* trans. Paul Guyer and Allen W. Wood (New York: Cambridge University Press, 1998), 156-7; A21-2/B35-6, and note.

② 比如,参见Johann Gottlieb Fichte, "On the Spirit and the Letter in Philosophy", trans. Elizabeth Rubenstein, *in German Aesthetic and Literary Criticism: Kant, Fichte, Schelling, Schopenhauer, Hegel,* ed. David Simpson (Cambridge: Cambridge University Press, 1984), 74-93.

③ Marx, *Capital*, 138.

中美学和政治经济学所结成的"同盟"。"为了坚持将美还原为实用性",休谟的实用主义引入了"直接的"和"延展的实用性之间的……微妙区别",后者关乎艺术作品,即是指"观照富人之美物的愉悦感……而非占有的愉悦感"。[1]在1759年的《道德情操论》中,斯密将休谟对艺术品和其他商品所做出的外在区分进一步内化于每一种商品中,即体现为"商品作为途径(即其'美')的存在和作为目的(即其'用途')的存在"之间的区别。他论证道,"对审美对象的渴望远超……仅满足于其用途";否则,"经济的发展都只能止步于满足人类生存的最低生产要求"。[2]由此,因为斯密"在商品超越于其使用价值之上的盈余的'美'中发现了社会盈余的源泉"——"财富",所以他使审美倾向成为"看不见的手"或"经济生产的马达"。[3]然而,审美价值和经济价值的这种结合却无法持久,因为资本主义的生产和消费并不是平衡发展的;且这种不

---

[1] John Guillory, *Cultural Capital: The Problem of Literary Canon Formation* (Chicago: The University of Chicago Press, 1993), 309-10.

[2] Ibid., 311.

[3] Ibid., 311-12.

平衡顽固地掩盖了道德哲学对剩余价值积累的否认，也掩盖了"商品的交换价值……既包含了（其）生产所需的劳动，也包含了在消费者中所激起的购物欲"这一预设。①面对生产的经济成本和消费欲之间的不可通约性，古典经济学家"被迫转向……生产"和需求领域，并将"消费"和消费欲视为"与定价无关的因素"。②例如，在《国富论》（1776）中，斯密所说的那只看不见的手失去了审美感受力，沉溺于以实惠的自身利益为基础的功利主义之中：专注于以"其自身的益处，而非社会的益处"为旨归；"每个个体都必然……被一只看不见的手指引着，去提升"……"社会的利益"，"这一结果并非出自人的意图"。③因此，正如政治经济学中的价值涉及需求，以及使用价值、自身利益的双重实利一样，美学理论亦是在艺术的非功利性和审美沉思的非利己性的前提下诞生的。

对内容——既包括物质事物（使用价值），也包

---

① John Guillory, *Cultural Capital: The Problem of Literary Canon Formation* (Chicago: The University of Chicago Press, 1993), 313.

② Ibid., 314.

③ Adam Smith, *The Wealth of Nations*, ed. Edwin Cannan (New York: The Modern Library, Random House, 2000), 482, 485.

括（按照康德的说法，会引起痛苦的）兴趣——进行抽象，这是通过美学理论的上述前提实现的，它标志着形式主义的运动，即价值在世俗资本主义现代性中发展的第二阶段。康德分别在理性、伦理和美学这三个层面开展对具体内容的抽象。他提出的绝对命令（"只按照你可以做到的法则行事……并希望这一法则放之四海而皆准"①）以及他在第三批判《判断力批判》（1790）中将美定义为一种全然无功利的对象，其实都旨在剔除所有内容的伦理和审美价值。此外，由于审美价值涉及主观愉悦，并且"不存在从概念到……愉悦或痛苦的转变"，因此，与理性、伦理不同，审美判断所提出的不是对客观普遍性的要求，而是一种对"主观普遍性的"要求。这意味着审美判断具有一种"仿佛"的特征，"仿佛美是对象的一个特征"，仿佛人们"有理由将类似的审美满足感推及每一个人"。②康德的学说超

---

① 参见Immanuel Kant, *Foundations of the Metaphysics of Morals and "What Is Enlightenment?"* (Indianapolis: The Liberal Arts Press, 1959).

② 参见Immanuel Kant, *Kritik der Urteilskraft*. Werkausgabe, Band X, ed. Wilhelm Weinschedel (Frankfurt am Main: Suhrkamp, 2000), 56; § 6.

越了洛克所说的"第二性征"(受主观影响的对物质的感知),他指出,感知出自一个自主的抽象关系网;这样的关系网独立于物质(包括使用价值和经验身体/主体)——由此他提出了"主观普遍性"的主张。

通过进一步将美学与道德"理想"联系起来,康德最终将"美"定义为"合目的性(Zweckmäßigkeit)",与"目的论(Zweck)"相反,即是说这是一种没有目的的目的论;与之相对照的是,理性对经验整体性的要求(在康德的第一批判《纯粹理性批判》中提出)。① 正如纯粹理性的合规律性(Gesetzmäßigkeit)一样,合目的性意味着某物以其自身的完整性为目标,超越了任何特定的目的或利益,而正是达到最高的合目的性(整体性)才激发出了愉悦感。然而,不管是不是艺术作品,没有任何一种人造物可遵从合目的性,因为其生产便是受他人的创作目的驱动的。最终,康德得出结论,只有某物"自己与自己处于交互作为原因和结果的关系中"(一个"有组织的"和"自组织的存在者",按照

---

① Kant, *Kritik der Urteilskraft.* 90; Immanuel Kant, *The Critique of Judgment,* trans. J. H. Bernard (New York: Prometheus Books, 1974), 155; §17.

"自我保存"的原则使其自身成为"自然目的"），才能满足合目的性的要求。①而"有组织的存在者"的"自然的内在完善性"却是"不能思考"，也"无法解释"的，"不能按照与我们所知道的任何……能力的类比来思考和解释……就连通过与人类艺术的……类比也不能思考和解释它"，因为艺术设想了"在它以外的一个艺术家（一个有理性的存在者）"。②因而对于康德而言，"自然"是一个投射因果模式的表面，"并不具有与我们所知的任何一种原因性相类似的东西……"③正如凯吉尔（Caygill）和盖洛里（Guillory）所指出的，康德青睐以自然美作为理想美，这可能在一定程度上助推了康德之后的哲学家对生产以及"工薪劳动者无形之手"的压制。④但康德那开明资产阶级的方法很快便有意识地为他们的压制进行辩护。⑤康德确实

---

① Kant, *Kritik der Urteilskraft*. 275, 278; Kant, *The Critique of Judgment*, 320, 322; §65.（此处中译参照康德著，《判断力批判》，邓晓芒译，第221-223页。——译注）

②③ Kant, *Kritik der Urteilskraft*. 278-80; §65.（此处中译参照康德著，《判断力批判》，邓晓芒译，第224-225页。——译注）

④ Guillory, *Cultural Capital*, 312. 参见Howard Caygill, *Art of Judgment* (Oxford: Basil Blackwell, 1989),38-102.

⑤ 参见Kant, *Kritik der Urteilskraft*. 352-8; §83.

不得不去压制的（在某种意义上说，亦即康德并未意识到的），是藏在这样一种判断的"矛盾力量"背后真正的"悖论"；这种判断"既不能被先验地推断出来，也无法从经验维度推论"，而是从一种主观的且先验的"愉悦感"中推断出来的：自身既为因又为果的未知因果关系。[1]因为在康德看来，这种因果关系要么是"万物有灵论"，要么是将"有组织的物质"当"工具"用的外在"灵魂"——要言之，这种因果关系就意味着启蒙运动的坍塌。可以肯定的是，这个"悖论"的答案在斯宾诺莎的《伦理学》[1985年版（1677年初版）]中就已经给出了："上帝是万物的固有因，而不是万物的超越因。""固有"因正是指其自身结果所带来的原因。[2]但问题仍然存在，尤其是在启蒙运动的巅峰期："上帝"意味着什么？由此，这个难题便留给了浪漫主义者。

如果说浪漫主义者发现康德未能确立起自我意识，

---

[1] Guillory, *Cultural Capital*, 318; Caygill, *Art of Judgment*, 27.

[2] Baruch [Benedict de] Spinoza, *The Collected Works of Spinoza*, Vol.1, ed. and trans. Edwin Curley (Princeton, NJ: Princeton University Press, 1985), 428; part I, prop.18.

那是因为其所主张的主客体（即超验的"我"和"思考的物"）的二元镜像论。浪漫主义者深知，主体要避免在客体中自恋地进行自我加倍，那么必须引入第三种要素。正如吉尔·德勒兹所解释的那样，要超越这种自恋，就必须（在"'事实的'真"和"想象中的加倍"之外）建立"第三种秩序"或"符号元素"，"既非真实存在，亦无法想象"，这便打破了真与假之间的镜像，并"使它们相互交流，但……又能阻止一方（系列）"通过传统意义上辩证的方式，"想象性地倒退到另一方"。[1] 这种"象征……对象=x"，不属于任何一个系列，但"却在双方中都存在"[2]；事实上，它在康德第一批判《纯粹理性批判》中已经犹抱琵琶半遮面地出现过了，被表述为"思想的先验主体=x"，它是"能思维的我或者他或者它（物）"的一种"完全空洞的表象"[3]，而真正掌握其确切功用的是谢林。

---

[1] Deleuze, "How Do We Recognize Structuralism?", 171-2, 185.

[2] Ibid., 184-5.

[3] Kant, *Critique of Pure Reason*, 414; A346/B404.（此处中译参照康德著，《纯粹理性批判》，李秋零译，中国人民大学出版社，2004年，第260页。——译者注）

谢林率先在其《先验唯心论体系》中指出，在一系列无尽的反思行为中（每当主体自觉意识到自己的意识或直观行为时，它就变成了客体），"自我直观可以将其自身增强……到无穷"，由此，"自然（客体）中的一系列产物只会增加，但意识却永远不会产生"[①]；在此基础上，谢林将客体=x直观为一种"第三者的活动"。因此，必须有一种"通往第二种力量的……直观活动，一种有目的、却是无意识地有目的的活动"，即能够直观之前所有的直觉，但却无法直观其自身的直觉行为——因为，如果它直观到了，就会将其对象化，一系列的对象化便会再度开始，那么意识也就永远不会产生。[②]由此这种活动的"基础只能在自我之外"，因为"另一种理性存在"并未意识到其自身反思性的活动——即一种无意识的意识，它不是能思维的自我，而是能思维的某物，而且它不属于任何一种在整个反思过

---

① Friedrich Wilhelm Joseph von Schelling, *System of Transcendental Idealism*, trans. Albert Hofstadter, in *Philosophies of Art and Beauty: Selected Readings in Aesthetics from Plato to Heidegger*, ed. Albert Hofstadter and Richard Kuhns (Chicago: University of Chicago Press, 1976), 376.

② Ibid., 376.

程中构建起来的客体和主体,而是兼存于两者之中,因为在没有预设的情况下,主客体这两个系列将无意识地、无休止地崩塌。①

因此,正如约亨·舒尔特-扎塞所说,浪漫主义-结构主义运动非但未致力于审美意识形态(即主客体间想象的同一性),反而通过揭示造成这种意图模糊性的成因先发制人:意识(的基础)"必然……不可能"是事实,或者用弗里德里希·施莱格尔的话来说,这无疑是"虚构的,但绝对是一种必然的虚构"。②荷尔德林关于认识论的预感注定要"成为一种空洞的无限";它无关浪漫主义,而是关乎(德·曼式的)"反讽"本身——即对自身的反思行为的永恒反讽化/对象化。③

作为一种必要的虚构(贯穿于一连串反思行为中

---

① Friedrich Wilhelm Joseph von *Schelling, System of Transcendental Idealism*, trans. Albert Hofstadter, in *Philosophies of Art and Beauty: Selected Readings in Aesthetics from Plato to Heidegger*, ed. Albert Hofstadter and Richard Kuhns (Chicago: University of Chicago Press, 1976),376-7.

② Jochen Schulte-Sasse, "General Introduction: Romanticism's Paradoxical Articulation of Desire", in *Theory as Practice: A Critical Anthology of Early German Romantic Writings*, ed. Jochen Schulte-Sasse et al. (Minneapolis: University of Minnesota Press, 1997), 21, 19.

③ Schulte-Sasse, "Romanticism's Paradoxical Articulation of Desire", 34.

的、为区分主体和客体而预设的先验功能），无意识的意识（客体=x）既是这一系列行为的因，也是其果：正如雅克·拉康的"无神论的真正公式"所揭示的，世俗的上帝即"上帝是无意识的"。[①]作为内因，客体=x既外在于这一系列行为，又置身于其中——与经济价值中的资本没有什么不同。"通过将资本……（或）钱"（这在古典经济学家眼中绝对不同于其他商品）"视为商品"，马克思"发现了一个悖论，即元层次（资本）降格为物层面（商品）……成为其自身的一员"。[②]据此，资本和（世俗的）意识这两者都是自我指涉的。

结构主义关于因果的自我指涉性的逻辑结果在现代兴起的最后一场价值运动中得到了表达，这场运动假设任何人类的产物（包括智力的、手工的以及艺术的）都必须和其他万事万物形成一种自我指涉的关系，作为其内在的因果。这种关系体现在"表演性"中，正如言语

[①] Jacques Lacan, *The Four Fundamental Concepts of Psychoanalysis*, trans. Alan Sheridan, ed. Jacques-Alain Miller (New York: W. W. Norton, 1981), 59.

[②] Kojin Karatani, *Architecture as Metaphor: Language, Number, Money*, ed. Michael Speaks, trans. Sabu Kohso (Cambridge, MA: MIT Press, 1995), 69-70.

行为理论将语言的功能视为对其所描述的现实的表演，据此，现实既是语言的因，也是其果；反之亦然。这种表演性必然导致一种彻底的不确定性，既关乎因果关系之间的方向，也关乎任何被表演之事物的目的。在现代兴起的第四场价值运动中，斯密所说的市场这只"看不见的手"仁慈的宗教痕迹已被我们自己无意识（神圣）的"手"的极端冷漠所取代。因此，绝对操控的幻想和冷酷无情的自我毁灭的幻想同样都是可能的。

尼采在《悲剧的诞生》（1872）中对艺术进行重估，将其视为对苦难生活的（阿波罗式的）防御；毫无疑问，这和焦虑相关，而这种焦虑是表演性的自我指涉运动之基础。然而，本应通过艺术来弥补的（酒神式的）"普遍和谐的福音"，却已然成为既成事实，也是造成现代式痛苦的真正原因。①真正的辩护是尼采的自我告诫（要成为上帝或超人），因为这给人一种幻觉，即我们还不是上帝或超人。

在经济层面上，表演性的自我指涉性表现为金融资

---

① Friedrich Nietzsche, *The Birth of Tragedy and Other Writings,* ed. Raymond Geuss and Ronald Speirs, trans. Ronald Speirs (Cambridge: Cambridge University Press, 1999), 18.

本。这不是真正的资本,而是"名义上的"资本或"标识性的"或"生产性的"资本。它是其自身生产所必备的,这一事实使财务预测比以往任何时候都更加不确定。同样的不确定性表现在美学理论中,海德格尔和本雅明率先表达了这种困境,直面自知随心所欲互为因果的困境。

正如我们在海德格尔的《艺术作品的起源》(1936)(在其中他提出"世界成为世界"的观点)中所看到的,他纠结于希腊中间语态其实表达了这一事实,即在"艺术"(即"真理本身置入作品")中,"世界"或"真理既是这一置入的主体,也是客体",尽管"主客体并非合适的名称"。① 因为最为关键的不在于一种行动的行为主体和对象,而是真理或世界的成因和起源,即世界自身"从其本质源头中诞生"所凭借的"根本的"或"建基性的一跃"(起源)。② 当然,

---

① Martin Heidegger, *The Origin of the Work of Art*, in *Aesthetics: A Comprehensive Anthology*, ed. Steven M. Cahn and Aaron Meskin (Oxford: Blackwell, 2008), 352, 357. Martin Heidegger, *Der Ursprung des Kunstwerks* (Stuttgart: Reclam, 1960), 41, 79-80.(此处部分中译参考海德格尔著,《海德格尔诗学文集》,成穷、余虹、作虹译,华中师范大学出版社,1992年,第31页。——译者注)

② Heidegger, *Origin,* 357. Heidegger, *Ursprung*, 80.

如果艺术不是"添加到已经在此之物上的东西",并且"我们以颠倒的方式来思考这一切",故而艺术"首次将万物的外观给予万物,将人对自己的观看给予人",那么,一个小转向就有可能要么引入宿命论(比如,世界永远是非客观的,于它而言我们是主观的),要么引向决定论(不管是革命性的还是独裁性的)——比如,海德格尔呼吁,要在作为"起源"的"艺术"以及"作为一种日常……现象"的艺术这两种"非此即彼"的选择中,选一方支持之。①

同样地,本雅明在他的《机械复制时代的艺术作品》(1936)中提出,由于"机械设备对现实的全面渗透",机械复制的艺术"展现了……现实的一个层面",这一层面是根据至今尚未被注意到的"新规律"构建的,就像在"弗洛伊德理论"之前,"口误……被忽略一样"②与海德格尔的修辞相呼应,我们可以说,

---

① Heidegger, *Origin*, 352, 357. Heidegger, *Ursprung*, 40-1, 81. 此处部分中译参考海德格尔著,《海德格尔诗学文集》,成穷、余虹、作虹译,华中师范大学出版社,1992年,第37页。——译者注)

② Walter Benjamin, "The Work of Art in the Age of Mechanical Reproduction", in *Aesthetics: A Comprehensive Anthology*, ed. Steven M. Cahn and Aaron Meskin (Oxford: Blackwell, 2008), 335-6.

在表达现实的无意识规律时，艺术让现实成为现实。艺术和现实之间这种表演性的自我指涉的不确定性，在本雅明笔下就被表述为"共产主义"的革命艺术和"法西斯主义"的理想工具之间的"二选一"，后者的"帝国主义战争"最为恰当地体现了"包括战争在内的大众运动构建了一种……特别青睐机械设备的人类行为"。[1]

由于表演性的自我指涉退化到了这类镜像式的颠倒，关乎未来，因此辩证法盛行于法兰克福学派。最终，在阿多诺的否定的辩证法中，正如他在《美学理论》（1970）中所提出的那样，"艺术乃是社会的社会对立面（social antithesis）"，艺术作品"是经验生活的余象（after-images）……因为它们向后者提供其在外部世界中得不到的东西"。[2] 就像马克思学说中的宗教一样，"艺术中……不现实的契机……是对不完善的现状、局限、矛盾及其潜力的一种……回响"（就像

---

[1] Walter Benjamin, "The Work of Art in the Age of Mechanical Reproduction", in *Aesthetics: A Comprehensive Anthology*, ed. Steven M. Cahn and Aaron Meskin (Oxford: Blackwell, 2008), 339, 343 n.31.

[2] Theodor W. Adorno, *Aesthetic Theory*, ed. Gretel Adorno and Rolf Tiedemann, trans. C. Lenhardt (London: Routledge, 1984), 11, 6.（此处中译参照阿多诺著，《美学理论》，王柯平译，四川人民出版社，1998年，第13、7页。——译者注）

"美好生活之梦"，"……唤起否定性，即那种从中挤压出此类梦想的否定性"），所以"艺术作品不撒谎，其所言均是真情"，展现"现实中尚未解决的对抗性，（将其视作）内在的艺术形式问题"。① 据此，凝神观照的"无利害"的世俗热情和艺术相对照起来，这揭示了"艺术作品……是在利害关系与无利害关系的辩证法中展开"，并且"强调了艺术……拒绝玩弄世俗游戏的……姿态"，而自功利主义以来，世俗游戏便是一种"蛮横的自我利害意识"（brutal self-interest）。②

然而，如果说阿多诺将卡夫卡作为现代主义文学的典范，那是因为在当时，艺术已然意识到实用主义的神话已经消亡。在引出"真实的焦虑反应"过程中，现代主义使欲望能在艺术中保留下来，因为任何"心灵防御……都和欲望（而非康德式的无利害）有着更多的共通之处"③。从那以后，正如后现代艺术所再次证实的

---

① Theodor W. Adorno, *Aesthetic Theory*, ed. Gretel Adorno and Rolf Tiedemann, trans. C. Lenhardt (London: Routledge, 1984), 10, 17, 8.（此处中译参照［德］阿多诺著，《美学理论》，王柯平译，四川人民出版社，1998年，第12、20、9页。——译者注）

② Ibid., 17.（此处中译参照［德］阿多诺著，《美学理论》，王柯平译，四川人民出版社，1998年，第21页。——译者注）

③ Ibid., 18.

那样，欲望和利益才是资本主义生产模式真正负面的"余像"（after-image）。对于被实用主义和个人主义洗脑的人来说，我们可以想象我们是根据自己的利益和欲望行事的，但正如黑格尔所认识到的，我们实际上是现存"历史精神"的棋子，剩余价值的积累。更糟糕的是，根据表演性的自我指涉性，剩余价值并不是一种从外部强加于人的明晰的东西，而是对我们自身（精神、经济和技术维度）潜意识的一种调制，无论它有多么扭曲。

亦可参照： 判断力；上帝死了；真理

上帝死了

绝对的开端让我们无法说出这个词的确切含义。
但这却是人类最不能承受的。
——汉斯·布鲁门伯格

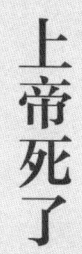

希尔克-玛丽亚·魏内克（Silke-Maria Weineck），密歇根大学比较文学系主任、德国研究和比较文学系教授。

"上帝死了"是尼采说的。可以肯定的是,其他人(如,黑格尔、海涅)在他之前也说过,但正是尼采的表述使这个说法获得了鲜明的生动性。可以说,这句话无所不在,纵览西方哲学史,这是独一无二的(在哲学史上,还有哪一句话被潦草地涂在美国高速公路旁的巨幅广告牌上?)。但是,正因为这个原因或者一些更为复杂的原因,它仍是一个神秘莫测的话题。它对美学的影响是通过伦理学和认识论来促成的,尽管对这句话最明显的误读也产生了积极的产物,但我们应该花一些时间来理解它未明确的内容。

用尼尔斯·玻尔(Niels Bohr)[①]的话来说,好想法的反面是不好的想法,但一个伟大想法的对立面将是另一个伟大的想法。玻尔这个说法最典型的例子就是上帝,"上帝存在"和"上帝死了"一样伟大。两者都源源不断地产生不同的认识论、经验结构、人类暴力的形式和人类创造的形式,最终,在所有这些微妙的差别都逐步展现之后,尼采之前可供选择的范围也便呈现了

---

① Paul Dirac, "The Versatility of Niels Bohr", in S. Rozental, *Niels Bohr: His Life and Work as Seen by His Friends and Colleagues* (New York: John Wiley, 1967), 309.

出来。

　　然而,"上帝死了"否认了其对立面的存在;可以说,不管哪一方都反对其对立面的存在。对无神论而言,上帝不可能存在;对所有影响力深远的一神论而言,尤其是自然神论而言,上帝不会死。因此,这种与西方有神论和无神论都完全不相容的死亡,它所标示的不仅仅是一种虽断断续续、但仍逐步发展的世俗化的社会历史进程,尽管事实上这一死亡常常被简化为如此。"当然,尼采(Nietzsche)意识到,讨论一种从未存在之物的死亡,这本身就是一种范畴谬误,"埃里克·冯·德·卢夫特(Eric von der Luft)就此类典型的误解郑重其事地说道,"由此,我们必须区分上帝之死本身和上帝因我们而死这两种不同的情况,或者说是上帝自身的死亡和我们对上帝信仰的消亡这两者。①"然而,人们不会这样做。这种区分恰恰就是尼采所规避的,或者更确切地说,这一区分早已在其哲学铁锤下被击得粉碎。但可以肯定的是,尽管已成碎片,却仍在流

---

① Eric von der Luft, "Sources of Nietzsche's 'God is Dead!' and its Meaning for Heidegger", *Journal of the History of Ideas*, 45 (2) (April – June, 1984): 270.

传。而正值如日中天之际，物体自不会再投下柯尼斯堡式的苍白阴影。①

在思考"上帝之死"究竟在多大程度上属于"德意志美学的基础概念"之前，我们必须考量它是否可以成为一个概念，或者说其核心要义可能并不具备概念性。去假设不朽者的死亡，这是对非矛盾律、"哲学的前提条件以及理性话语基础"②的公然违背，并带着幸灾乐祸的味道；由此，这改变了艺术，即在上述那种释放性的、可怕的侵犯中改变了艺术。悖论修辞在此不只是一种文体手法；它是一项计划，是对西方哲学核心要素的蓄意攻击。在这个过程中，尼采将这具神圣遗体的形象从沉重的反讽中解放了出来，这沉重的反讽使海因里希·海涅的《论德国宗教和哲学的历史》一书不堪重负。尼采对海涅的这部著作非常熟悉、钦佩，并且他为了建构自己的历史而随心所欲地拆用该作。尼采著作《快乐的科学》（*Gay Science*）第125条——毫

---

① Friedrich Nietzsche, *Sämtliche Werke: Kritische Studienausgabe* (=KSA), 15 vols, ed. Giorgio Colli and Mazzino Montinari (Berlin: de Gruyter, 1967-77). See *Götzendämmerung*: KSA 6:81.

② Allon Bloom, *The Republic of Plato*, trans. Allan Bloom (New York: Basic Books, 1991), 457 n.25.

无疑问，这是尼采关于上帝之死的权威文本——从海涅那里借用了灯笼、腐臭、宇宙意象，甚至是关于疯子的比喻，但常被不准确地翻译为"疯子"的"Der tolle Mensch"（异乎寻常的人）却几乎无视康德的存在；而在海涅那里，康德是其靶子。可见，尼采的著作有着更为深远、更为深刻的旨归。

为了理解这里所说的正在死亡的东西，也包括可能正在诞生的东西，我们需要更进一步地研究文本，而不应将其简化为一个华丽的短语。其标题或许便是一个不错的切入点，因为"toll"这个词指的并非一般意义上的疯狂：它是狂躁且气势汹汹的，从身心的维度来说，它是"狂犬病"的同义词；这个人就像疯狗一样疯狂，因此很危险。如果说这种疯狂模式有原型，哪怕并不完全恰当，那就好比是羊群中的埃阿斯，或者是将妻子的胸针扎入自己双眼的俄狄浦斯。换句话说，这里的疯子不单单是文学人物，而且是神话人物，正因如此，它可以在某个特定但不确定且反复出现的时点上起作用。汉斯·布鲁门伯格（Hans Blumenberg）以其一贯的精准强调了如下观点：

尼采对神话的亲和力源于这样一个事实，即真理的标准对他来说已经成了问题……尼采并没有简单地否定神学，他并未采纳品性的视角，而是通过给上帝编了一个故事来改变之，这个故事的结局是点睛之笔。他利用了神话学家在形式上的自由，并将其转移到了《圣经》中的上帝身上（这便是其悖论修辞遭人诟病之处），尽管上帝已经进入了历史（Geschichte），但他却经受不住故事（Geschichten）的形式。①

正是在其形式的自由（而非其虚构性）中，神话体现出了它先于"对真理的义务"这一特征（虚构类要比神话类年轻太多），而真理则将其自身扎根于非矛盾律的原则之中。②布鲁门伯格强调，这段文字形式的（即美学的）品质远不只是为了哲学的目的恢复文学的可能性——毕竟，抛开笛卡儿的否认不谈，哲学从未与叙事、比喻失去联系。然而，像尼采的许多读者一样，布

---

① Hans Blumenberg, "Wirklichkeitsbegriff und Wirkungspotential des Mythos (1971)", *Aesthetische und Metaphorologische Schriften* (Frankfurt am Main: Suhrkamp, 2001), 352.（此处翻译根据本文作者的英文自译而译出。——译者注。）

② Ibid., 352.

鲁门伯格往往忽视了说话者的问题，这里的说话者并不是尼采，而看起来却更像是一位古老的哲学家。为什么传递尼采话的人如此疯狂？为什么他们听起来像是这类人，即在公园里强行拉着你，瞪大眼睛，滔滔不绝地讲他们所急切洞察到的对自我、时间和其他事物的本质？

这里是开篇：

> 你有没有听说过那个疯狂的人在明亮的早晨点着灯笼，跑到集市上，不停地哭喊着："我在寻找上帝！我在寻找上帝！"当许多不相信上帝的人站在一起时，他引来了极大的嘲笑声。但是他真的不合时宜吗？其中一个说。他像孩子一样迷路了吗？另一个人说。或者他只是在躲藏？他害怕我们吗？他上船了吗？迁走了？——于是他们一起又喊又笑。①

这个人可能疯了，但无神论者才是愚蠢的。像尼采的许多读者一样，他们相信这是一个深思熟虑的信仰问题，"不相信上帝"将会抹去上帝的存在，而他们的

---

① Nietzsche, KSA, 3:480.（此处中译为本书译者根据本文作者英译所翻译的。——译者注。）

世界将保持完好。然而在此,无神论并不是重点,无神论者只是无神论盛行时不解的旁观者。在疯子的独白之后,我们对他们知道的不多,只知道他们"默默地站着,以疏远(befremdet)的眼光凝视着他"。①

然而,无神论者的这种疏离感首先是他们对自己和所处时代(即杀死上帝的时代)的疏离:"这个骇人听闻的事件仍在路上徘徊——人类尚未听闻。闪电的光亮和星星之光传到人的眼睛需要时间,雷声传到人的耳朵需要时间;而行动,即便是在完成之后,要让人们看到、听到也是需要时间的。这个行动距离他们比最远的星星还要远——然而他们却自己承担了。"②

这些语句揭示了历史时间、人类行动和人类记录的时间只是尼采的关注点之一,尽管他经常对所有不顾历史背景的哲学嗤之以鼻。然而在此,如果历史时间可以如此轻而易举地融入宇宙时间,那正是因为这两者之间的区别曾是以神学为根基的,而现在这已站不住脚了。可见,上帝之死既是一个历史事件(正因如此,这属于

---

① Nietzsche, KSA, 3: 480.
② Ibid., 3: 480.

现代性和最后的人），又是一种完全不同的东西，它照亮了（尽管可能是大中午的灯笼那看不见的光）一种现实的本质，这种现实并未区分"自在"和"他为"。就这样，它清除了延续了一个世纪的自欺的唯物主义。

然而，这种区别对于人类行为而言是如此根本、如此至关重要，以至于理性的语言（即便是在尼采最疯狂的时候，他自己也会用到这样的语言，或者说尤其是在这种情况下，他才会说出这样的语言）无法描述它。尼采给我们塑造了一个带着明显宗教腔调、讲起话来抑扬顿挫的疯子。这个疯子关于真理的主张在形式上根植于神圣迷狂的传统①，因为在某种程度上，"上帝之死"只能在冒犯中得以表达——因为表达本身或者说表征结构仍然依赖于这样的一种观念，即符号的意义是可以被固定的。狭义地说，这对于所有神学论证来说都是正确的，从阿奎那到笛卡儿及以后的人，他们都假设了"知与物的对应"（adaequatio intellectus et rei），这种关于心灵和现实的对应关系是扎根于神圣世界中的。我们有充分的理由认为，至少是从哲学的目的来看，康德的

---

① Silke-Maria Weineck, *The Abyss Above. Philosophy and Poetic Madness in Plato,* Hoelderlin and Nietzsche (Albany: SUNY, 2002), 113ff.

《纯粹理性批判》最终摒弃了这一传统。但对于大多数认为自身已经摆脱了传统形而上学信条的现代思想来说,这也是事实,尽管可能不太明显。戈特霍尔德·埃夫莱姆·莱辛的伟大格言——"嘲笑自己的枷锁并不意味着自由"——适用于所有这样的旁观者,即认为只要不相信上帝就能摆脱之。

笼罩在《快乐的科学》第125章之上的巨大威胁和希望在尼采著作《偶像的黄昏》"'真实的世界'最终如何变成了寓言:一个错误的历史"这一章中就已被清晰阐释。当然,在这里,问题的关键不是上帝,而是一个"真实世界"的概念,它生成了表象的世界;但海德格尔破天荒地将形而上学之死解读为尼采的上帝之死,这是完全正确的(在海德格尔著作中多处出现)。在其杰作中,尼采甚至都没有去假装公正地对待其主题,他带领我们纵览了柏拉图("只有智者才能达到真实世界")、基督教("现在无法达到,但承诺……'悔过的罪人'可以达到")、康德("无法达到,无法证明,无法承诺,但即使作为一种思想也是一种安慰、一种义务、一种紧要之事")、实证主义("确实无法达到,也便无从知晓。因此不安慰、不救赎、不强制")

以及他自己早期的作品（"一个无用、多余的观念，因此是一个被驳斥的观念"）。在上述五段之后，转折点出现在了第六阶段："我们废除了真实的世界：剩下哪个世界？也许是表象世界？……但不！随着真实世界的废除，我们也废除了表象世界。"这既是我们所读到的"阴影最短的时刻，人类的最高点"，也是查拉图斯特拉进入的时刻。①

《快乐的科学》中也说是中午，但这可能是一种不同的历史，或者更站得住脚的说法是，《偶像的黄昏》讲述的是关于未来的历史。表象世界的终结（即与存在相区别的表象的终结，稍作变动，此处的存在是构成大多数表象范式的根基）尚未到来，人类尚未达到巅峰，超级人（the meta-human）（避免使用已无可救药地受到侵染的"超人"一词）与最遥远的星星一样遥远。这个超级人，其经验、认知以及创造的模式将会和谋杀上帝相称，他几乎无法用只是宗教和形而上学二元论历史中沉淀下来的语言来表达。

因此，眼下上帝非但没有死亡，而且他是不死的，

---

① Nietzsche, KSA 6: 81.

前提是我们在这个说法中听到了矛盾对立因素不可思议的同时性，这也是弗洛伊德在1910年写作《原始词汇的悖反意义》（*Ueber den Gegensinn der Urworte*）一文时令他如此着迷之处。大多数读者在阅读《快乐的科学》第125章时所关注的是这里已预示的道德和价值的危机，但随上帝一起死去的不是善恶的仲裁者，而是对这种仲裁的终极异常性的假设。正如20世纪的历史所显示的那样，取代宗教价值体系的替代品是很容易找到的，而将上帝之死与法西斯主义的兴起混为一谈是极其愚蠢的；根据尼采的说法，法西斯主义是一个极其死板且虚伪的形而上学体系。

总的来说，上帝作为超验的"能指"，很好地（也许是最好地）发挥了其作用，当其超越了一切确定的功能而无所指的时候，上帝的作用便是阻止推卸责任的发生，而从这个意义上来说，我们将一个结构的中心称为上帝或其他任何名称（比如，性别、科学、政治、艺术、资本或人类）都是完全无关紧要的。在其严格的悖论意义上，上帝之死对于所有逻各斯来说仍是不堪设想的，正如德里达在他那篇论述"结构、符号和游戏"的经典论文中所阐述的那样。该文是对尼采所提出的上帝之死所展开的最深刻的论战之一。[①]弗洛伊德提出的解决方案（承认否定的终结，但将其归于潜意识，从而我们得以继续言说）可能是迄今为止最高明的策略，既向尼采所命名的事件致敬，又预先阻止了这个事件的发生，但精神分析学在骨子里也仍然不假思索地依赖于不死的上帝。

在某种意义上，所有这些对于美学而言显然是不利的。因为这个术语意味着把艺术理解为人类活动的一种优越的形式，尽管这一观点被接受也需要一个过程（它在莫里斯·韦茨（Morris Weitz）的论文《理论在美学中的作用》中才开始勉强得到承认，该文于1956年提出，美学"最重要的主张，即'艺术'可以接受真实的或任何一种准确的定义，这是错误的"[②]）。

无可否认，19世纪70年代，在叔本华和瓦格纳的影响下，尼采仍然可以将艺术视为解决形而上学问题的方法：

[①] Jacques Derrida, "Structure, Sign, and Play in the Discourse of the Human Sciences", in *Writing and Difference, trans. Alan Bass* (London: Routledge, 1978), 278-94.

[②] Morris Weitz, "The Role of Theory in Aesthetics", *The Journal of Aesthetics and Art Criticism 15* (1) (September 1956): 28.

因为科学领域的四周有无数的点,既然无法设想有一天能够彻底测量这个领域,那么,贤智之士未到人生的中途,就必然遇到圆周边缘的点,在那里怅然凝视一片迷茫。当他惊恐地看到,逻辑如何在这界限上绕着自己兜圈子,终于咬住自己的尾巴,这时便有一种新型的认识脱颖而出,即悲剧的认识,仅仅为了能够忍受,它也需要艺术的保护和治疗。①

然而,10年后,当《快乐的科学》写出来以后,尼采对诗人们也失去了信心,尽管他将长期和他自己在《悲剧的诞生》附言中所抨击的令人尴尬的浪漫主义立场联系在一起。②当然,他仍然对"非真实"(un-truth)强大的复元力保有兴趣,但他思考的重心已经从复兴艺术转向了革新哲学,确切而言是在否认神话和逻各斯之间存在区别的情况下革新哲学:"为什么牵连着我们的世界不会是

---

① Nietzsche, *Birth of Tragedy*, KSA 1: 101.(此处中译参照尼采著,《悲剧的诞生》,周国平译,译林出版社,2014年,第72-73页。——译者注。

② Ibid., 1: 21.

虚构的呢？凡是提出'作者会不会也属于虚构世界的一部分？'这个问题的人，是否会被反问为什么？甚至这里说的'属于'会不会也是虚构的？"①

如果上帝之死对美学来说是个坏消息，那么对艺术来说至少有可能是个好消息，即使大多数的艺术从业者并不知道，填补上帝之死所造成的空白已成为一个不可能实现的奢望。就主题而言，上帝之死在诸如德国表现主义的弑父文学中逐步呈现，或者在卡夫卡的作品中更为模棱两可地体现了出来。它深刻地影响了法兰克福学派的美学，特别是阿多诺对否定的辩证法的阐述（尽管阿多诺和尼采那严厉的反辩证法的长篇大论保持着距离），它贯穿于法国存在主义，并且（尽管有时以变形曲解的方式）在所有谋求解放的方案中都得到了回应。这些方案极具讽刺性地认为，尼采鲜明的反基础主义可以构成他们各自理论主张的根基。

虽然艺术已经成为权力意志的另一种表现形式，既没有根基，也不固定，但尼采对西方历史的抨击在形式上也终将是富有成效的。认为尼采的宣言肯定是在多元

---

① Nietzsche, *Beyond Good and Evil*, KSA 5:54.

因素影响下所形成的具有决定性的发展力量,这种看法是相当不切实际的;但我们仍然可以用尼采的术语来思考其中一些问题。他对表面表象的赞美,是他鄙视深奥的形而上学的必然结果("勇敢地停留在表面、褶层、皮肤之上,热爱表象,信赖形式、音调和词语"[①]);可以肯定,这至少和很多20世纪艺术最伟大的形式实验是深度融合的。

更为重要的是,或许上帝之死标志着理想观众的终结——人类发明上帝,也是发明了一个反过来创造人类并凝视着其作品的上帝。

因此,艺术既不能宣称拥有本质(本质已经不存在),也不能面向永恒(不朽已经死去),因此两次失去了全盘一体化的视角。所有这一切以各种不同的,常常是大相径庭的方式发生,其中有一些即是本书随后的文章要探讨的主题。但值得注意的是,一些最杰出的作品将会显露出对尼采见解的反抗。乔治·斯坦纳(George Steiner)断言,"未来,在一个世俗的不可知论几乎令人不可忍受的时代中,将世界重新神话化可被

---

① Nietzsche, *Gay Science*, KSA 3: 352.

视为对时代精神的界定"①；我们绝不能在这一观点的基础上去承认被尼采轻蔑地称为"对确定性的需求……对信仰的需求"②不仅产生了20世纪最大的一些暴行，也产生了一些令人惊叹的成就。

这并不会让尼采感到惊讶。用布鲁门伯格（Blumenberg）的话来说："尼采讲述着一个持续存在的历史之神的故事。③"他的疯子不仅告诉我们，我们的历史永远只能是不死之神的历史；而且他自己也走进了大市集，去寻找他将宣布死去的那个神。

亦可参照：艺术的终结；价值；真理

---

① George Steiner, *Real Presences* (Chicago University Press 1989), 221.
② Nietzsche, KSA 3: 581-2.
③ Blumenberg, "Wirklichkeitsbegriff und Wirkungspotential des Mythos (1971)", 351.

悲剧/悲悼剧

伊恩·巴尔福（Ian Balfour），约克大学英语系教授。

悲剧观和悲剧传统给整个20世纪戏剧的诸多方面都产生了影响，然而，已几乎不可能再写出真正的悲剧，也写不出与这一体裁的盛世和重要地区（诸如古希腊雅典、伊丽莎白和詹姆斯一世时期的英格兰，以及拉辛和卡尔德隆时期的法国和西班牙的黄金时代）的代表作有着强烈家族相似性的悲剧作品。悲剧在20世纪仍然具有很高的批评和理论声望，即使悲剧的黄金时代早已过去，它仍是文学创作者不容忽视的一股力量。在20世纪上半叶，布莱希特尤其将自己的作品同亚里士多德的观念及传统区别开来；而这种观念和传统曾将《俄狄浦斯王》认定为一部能够打动观众并具有完美逻辑意义的戏剧典范。当布莱希特最为直接地深入悲剧艺术时，即在他对《安提戈涅》《科利奥兰纳斯》和马洛的《爱德华二世》进行改写转化后，这些作品的悲剧性便大大减弱。尽管情节的轮廓基本保持不变，但却有一种倾向，即在使英雄们失去英雄色彩的同时，也排空了悲剧的悲怆感染力。《伽利略传》中有这样一句话："需要英雄的国家真不幸。"[1]布莱希特在其《戏剧小工具篇》中

---

[1] Bertolt Brecht, *The Life of Galileo,* trans. John Willet (New York and London: Penguin, 2008), 95.

概述了这一观点，即对个体英雄的关注的确是莎士比亚（历史）戏剧的短板之一，而这是必须克服的。像在他之后的海纳·穆勒（Heiner Müller）一样，布莱希特会改写古代和早期现代的悲剧，使得它们以不再"实际"的时代素材来面对和蔑视自身所处的时代，尤其是迫使人们认为当下具有一种不确定的历史性。与其说是粗制滥造的思想，不如说是粗制滥造的写作。

在20世纪下半叶，海纳·穆勒与悲剧的关系同时呈现出两种极端：一方面，无处不在的悲剧贯穿于其作品；另一方面，其作品在后悲剧时代被重塑的悲剧中又显得很普通，既远离叔本华式世界观那形而上学的忧郁，又疏离于歌德和席勒那格外达观的悲剧（通常以"快乐"或宁静结尾）。穆勒反反复复在经典悲剧中"翻箱倒柜"，转译、改编、肢解、提炼、删改：从《美狄亚》到《俄狄浦斯王》，从《菲洛克忒忒斯》再到莎士比亚的多部悲剧（《麦克白》《泰特斯·安特洛尼克斯》）等。穆勒对悲剧的态度和布莱希特一样漫不经心：他对流传于世的经典杰作没有丝毫的崇敬（在这一点上，他和阿尔托很接近）。但穆勒对待悲剧远比布莱希特更为严肃，至少是以反对者的身份进行论争。

从他青少年时代初读《哈姆雷特》起，用他自己的话来说，便对这部作品及其主人公"着迷"。①他对这部戏的热爱不仅仅体现在对该作的翻译上，更体现在他写了《哈姆雷特机器》这部作品（也许算得上是他最引人注目的成就了），这是对原作戏剧中的主题和角色的一种近乎荒谬的还原，在迥然相异的独白中将原作和这些风马牛不相及的引言（从毛泽东到马克思再到赫尔德林）和剧中人物说的日常生活直白浅陋的语言（而非悲剧典型的高雅或华丽的词句）拼凑在了一起。穆勒的意图无疑是俄狄浦斯式的：他力图"摧毁"哈姆雷特/《哈姆雷特》。②如果穆勒认为悲剧是完全有可能存在的，那么它就是以"无产阶级"悲剧的方式存在的：对旧悲剧形式的抵抗在一定程度上是政治的。穆勒通过破除意义的限制，一方面改变悲剧高高在上的正典性，另一方面也改变了布莱希特在后悲剧发展脉络中过于道德化的寓言：即首先抵制的便是意义。其剧作中有些可被称为"怪诞悲剧"，重组了悲剧主题，却未赋予它们以悲剧

---

① Heiner Müler, *Germania,* trans. Bernard and Caroline Schütze (New York: Semiotexte, 1990), 55.

② Ibid., 55.

意义。当回溯到索福克勒斯时,他在一定程度上通过赫尔德林的"过滤"(布莱希特也是这么做的),即在这位诗人的翻译中保留了那些在德语语法和意义上无法直译的部分。俄狄浦斯已不再是悲剧的典范了,正如穆勒所认为的:"……在即将到来的俄瑞斯忒斯和厄勒克特拉的时代中,俄狄浦斯将成为一出喜剧。"①这也许是因为尽管充溢着恐怖色彩,但以俄狄浦斯之名来命名的剧恰恰是以俄狄浦斯的幸存(而非俄狄浦斯之死)来传达一种超越纯粹感官的更为卓越的知识(这也许正是哲学家亚里士多德将其推崇为悲剧这一文体的典范之作的原因之一)。结局好,则样样好。通过改造前辈的做法,穆勒在悲剧中加入了历史性的因素来进行干预。他根据卡尔·施米特在《哈姆雷特或赫库芭》中提出的观点,将悲剧理解为"历史侵入戏剧"(Einbruch der Zeit in das Spiel)。如果《哈姆雷特》中的时间错乱,那么《哈姆雷特机器》中的时间错乱就更加严重,而穆勒的许多其他激进译作也是如此。

如果说悲剧在实际的戏剧艺术和剧场中的再生是不

---

① Heiner Müler, *A Heiner Müler Reader*, ed. and trans. Carl Weber (Baltimore, MD: John Hopkins University Press, 2001), 51.

明确的，那么它在理论和批评中的生命力则更加强健。不管是从哲学的角度看，还是从广义"理论"的角度来看，悲剧从来都不只是一种文类这么简单：它是最能引发哲学关注的文学类型，从柏拉图早期痴迷于此（一开始进行悲剧创作，但最终焚毁其悲剧手稿），到亚里士多德将其提升为文学类型的典范，再到黑格尔将悲剧情节融入对社会变革的哲学分析并将之视为重要内容。德国哲学尤其钟爱悲剧这一文类。悲剧是研究谢林、叔本华以及其他哲学家的最为重要的文学模式，甚至可以说只有通过悲剧这种文类才能真正探究他们的思想——彼得·松迪（Peter Szondi）将这一传统的独特性睿智犀利地揭示了出来。[1]悲剧在古典语文学中也获得了蓬勃发展，是这个领域关注的首要对象。而古典语文学这一学科在德意志的发展独领风骚。如果要探寻19世纪末20世纪初从古典语文学维度对悲剧的阐释，那么首推乌尔里希·冯·维拉莫维茨-莫伦多夫（Ulrich von Wilamowitz-Moellendorff）和卡尔·莱因哈特（Karl Reinhardt）等

---

[1] Peter Szondi, *Essay on Tragic*, trans. Paul Fleming (Stanford, CA: Stanford University Press, 2002).

人的研究。①然而,在这一时期,两部最能引发共鸣、最具启示性的文本,都居于哲学和古典语文学之间,分别是尼采的《悲剧的诞生》(1872)以及沃尔特·本雅明的《德意志悲苦剧的起源》(1928)。前者的影响力甚至远超学术界,对文化生产和思想都产生了深远的影响;后者是一部对文学极端性所展开的极致研究。

当年轻的古典学教授尼采将悲剧作为其首部著作的主题时,他不会囿于初兴的古典语文学学科规范。鉴于其严格的证据规范以及刻意和研究对象保持的距离关系,《悲剧的诞生》对当时主流的古典语文学来说几乎是最具挑衅性的。尼采反复强调其主张,世界"只有作为一种审美现象时才是合理的"②,这句口号概述了他试图撕去文化所标榜的道德、撕去话语的道德之维(主要是基督教所宣扬的道德)、撕去各种伪饰;显然,尼采不仅想要其大众读者(自鸣得意的中产阶级)感到不

---

① Ulrich von Wilamowitz-Moellendorff, *Einleitung in die griechische Tragödie* (Berlin: Eeidmann, 1907). Karl Reinhardt, *Tradition und Geist. Gesammelte Essays zur Dichtung* (Göttingen: Vandenhoeck & Ruprecht, 1960).

② Friedrich Nietzsche, *The Birth of Tragedy and other Writings* (Cambridge: Cambridge Univrsity Press, 1999), 8.

安，而且也一心想要其学术读者感到不安，质疑"科学"（德语Wissenschaft，是指有序的知识，不仅仅是一般理解的"科学"）之伟业。回顾起来，即使尼采也会称之为一部"不可能的"书①，但不会改变其主要观点。

在尼采看来，悲剧关乎人类存在的重要意义：其成本很高，对它的思考亦是如此。正如马克思所指出的，古代（尤其是古希腊及其艺术）仍是未完成的。为复兴和重塑古希腊悲剧付出巨大辛劳的席勒和歌德，他们的范例在德国的很多戏迷和读者心中仍是新颖的。并且根据尼采的说法，雅典悲剧在理查德·瓦格纳（初识瓦格纳时，尼采年仅24岁，是一位初出茅庐的古典主义学者）的音乐剧中正经历着一次姗姗来迟的再创造。

《悲剧的诞生》并未采用尼采在其他地方所称赞的古典语文学的细读或慢读的形式，也并未采用这一阶段他在关于《奠酒人》的讲座和研讨会上所用的形式。它是一部涉猎面广泛的探讨文化批评的作品，旨在阐明悲剧背后的伟大驱动力、其纲领性的结构特征（合唱、

---

① Friedrich Nietzsche, *The Birth of Tragedy and other Writings* (Cambridge: Cambridge Univrsity Press, 1999), 5.

半人半兽的羊人、演员、观众、开场白等），以及它在典型的观众中的接受情况，几乎总是着眼于和他所处的现代德国以及欧洲文化产生共鸣。尼采将悲剧描绘为两股强大力量的产物：一种是给予个体性、可理解性和形式原则的日神；另一种是酒神，即能够摧毁自我、抛却自我的那种原始的、狂热的、无秩序的力量。尼采的笔墨显然偏重酒神，偏重在原始意志的作用下个体迷狂的超越性。尽管很多表述强调了日神和酒神在悲剧中的共存和交织，尤其是那些以命题形式出现的表述，例如，"日神无法脱离酒神而存在"[1]，或者"……我们直观地把握到了这两者相互依存、交互的必然性"[2]。但这种平衡在实践中变化，并且随着时间的变迁而改变。如果酒神居于悲剧起源的位置，那么，它在埃斯库罗斯、索福克勒斯作品中出现得要比在欧里庇得斯作品中多得多，尽管欧里庇得斯被公认为是《酒神的女祭司》的作者。这是他流传于世的最后一个剧本，也可以说是最为明显的酒神式悲剧。尼采坚定地认为，酒神狄

---

[1] Friedrich Nietzsche, *The Birth of Tragedy and other Writings* (Cambridge: Cambridge Univrsity Press, 1999), 27.

[2] Ibid., 26.

奥尼索斯在所有悲剧中都存在：俄狄浦斯和普罗米修斯即是这种类型的起源神。而当悲剧最直接地去表现酒神狄奥尼索斯时，悖谬便出现了；在《酒神的女祭司》中，悲剧这种文体被背弃了，可能是因为酒神狄奥尼索斯明确现身，而且是以知识的模式而不是以智慧的模式出现的。尼采揭示了欧里庇得斯剧作中非酒神式知识的不良倾向，这种诊断并不是基于古希腊悲剧三大家中最后一位的主题偏好，而是依据纯粹的形式问题而言的，尤其是在率先阐明要点的序言以及由神助力的结局中（不仅限于欧里庇得斯）。尽管这本书的标题宣告了它是关于悲剧诞生的，但尼采同样关注它在古希腊文化中的发展和终点：悲剧在欧里庇得斯和他的哲学同道苏格拉底手中衰落并最终崩溃，原因在于他们使悲剧承担了过多的理论重担、过重的知识重担——这便是那个虚弱无力的座右铭"认识你自己"。同样致命的是，欧里庇得斯的悲剧疏离了合唱，而合唱才是悲剧真正的核心所在；也疏离了整体性的感觉和表演，因为合唱本身是一个集体，且谋求一种集体性，是一个不以主观"我"的方式发言的公众（在一篇最初和音乐密切相关的抒情诗的附录中，尼采阐释了为何这里的"我"只具有表面的主观性，并且论证了一个主观的艺术家根本就不是真正的艺术家。）。即使一个接一个地增加演员，即使戴着有固定"表情"的面具，也只会加速推进这一文类渐趋个体化，且逐步走向（日神式）解体；而从一个积极的角度来看，这即是悲剧这一文体的发展。所有这些变化不仅导致了悲剧的死亡，而且导致了悲剧的"自我毁灭"。[①]至此，显然，相较于学术批评标准，尼采更明确地关注对各种各样具体的悲剧以及各悲剧家的判断，他几乎不会满足于以冷静的历史眼光来描述或看待事物。

尼采的文本常常具有历史的外观：诞生、起源、首先、然后等。结局亦是一个终极目的（telos）。从任何一个角度来看，这听起来给人的感觉像是欧里庇得斯戏剧的溃败和哲学家苏格拉底有着密切的联系；这发生在索福克勒斯之后，而索福克勒斯（前496—前404）和欧里庇得斯（前480—前406）生活的年代有很大的重叠。尽管索福克勒斯早于欧里庇得斯开始创作悲剧，但将欧里庇得斯明确置于索福克勒斯之后从而将其视为悲

[①] Friedrich Nietzsche, *The Birth of Tragedy and other Writings* (Cambridge: Cambridge Univrsity Press, 1999), 54.

剧的"终结",这种观点存在着一定的误导。但这样讲起来更好听,或者至少提供了一种说法,尽管欧里庇得斯的最后一部剧成了盖棺论定。

这说起来很复杂,特别是因为在这个内容丰富、充满活力的文章中所蕴含的重要范畴极具复杂性,准确地说是一种不稳定性。《悲剧的诞生》开篇似乎想要追踪日神和酒神这两极力量之间的相互作用。尽管尼采通常将日神精神描述甚至批评为一种再现模式(与非模仿的酒神精神相对),但他把珍贵的民间音乐称为"世界的音乐之镜"①,把原始悲剧中更为珍贵的合唱阐释为"酒神主义者的自我镜像"②。即是说,酒神的特征通常是用和日神相关的术语来描述的。同样地,尽管鉴于其幻觉结构,日神精神常被视为浮于表面,但它必然暗藏着深度,这一类型起初似乎与酒神相关,只是"深刻的"酒神往往会消除主体与客体、内部与外部之间的区别,因此,与其说是深刻的,不如说是表面的。

《悲剧的诞生》中即便是最根本的范畴也会给人

---

① Friedrich Nietzsche, *The Birth of Tragedy and other Writings* (Cambridge: Cambridge Univrsity Press, 1999), 33.
② Ibid., 42.

带来眩晕感，这种眩晕延伸到了该作的阐释力，并对之产生了影响。人们会认为该作想要讲述悲剧的真相，其中许多陈述都是以这种模式展开的，但它同时（或交替间隔地）也是一个张扬的"自我"的狂热表演，几乎没有掩饰其主观、非普遍的立场（这个立场的基石在知识之外）。该作试图演示它尚未完全陈述的论点，即在审美领域中，主观和客观的范畴并不相关；而唯有在审美领域中世界才可被证明是合理的。因此，《悲剧的诞生》正是以其写作将自身确定为一种表演，与悲剧的起源保持一致，且同时和稍稍年长的同代人理查德·瓦格纳的音乐剧相一致，后者崇高的、非模仿的作品总是游走于再现的极限，甚至超越了这种极限（尼采后来改变了对瓦格纳的看法，认为其歌剧走向了古希腊文化的对立面。）。

本雅明欣然接受了《悲剧的诞生》中尼采立场的一个重要维度：即历史主义的立场，认为悲剧不可能是一种适用于所有时代、所有地区的文体，也不是对于人类状况的一种惯有的、根本的表达。事实上，悲剧在古希腊有一个有限的起点、中程和终点，在后来的古代和现代（塞内加、莎士比亚、瓦格纳）也有一些复兴。有一种宽泛的人本主义只盯着根本不存在的普遍性；而本雅明认为，上述这种立场便是对这种宽泛的人本主义的一种驳斥。另外，本雅明却认为，尼采第一本书中许多可圈可点之处都因他沉溺于"审美主义的深渊"①而被削弱，这样也就关上了通向另一个领域的大门，而这个领域原本可以和本雅明所主张的历史哲学的方法相符合。一定程度上是在尼采式精神的指引下，本雅明指出，巴洛克悲悼剧和古希腊悲剧几乎没有共同之处，并且这更符合罗森茨威格（Rosenzweig）而非叔本华的观点。如果说"悲悼剧"（Trauerspiel）一词最初是德国本土关于"悲剧"的术语，那么，在本雅明的分析中，它很快便获得了或渴望获得一定的自主性，来指代一种完全不同的文学现象。鉴于德意志戏剧家自身的传统，本雅明所说的悲悼剧绝不限于该单一民族的语言形式，而是构成了西欧巴洛克文化的一种普遍模式。事实上，本雅明将卡尔德隆和莎士比亚视为悲悼剧的大师，而《哈姆雷特》及其忧郁的英雄则是这一文体的典范。

---

① Walter Benjamin, *The Origin of German Tragic Drama*. trans. *John Osborne* (London: Verso, 1977), 103.

当本雅明提到莎士比亚的"悲剧"[①]时,之所以加上引号是因为最能描述这一文类的术语应是"悲悼剧",而不是"悲剧",后者会掩盖这两种模式之间的差异。莎士比亚的出版商本应在标题页写上"《哈姆雷特》,一部五幕悲悼剧"〔四开本的标题页上写的是"悲惨的历史"(The Tragicall Historie)〕,而不是"悲剧"(Tragedy),这在一定程度上符合本雅明的观点)。

如果将巴洛克悲悼剧解释为文艺复兴悲剧(更远一点则是古希腊悲剧)的产物,那么就难以真正领略其神韵。巴洛克悲悼剧具有更为鲜明的反宗教改革和后宗教改革特征(由此也便带有基督教在接受古典文化之后重新复苏的特征),它在很多方面都回归文艺复兴并与中世纪基督教文化相关联;早期的基督受难剧、殉道剧同后期的"哀悼剧"(Trauer-spiel的字面意思)之间的亲缘关系清楚地展示了这一点。例如,莎士比亚的《理查三世》便表明了巴洛克悲悼剧是如何回归中世纪和基督教遗产的(理查作为撒旦,是一个邪恶的角色)。现代悲悼剧很少具有古代悲剧的牺牲逻辑,一个突出的原因

[①] Walter Benjamin, *The Origin of German Tragic Drama. trans. John Osborne* (London: Verso, 1977), 228.

是在巴洛克剧作家共有的阴郁视野中，所有堕落的自然从一开始就是有罪的。而"悲剧英雄"的性格也有明显的不同：本雅明认为，悲悼剧"不了解英雄，也不了解自我，而只识群体"。①

古代悲剧和现代悲悼剧之间最显著的区别可能在于它们各自与历史的关系以及对历史的呈现方式。根据本雅明的观点，悲剧建基于历史传说素材的基础之上，确切地说是神化秩序的基础之上，而悲悼剧更加专注于历史。简而言之，历史生活是悲悼剧的"内容以及真正的对象"。②从积极的方面来看，它是一种综合的形式，甚至是包罗万象的形式：它涉及宇宙学（通过近乎博学的占星术的话语）、国家和王国（通过关于王权的戏剧）；此外，悲悼剧吸收了历史，并呈现为"自然的历史"。③悲悼剧中所展示的历史，并未直接涉及德国历史或传说，往往局限于一些关键人物的阴谋，如君主，这类人物"代表了历史。他像握权杖一样握住了

---

① Walter Benjamin, *The Origin of German Tragic Drama*. trans. *John Osborne* (London: Verso, 1977), 141.
② Ibid., 62.
③ Ibid., 40, 120.

历史的进程"。①但本雅明还可以带着些许夸张地说："巴洛克戏剧只知道阴谋者的腐败能量,而对其他历史活动一无所知。"②而这类事关阴谋的历史活动集中在"密谋者"身上,虽然像莎士比亚笔下的理查三世这样的君主,可以兼备上述两种情况,因为篡位和非法继位在莎士比亚剧作中是广泛存在的。本雅明认为,这些情节发生在这样一个世界中,即"巴洛克作家感觉到自身在方方面面都被一种专制主义体制的观念所束缚,而这样的观念得到了同时接受两方面忏悔的教会的支持"。在这样一种政治-法律的背景下,卡尔·施密特(Carl Schmitt)(本雅明引用了他的观点并做出了回应)对例外状态展开的著名的理论化表述便有着特殊的分量:在某种程度上,君主是在紧急状态下获得了独立,这是一种极端的情形,暴露了利害关系和权力边界,也暴露了君主实际统治的疆域。

悲悼剧往往不会采取古希腊悲剧那精致的写作、辩证的情节,而是呈现出某种过程,它并非严格地遵循三

---

① Walter Benjamin, *The Origin of German Tragic Drama. trans. John Osborne* (London: Verso, 1977), 65.

② Ibid., 88.

部曲的序列，其逻辑有时没有一个接一个地讲述更有说服力，实际上是一个接一个地堆积在"垃圾堆"①中，堆积在持续上演的"灾难"②（即世界历史）中。在这些剧作家笔下，顺序的历史表演奇怪地重复、固定、静止："悲悼剧就是这样，当历史成为其故事背景的一部分，历史也便成了剧本。"③这些戏剧通过语言各层面的暴力姿态来强调并吸引人们关注其写作或剧本：情节、措辞（古语、新词），甚至是字母（名词显眼的大写使得一切都有可能成为讽喻）。由此产生的效果和力量由本雅明总结为："巴洛克语言一直都被其构成要素的反叛气得直哆嗦。"④本雅明指出，语言的秩序与历史有着同源性："渴望一种充满活力的语言风格，其实这就相当于渴望暴力的世界性事件。"⑤

与古代悲剧相比，悲悼剧的结构也有所不同，因为它充斥着讽喻的框架，而巴洛克时期的很多作品都将讽

---

① Walter Benjamin, *The Origin of German Tragic Drama. trans. John Osborne* (London: Verso, 1977), 139.
② Ibid., 66.
③ Ibid., 177.
④ Ibid., 207.
⑤ Ibid., 55.

喻视为一种特许的且默认的表现方式。在本雅明那影响力深远的阐释下，讽喻这种暴力的、专制的话语模式，最适合表现悲悼剧对悲悯与死亡的偏好，这在表演中对应着舞台道具和有形的尸体。这些都促使人们陷入对主角（如哈姆雷特）的沉思，也为观者或评论者营建了同样的情形，他们需要"停下来喘口气"[1]才能进行批评以真正完成作品，本雅明令人震撼地将此称为"损毁"（mortification）。[2]而剩下的，便是历史了。

亦可参照：美；艺术的终结；讽喻；虚无

---

[1] Walter Benjamin, *The Origin of German Tragic Drama*. trans. John Osborne (London: Verso, 1977), 44.
[2] Ibid., 182.

言说／显示

German Aesthetics
Fundamental Concepts from Baumgarten to Adorno

法比安·戈佩尔斯罗德（Fabian Goppelsröder），芝加哥大学日耳曼语系研究员。

在过去的几十年里，感知和图像理论在德国美学话语中日益重要的地位，使"显示"（Zeigen）这个概念获得了全新的声誉和重要价值。在西方哲学传统中，"显示"被限制在眼睛和感官上，起初并没有引起太多注意。正如阿尔弗雷德·诺思·怀特海所说，哲学只是柏拉图的一系列注脚，它显然更重视理性的反思功能，而不是身体的感官能力。哲学关注的是永恒的、非物质的思想领域，而不是历史的、物质的世界。其领域是精确的概念，而不是模糊的感官印象。生理上的感知器官被内在之眼的修辞所把控，能够看到不完美的物质表象背后的理想形式；视觉便转化成了"静观"（theoria），这个希腊词的意思是凝视永恒的神圣，并由此发展成现代意义上的理论概念。即使是亚历山大·戈特利布·鲍姆加登于1750年发表的《美学》也没有真正改变这一趋势。他试图将注意力引向感官这种较低级的认知能力；正是这种能力使得一种属于审美判断的话语也能以其独有的方式把握真正的、完美的知识，而不是非要依靠审美认知。类似地，狂飙突进式的情感美学（Gefühlsästhetik）被古典形式美学和黑格尔的"理念的感性显现"所取代，这两者将内容置于物质表达之上。

据此,"显示"仍然只是理性的附庸。"显示"可以用形象化的方式来说明抽象的数据;它能够将复杂的思想转化为可触摸之物,从而广受欢迎;但流行性也就意味着失去了准确性。就像柏拉图将画视为理念的不完美摹本一样,总体上说,"显示"也成了哲学逻各斯中心主义的牺牲品;而逻各斯中心主义即把理性神化了。

然而,过去100年来的技术和社会变革带来了对视觉的重估。[①]围绕"显示"的哲学论争与这些进展密切相关。在19世纪末,大规模印刷机首次使得图表、绘画和素描成为流行文化中自然而普遍的一部分。吸引人的图像不仅补充了书面文字,甚至超越了它们。为了保持印刷数量走高,不仅信息本身,而且同样重要甚至更为重要的是,其外观也必须激发人们的好奇心。摄影和新的技术复制方式进一步推动了这一趋势。自20世纪50年

---

① 参见Hans Belting, ed., *Bildfragen: Die Bildwissenschaften im Aufbruch* (Munich: Fnk, 2007); Horst Bredekamp, "Bildwissenschaft", in *Metzler Lexikon Kunstwissenschaft* (Stuttgart: Metzler, 2003); Gottfried Boehm, "Bildsinn und Sinnsorgane", in *Neue Hefte für Philosophie 18/19* (1980): 118-32; Boehm, ed., Was ist ein Bild?) (Munich: Fink, 1995); Boehm, *Wie Bilder Sinn Erzeugen. Die Macht des Zeigens* (Berlin University Press, 2007).

代以来，电视等新媒体已经将图像普及到了普通人的客厅。如今，图像几乎渗透到人类文化的所有领域。它们在私人和公共之间流动自如，并且跨越了国界和自然屏障。数字化使得拍照以及图片传播更为便捷。它们可以瞬时从世界的这一头传播到另一头。以前需要几天、几周或几个月，现在只需要短短几秒。

更具体地说，图像在科学领域也获得了新的重要价值。计算机的可能性为人们对世界进行数字化的描述开辟了空间，提升了传统机械模型的复杂性。复杂网络不再仅仅表现，而是基于非线性数学重建现实。这种做法并没有将现实视为一种线性历史，而是试图以其内在的所有不确定性为基础来接近现实；这最终导致了大量数据的涌现，人脑再也无法处理，至少无法一下子就处理完，于是，人与计算机之间的中介便应运而生。气候研究、医学和生物学需要图像技术来产生可视化界面，使研究人员能够访问并解读他们所得到的数据。网络模型、计算机体层摄影或扫描探针显微镜只是其中一些最有名的例子。尽管将现象分解为二进制代码似乎是将认识过程完全从感官中分离的最后一步，但实际结果却恰恰相反：数字化已经使科学界充斥着图像。①

所有这些无疑强化了视觉的文化价值。除此以外，也使得人们原本所认为的"图画"的不言自明性变得不确定了。② 置于木框中的油画布已不再是标准。传统的形式几乎消失在了电影、电脑屏幕或数码快照之中，或消失在了表演、生动的场面或媒体装置之中，而且，甚至"图画"的本体论地位也在发生着改变。与绘画对象的相似性作为绘画的界定标准已然成为问题。如果绘画不再是原始对象的直接投射，而是一种基于二进制代码的（再）建构，那么在颜色、格式、大小或形状选择上的主观性和务实的（文化维度的）相对性就会起着关键作用。这一点是不可否认的。视觉界面已经不再是对某种缺席的表征，而是我们通往现实的门户，因此构成了我们对世界的理解。

数字文化时代，图像的入侵无处不在，这最终导向了对视觉进行哲学维度的重估。这便是晚近相关

---

① 参见Fabian Goppelsröder and Nora Molkenthin, "Mathematik/Geometrie", in Bild. *Ein interdisziplinäres Handbuch, ed. Stephan Günzel and Dieter Mersch* (Stuttgart/Weimar: J. B. Metzler, 2014).
② 比如参见Boehm, *Was ist ein Bild?*

学术论争的语境。这种重估刚崭露头角，便对艺术史这门学科进行了批判，因为这门学科看起来天生具有研究图像的专长。然而，只是将"绘画"视为历史研究的又一个对象，这便无法洞悉对"图画"自身的本质进行实际探索的多种复杂性之所在。但无论是不断涌现的范式，抑或是某种海德格尔式的、能驾驭人类世界组织模式的"存在"范畴之特有的角色，都已经无法再精准地描述"图画"。继阿比·瓦尔堡（Aby Warburg）或马克斯·伊姆达尔（Max Imdahl）等思想家之后，霍斯特·布雷德坎普（Horst Bredekamp）、戈特弗里德·玻姆（Gottfried Boehm）和汉斯·贝尔廷（Hans Belting）等学者提出了一种新形式的图像科学（Bildwissenschaften）来取代艺术史的方法，试图以此包罗图像在文化以及认识论方面的广泛关联性。艺术史的终结，这是贝尔廷于1983年出版的著作《艺术史的终结？》中提出的一个问题，约10年后，他断言其已然成为事实。而除了对特定学科的这类批判之外，图像科学从一开始就是一场坚定的跨学科运动。哲学、文学批评、文化研究，以及神经科学、计算机科学、物理学和数学等非人文学科都加入了这一行列，这种研究方法自然而然地彰显出了跨越国别学术狭隘边界的大势所趋。然而，尽管与全球范围内类似研究存在关联——例如，埃尔金斯（Elkins）在其《什么是图像？》（What is an image?）中所记录的戈特弗里德·玻姆和W.J.T.米切尔在芝加哥的讨论——这场论争引发了学界热议，在欧洲有着重要价值。就制度而言，它促成了一系列研究集群和学术网络，遍布大学内外，共同推动图像科学的研究进程。在瑞士巴塞尔的图像理论研究所或柏林的研究生院，他们对"符号的象似性"（Notational Iconicity）以及"视觉性与可视化，图像知识的混合形式"（Visuality and Visualization，Hybrid Forms of Pictorial Knowledge）等方面的研究便是较新的例子。

  对这个话题感兴趣的核心区域在地理上看起来是同20世纪欧洲大陆哲学运动和发展趋势相关的。对不容置疑的理性法则产生怀疑，仅仅这一种新的思想就足以质疑传统观念中对身体的蔑视。人类学和社会学研究已经充分展现了人类所做判断的文化相对性。影响着对世界的智性评价的，恰恰是感性直觉，而非经由社会培养的纯理性。存在主义更青睐于人类已被抛入世界的处境，否认了主体和客体的对立，他们便以这样一种不同的方式促使人们对身体进行重新考量。现象学也是如此，特别是莫里斯·梅洛-庞蒂的法式改版，抨击了一种全然理性的世界观之不足。

马丁·海德格尔是这两种哲学思潮的重要思想源泉和灵感之源。在对西方哲学传统进行戏谑式的词源挪用中，海德格尔强调了"陈述"（apophansis）及其动词"显示自身"（apophainestai）之间的区别。在他对现象学方法的反思中（《存在与时间》的第7节）他将现象学定义为"apophainestai ta phainomena"，并将其翻译为"让显示自己的东西从自己那里被看到，就像它从自己那里显示自己一样"。因此，海德格尔在哲学上利用了德语概念Zeigen的特殊性，而英语术语"showing"只能翻译出这个词的部分意思。它可以指呈现或指向某物；它也可以指演示或表演，从而显示自身，并通过显示自身而凸显别的。但确实也存在着完全自我指涉的关于"sich Zeigen"的影射，对此最准确的翻译是"展现自身"。海德格尔将sich Zeigen的这个维度视为对某物渐趋靠近我们的一种体验，而只要我们和这个世界保持着技术性的、指涉性的关系，便无法认识它们。自身所显现的，既无法被显现出来，也无法被言说，它构成了对差异性独特、丰富的体验感。在这个意义上，海德格尔的现象学反思影响了伊曼纽尔·列维纳斯（Emmanuel Levinas）等伦理学家的思想，也影响了像伯恩哈德·瓦尔登费尔斯（Bernhard Waldenfels）这样的思想家，他将我们对外物（das Fremde）的经验概念化为人类智识无法归类或控制的自我显现。

因此，德语术语Zeigen的复杂性使其非常适合把握视觉领域在人类学和认识论上的重要价值。Zeigen从概念上为调整传统认识论范式的做法提供了支持。认知不再被认为是非物质、基于心灵的，而是一种真正的感官的过程。[1]

戈特弗里德·玻姆（Gottfried Boehm）2007年的著作《图画如何产生意义：显示之力量》（*Wie Bilder Sinn erzeugen: Die Macht des Zeigens*）的标题简明地指出了这场论争的利害关系。不仅语言，图像也产生意义——它们是"有意义的"。人类知性中存在着真正的

---

[1] 参见Fabian Goppelsröder and Martin Beck, *Präsentifizieren. Zeigen zwischen Körper*, Bild und Sprache（Berlin/Zürich：diaphanes, 2014）; Dieter Mersch, *Was sich zeigt. Materialität, Präsenz, Ereignis*（Munich: Fink, 2002）; Dieter Mersch, *Epistemologien des Ästhetischen*（Berlin/Zürich：diaphanes, 2015）.

视觉层，这一层不可化约为逻各斯。这种奇特的力量无法通过参照艺术品本身来把握。这种力量来自图画，是它们的动态呈现所产生的效果。①

关于显示的概念的哲学根源可以追溯到路德维希·维特根斯坦，这位哲学家在人们对于视觉的理解方面所产生的影响力尚未被发掘。他通常仅仅被称为语言哲学家，其简洁的行文以及独具创造力甚至有些戏谑的措辞使他成为所谓的图像科学所青睐的参照对象。但是尽管有许多引用和引申解释，维特根斯坦的思想对图像话语重要问题的真正启示力和价值几乎没有被挖掘出来。②

在《逻辑哲学论》中，维特根斯坦引入了言说和显示（Sagen und Zeigen）之间的区别。尽管读者的典型印象似乎是维特根斯坦偏爱"言说"，但实际上他并没有重申语言优于感官的主张。其卓越源于别处：维特

---

① 参见Emmanuel Alloa, *Das durchscheinende Bild. Konturen einer medialen Phänomenologie*（Berlin/Zürich: diaphanes, 2011）.力主图画本身作为主动因素的立场观念，而强调显现作为人类的一种交流行为的重要性，请参见Lambert Wiesing, *Sehen lassen—Die Praxis des Zeigens*（Berlin: Suhrkamp, 2013）.

② 参见Fabian Goppelsröder, *Zwischen Sagen und Zeigen. Wittgensteins Weg von der literarischen zur dichtenden Philosophie*（Bielefeld: transcript, 2007）.

根斯坦语言哲学的核心是由图像理论构成的。维特根斯坦把人理解为一种生产图像的生物，这是他人类学立场的预设。在《逻辑哲学论》的2.1节中，维特根斯坦声称："我们给自己描绘事实。"[①]然而，支撑这一基本主张的表现观念却绝非寻常，它构成了撑起整个《逻辑哲学论》对语言的独特理解的核心要素。在这里，描绘不是基于相似之处，而是基于结构同一性：图画或形象，和被画的对象并不相像；只是有着相同的逻辑结构。

这一基础性的主张所带来的一个关键结果是，尽管《逻辑哲学论》可能只是一部关于语句的论著，但实际上它是新哲学的一个宣言。维特根斯坦写道：

1. 世界是所有实际情况。1.1 世界是事实而非物的总和……1.13 逻辑空间中的事实是世界……2.实际情况，事实，是诸基本事态的存在。2.1 基本事态是诸对

---

① Ludwig Wittgenstein, *Tractatus Logico-Philosophicus* (London: Routledge, 2001), 9.

象(物件、物)的结合。①

开篇这些语句的教条式明晰的风格清楚地表明,这里涉及的关键绝不仅仅是对逻辑或语义问题的讨论。在精确的编号和中立客观的态度的掩饰下,《逻辑哲学论》以重新定义世界开篇:起决定作用的不是物理存在,而是逻辑形式。世界并不是由互不相干的事物堆砌而成,也不是由原子所构筑的。它的基本单位是事实,或者称为"诸基本事态",即实际情况。因此,其基本单位是一个群组,由诸对象的配置构成。②而这一配置具有(并且是)一个逻辑结构。基本事态便是世界,即"逻辑空间中的事实"。

我们应该在"我们给自己描绘事实"这一语境中理解该书2.1所陈述的内容。一幅图像之为图像,在于"其元素以特定的方式互相关联"。③它之所以成为它

---

① Ludwig Wittgenstein, *Tractatus Logico-Philosophicus* (London: Routledge, 2001), 5.(此处中译参照维特根斯坦著,《逻辑哲学论》,韩林合译,商务印书馆,2013年,第5-6页。——译者注。)
② Ibid., 8, 2.0272.(此处中译参照维特根斯坦著,《逻辑哲学论》,韩林合译,商务印书馆,2013年,第10页。——译者注。)
③ Ibid., 8, 2.14.(此处中译参照维特根斯坦著,《逻辑哲学论》,韩林合译,商务印书馆,2013年,第12页。——译者注。)

自己，是因为它各部分的配置与它所描绘的事实的配置相同。因此，"描画形式是诸物与该图像的诸元素那样互相关联的可能性"。[①]只有在这种结构上的同一性发挥作用的情况下，才能谈论图像："每一幅图像，无论它具有什么样的形式，为了能够以任何一种方式——正确地或者错误地——描画实际而必须与之共同具有的东西是逻辑形式，这就是实际的形式。"[②]然而，这意味着图像作为逻辑空间中的配置具有与其所描绘的内容相同的本体论价值。或者，用维特根斯坦的话来说："图像即事实。"

由此可见，维特根斯坦的图像观是对称和自反的。举个例子，在传统标准的图像理论中，人们一般认为，地图实际上描绘了它旨在反映和掌管的地景。而在维特根斯坦看来，根据结构的同一性，绘图关系也可以反过来。这一主张所带来的结果是至关重要的。如果该书的第3点和第4点确定了思想作为图像，反过来，图像作为

[①] Ludwig Wittgenstein, *Tractatus Logico-Philosophicus* (London: Routledge, 2001), 10, 2.151.（此处中译参照维特根斯坦著，《逻辑哲学论》，韩林合译，商务印书馆，2013年，第12页。——译者注。）

[②] Ibid., 11, 2.18.（此处中译参照维特根斯坦著，《逻辑哲学论》，韩林合译，商务印书馆，2013年，第14页。——译者注。）

一个有意义的句子，那么《逻辑哲学论》一书行文至中途，世界、图像、思想和句子之间的结构同一性也就建立了起来。图像和语言之间的区别——也就是心灵和世界之间的鸿沟——已经消除了。

这也影响到了言说和显示之间的区别。《逻辑哲学论》的4.1212指出："可显示的东西，不可说。"[①]但是，如果显示是图像所做的事情，而有意义的句子被界定为事实的图像，那么，言说和显示之间还有什么特别的差异吗？实际上，这个看似简单的区别变得出乎意料地复杂起来，显示便成了《逻辑哲学论》的核心概念。

有意义的句子之所以能够表达某种意思，是因为它描绘了一个事实，因此，"一个命题显示它所说出的东西"[②]。然而，有逻辑的句子并不是在描述逻辑空间中的配置，而是发挥其极限（例如矛盾对立或重言式）。它们不描绘事实，而是表明了要成为有意义的句子所必

---

① Ludwig Wittgenstein, *Tractatus Logico-Philosophicus* (London: Routledge, 2001), 31.（此处中译参照维特根斯坦著，《逻辑哲学论》，韩林合译，商务印书馆，2013年，第42页。——译者注。）
② Ibid., 41, 4.461.（此处中译参照维特根斯坦著，《逻辑哲学论》，韩林合译，商务印书馆，2013年，第55页。——译者注。）

须具备的条件。它们是无意义的,但却是先验的。①

在《逻辑哲学论》的末尾,第三种"显示"变得至关重要。它既不是有意义的,也不是无意义的:"的确存在着不可言说的东西。它们显示自身,它们就是神秘的事项。"②在此,维特根斯坦认为,存在着一种超越事实世界的体验维度——这是对某种躲避并显现自身的东西的体验。它并不是显示出一个可识别的模式,或一个逻辑配置,而是指向了洞悉世界真实性的时刻,指向了洞悉"那不可言说"的时刻。它不是一个聚焦的视角,而是一个无指向的凝视,维特根斯坦称之为感受到"世界是一个有界限的整体"③。因此,关于"显示"的逻辑哲学论式的概念不仅意味着对哲学认识论中感官的重估;同样地,它完全拒绝了传统意义上理性能力和感性能力之间的等级关系。

图像和被描画对象之间对称且自反的关联导向了

---

① Ludwig Wittgenstein, *Tractatus Logico-Philosophicus* (London: Routledge, 2001), 78, 6.13.
② Ibid., 89, 6.522.(此处中译参照维特根斯坦著,《逻辑哲学论》,韩林合译,商务印书馆,2013年,第119页。——译者注。)
③ Ibid., 88, 6.45.(此处中译参照维特根斯坦著,《逻辑哲学论》,韩林合译,商务印书馆,2013年,第118页。——译者注。)

一种对于艺术形象的实用的理解。它并非主要依赖于艺术品的内在品质；它之所以成为其自身，是通过和关联着世界的人的关系来实现的。在维特根斯坦后期的语言游戏论哲学中，这种语境敏锐性的维度将变得更加重要。但维特根斯坦在《逻辑哲学论》中已经提出，要推翻图像和被描画对象之间的本体论等级制。同样，言说和显示之间的区别并未加大抽象概念和具体感知之间的鸿沟，而必须被理解为视觉本身所固有的特质。与罗兰·巴特关于"认知点"（studium）和"刺点"（punctum）的概念相似，我们可以用维特根斯坦式的言说自身和显示自身的维度来描述一幅画。如果前者是画面明确可辨的结构，那么后者便是刺激，这是难以描述的美学体验，无法用言语表达，也无逻辑规则可遵循。

约瑟夫·科苏斯（Joseph Kosuth）、布鲁斯·诺曼(Bruce Naumann)、罗伯特·劳森伯格（Robert Rauschenberg）和约亨·格尔茨（Jochen Gerz）等艺术家都受到这一哲学思想的影响。他们作品中的一目了然和晦涩难懂、言说和显示之间的游戏，正反映了对维特根斯坦思想的探索。迈克尔·弗里德（Michael Fried）

等艺术评论家在评价摄影这种重要的现代艺术形式时，起码在某种程度上是以维特根斯坦著作中的思想和洞见为基础的。对于彼得·汉德克（Peter Handke）和英格博格·巴赫曼（Ingeborg Bachmann）等诗人来说，这些关于不同语言模式的思考同样触及诗意的核心。

所有这些使得维特根斯坦所提出的Zeigen不只是特定哲学领域内的一个有趣的概念。事实上，它能够涵盖视觉思维内在的一系列重要问题。维特根斯坦本人就是一个视觉思想者。在他的遗产中，有超过1300幅素描和图样，这便是一个明证——但这还不是关键所在。视觉思维的重点不是通过图表和插图来缩减抽象思维，而是认为视觉思维的运作方式与历来习以为常的方式不同。视觉思维坚持感性形象思维这种理念，而不是将感官印象转变为抽象的数据来展开进一步的处理。这种思维直接反对通过理性消除歧义的方式来有效地但却虚假地降低复杂性。维特根斯坦从其最早的著作开始便反对这种简化。这并不是为了让维特根斯坦和图像学的话语一决胜负，而是就这两者之间充分的哲学相关性来支持双方的意见。我们必须进一步推进对维特根斯坦的"显示"概念的研究，以确定它能否以及在多大程度上能够弥合仍然存在的各自所谓语言学转向和图像转向之间的鸿沟，或者只是突破语言哲学和艺术理论之间互不往来的局面。

1980年，戈特弗里德·玻姆提出主张，要求更新对图像的传统认识。①仅仅关注到图像是现实的摹本这一点是不够的，忽略了"指示"（deixis）的另一个维度，这是其真正的审美之维，即"显现自身"。玻姆将这种"显现自身"描述为一种无法重新转化为线性语言结构的特殊的知识形式。根据逻辑识别的方式，语言无法应对图像流动的复杂性。②玻姆将图像的动态密度与语言的静态区分进行了对比，从而突显了一个差异，正如前述，这个差异在维特根斯坦的思想中是次要的。但是，如果正是作为摹本的图像预示着一种不可靠的审美洞察力，它阻止了"在理式（Eidos）或概念的清晰轮廓中……感性经验的流动"③，那么其中的区分就不可能是明确的。

关于"Zeigen"这个美学和认识论概念的持续论争

---

① Boehm, "Bildsinn und Sinnesorgane", 120.
② Boehm, *Wie Bilder Sinn Erzeugen. Die Macht des Zeigens*, 206.
③ Boehm, "Bildsinn und Sinnesorgane", 118.

应旨在终结传统的身心之争、感性和理性之争。图像的认识论价值("视觉逻各斯")必须成为重新分析人类组织并理解其世界的范式。[1]迪特·默施(Dieter Mersch)称之为"视觉逻各斯"的"非非经典逻辑"(non-non-classical logic)。它既不同于经典逻辑,也不与之对立。它是新的东西,是保留着感官的知识,是包含了被非此即彼律(Tertium non datur)排除在外的微妙渐变的知识。[2]传统哲学常试图抹去的感官印象的模糊性,如今可能变得极具创造力。

---

[1] 参见Dieter Mersch and Martina Heßler, eds, *Logik des Bildlichen. Zur Kritik der ikonischen Vernunft* (Bielefeld: transcript, 2010).

[2] 参见Mersch, Epistemologien des Ästhetischen.

虚
无

肯尼斯·海恩斯（Kenneth Haynes），在布朗大学教授比较文学，专攻古典接受研究。

关于虚无，除了传统意义上哲学和宗教维度的解释，例如，逻辑否定、本体论的缺席、个人的消亡或否定的神学之外，到了19世纪还发展出了另外两种类型：其一，恐怕是现代理性形式所固有的虚无主义；其二，将佛教误解为对虚无的信奉，而且这种误解影响力还很大。虚无的这些新版本以新词汇的独特使用为标志，特别是"虚无主义"和"涅槃"，并且可以大致追溯其时间源头。

在1799年给费希特的一封公开信中，雅各比（Jacobi）指责了他（暗指康德）的"虚无主义"；以前通过"无神论""斯宾诺莎主义"等词来传达的所有敌意，现在都灌注在了这个词上；并且用这个词把启蒙哲学塑造为具有全面破坏力的强大形象，而在黑格尔对启蒙运动所做的恐怖的描绘中，该词对启蒙运动的负面刻画达到了顶峰。雅各比并不是第一个指责批判哲学内部含有"虚无主义"的人，[1]但正是他同费希特的争论使这个问题获得了广泛的关注，并促使它成为后续哲

---

[1] Frederick C. Beiser, German Idealism: *The Struggle against Subjectivism, 1781-1801* (Cambridge, MA: Harvard University Press, 2002), 643.

学家绕不过去的一个重要问题。它激化了人们对批判所具有的破坏力长期存在的焦虑,从而激发了艺术的新功能,即公民教育。但不仅对哲学,而且对整个西方制度都构成明显威胁的虚无主义比唯心主义所尝试的方案更持久。它成了尼采作品中一个反复出现的主题,后来又成为海德格尔对尼采和现代性进行长期审视的对象;而在这两位思想家那里,它都近乎居于他们美学中的核心位置。

"涅槃"一词出现在康德的地理学讲座中,在叔本华《作为意志和表象的世界》(1818)中被简要地提及,但内涵丰富;此外,在整个19世纪20年代,黑格尔关于哲学以及宗教哲学的讲座中都提到过该词。黑格尔将东方宗教等同于上帝和虚无,这种误解当然并不新奇:在18世纪的欧洲,佛经常被描绘为一个秘密的无神论者,他欺骗性地传授公开的迷信(他所谓的临终忏悔经常被提及),因此包括拜尔(Bayle)和狄德罗(Diderot)在内的一些作家都误以为"东方宗教"是斯宾诺莎主义的一个代名词。[①]然而,黑格尔最终将其

[①] Urs App, *The Birth of Orientalism* (Philadelphia: University of Pennsylvania Press, 2010).

纳入自己的哲学体系中，并将其作为一个哲学问题来阐释，使其不再是一个和存在形成简单对立关系的、具有破坏性的虚无。在《逻辑学》（1812—1816，1832修订版）中，他写道，纯粹的存在和纯粹的虚无是相同的，因为它们都是不确定的，并且在成为统一体的辩证过程中（即在变化的过程中），铺平了通往绝对的道路。尽管在《逻辑学》中，黑格尔将"佛教涅槃"与非辩证的无意识和毁灭等同起来，但在1827年的讲座中，他认为，佛教将上帝理解为虚无，有着更为丰富的哲学意蕴，尽管这种想法仍然不够辩证。[①]对于黑格尔关于存在和虚无的表述，谢林提出的主张是最主要的替代方案。在《世界时代》（约写于1815年）中，在其死后以《神话哲学》（1856）命名出版的讲演录以及其他著述中，他重新提出了以下两种不同的虚无在古老的形而上学维度以及波希米神学意义上的区别：不存在和非存在，前者是指根本不存在任何东西，后者是一种潜在

---

① Roger-Pol Droit, The Cult of Nothingness: *The Philosophers and the Buddha, trans.* David Streight and PamelaVohnson (Chapel Hill: University of North Carolina Press, 2003).

的生产性非存在，亦是存在之基。①虚无有着潜在的生产性，这一观点在唯心主义美学中得以发展，它证明了艺术作品之自由，也透露了主客体划分之前可能存在的情形。

在从叔本华到尼采再到海德格尔的哲学传统中，关于虚无的新问题（一方面强调理性意志的根本破坏性，另一方面强调具有潜在生产性的非存在）在美学中获得了最为充分的研究。这三位哲学家对亚洲宗教和哲学进行了折中的、时而是深入的阅读，发现那里有一种关于虚无的理论或实践，似乎可以为西方形而上学提供一种替代方案；他们每个人都关注到了虚无主义所带来的威胁，这种虚无主义似乎潜藏在对意志的断言背后（有时甚至潜藏在暂停发挥作用的意志之中）；至少在某些情形下，他们都相信对虚无或无意志进行哲学探究，特别是某些种类的审美经验所体验或揭示的，可以恰当地阐明拯救的可能性。

---

① 关于黑格尔，可参见Urs App, "The Tibet of the Philosophers: Kant, Hegel, and Schopenhauer", in Monica Esposito, ed., *Images of Tibet in the 19th and 20th centuries, Vol.1* (Paris: EFEO, 2008), 5-60. 关于谢林，可参见Jean W. Sedlar, *India in the Mind of Germany* (Washington DC: University Press of America, 1982).

叔本华的《作为意志和表象的世界》首版于1818年。他的目标是纠正康德关于物自身的阐述，他以意志的形而上学来取而代之——我们可以通过现象的表象，也可以通过将自身内在体验作为意愿来获得意志。然而不幸的是，意志，即世界本身是邪恶的：其一是因为意愿本身源于痛苦，且对意志的满足无法抵消痛苦并压制住意志；其二是因为在痛苦中，我们（"无功利地"）想要他人的痛苦；其三是因为在良知的痛苦中，我们无法回避这一认知，即折磨者和被折磨者是同一个人，我们的个体化是隐藏我们自身虚无的一个幻觉，尽管这一认知也受到了意志的侵蚀。①

对此，解决的办法是废除意志。"意志的完全自我取消和否定"是"使意志冲动永远静默安宁下来"的唯一方法，唯有它"才提供那种不可能再破坏的满足"。②否认意志就是废止世界，这是叔本华在该作中仔细阐述的目标：该书在最后章节中把对虚无的论述推

---

① Arthure Schopenhauer, *The World as Will and Representation, 2 Vols*, trans. E. F. J. Paynes (New York: Dover Press, 1969), Ⅰ:363-7.
② Ibid., 362.（此处中译参照叔本华著，《作为意志和表象的世界》，石冲白译，杨一之校，商务印书馆，2018年，第494页。——译者注。）

向了高峰，这里所论述的虚无是在意志被圣洁的禁欲实践所废除的情况下达到的（这种状态在审美体验中闪现）。如果我们认识到"无法治愈的痛苦和无尽的悲惨无论对于意志的现象，抑或是对于世界都是至关重要的"，然后一旦我们看到"意志废止，世界随之消散，只为我们留下了空空的虚无"，便可以用知识来取代意志。但我们踟蹰不前，因为我们害怕虚无，"如同孩子们惧怕黑暗一样"，但这是错的，叔本华在他这本著作的最后一段话中告诫我们：

> 我们不能像印度人那样通过神话和空洞的字句（例如归于梵天）来回避虚无，也不能用佛教徒的涅槃来回避之；相反，我们坦率地承认，对于那些仍然满怀意志的人来说，在彻底废除意志之后所留下来的肯定是虚无。但反过来看，对于那些已收回且否定意志的人来说，我们这个包含着所有恒星和星系的非常真实的世界，也仍是——虚无。[1]

---

[1] Arthure Schopenhauer, *The World as Will and Representation, 2 Vols*, trans. E. F. J. Paynes (New York: Dover Press, 1969), 411-12.（此处中译为译者自译。以下无中译参照标注者，皆为本书译者自译。——译者注。）

在其结论中,叔本华对虚无的几种回应进行了对比:第一类,对于他们而言,意志只是"空洞的虚无"①,因此他们怀着一种恐惧的厌恶;第二类,逃避这个话题的印度教徒和佛教徒;第三类,完全否认意志,从而体验"狂喜、迷狂、启示、与上帝合一等境界"的人②;第四类,对他们而言,这个世界是意志的世界,而不是其对立面,即是真正的虚无。然而,最后一种状态超越了哲学的范围,因为它不在知识和可交流的范围之内,因此也就不能成为他研究的一部分,他的研究必须限制在相对虚无中,并且只能以否认意志的方式来否定地表达自己。③

"虚无主义",即西方世界对意志的悲惨体验,隐含在叔本华对虚无的描述中,而禁欲的印度教徒和佛教徒的"涅槃"则是他明确提出的。④1844年,叔本华

---

① Arthure Schopenhauer, *The World as Will and Representation, 2 Vols, trans. E. F. J. Paynes* (New York: Dover Press, 1969), 409.

② Ibid., 410.

③ 参见Julian Young, *Schopenhauer* (Abingdon: Routledge, 2005).

④ 关于后者,尤其可参见Droit, *The Cult of Nothingness*, 91-103, 以及Urs App, *Schopenhauer's Compass* (Rorschach: University Meida, 2014).

的《作为意志和表象的世界》第二卷出版,包括对第一卷四章的四个补充。在其中,他承认佛教的卓越性,并且对他的信条"与这世界上大多数人所信奉的宗教如此一致"而感到高兴。同时,他坚定地主张哲学独立于宗教,并坚称他在1818年提出的思想具有特定的独立性,不依赖于佛教,因为当时"在欧洲只能找到极少数关于佛教的记载,而且这些记载极不完整且极其匮乏"。[①]然而,他并未更改其1818年所得出的结论的措辞,该结论漠然地将印度教的"婆罗门"和佛教的"涅槃"称为"神话和毫无意义的词",它们回避了虚无(在那时或更早的时候,西方人并不总是区分印度教和佛教)。然而,在生命的最后阶段,他在该卷的副本中添加了一条评论,他发现,该卷的结论"虚无"与佛教徒的"般若波罗蜜"是相同的,"'超越一切知识',换言之,即主客体不复存在之处"。在他去世之后,这条评论(作为整个文档最后一个词的脚注)首刊于1873年面世的第四版。结果,对于大多数后来的读者而言,这就成了一个奇怪的、前后不一致的结论。在这个结论中,两种相

---

① Schopenhauer, *The World as Will*, 169.

对立的关于佛教的描述并列着,一种认为它是错觉,而另一种则认为它是获得知识的途径,这种知识超越于意志之上,无主体也无客体。①但显然,他在哲学上追求的是后者。

这个目标(抛弃意志,且主客体也不复存在,从而获得救赎)在审美体验中是可预见的。艺术使我们从"意志的强烈压力"中获得了幸福但短暂的解脱;对美的审美愉悦感使我们"暂时超越一切意愿",使我们摆脱了自我。②在审美体验中,我们不再以一种参照意志的一般方式来感知对象,也就是说,我们考虑的不是"在哪里、什么时候、为什么以及到何处去的问题,而是将'是什么'作为唯一关注的对象"。这不仅把我们提升为"纯粹的、无意志的、无痛苦的、无时间的知识主体"。与此同时,作为主体的我们被转化了,审美体验的对象也就跟着发生了变化,它成了"其所属类型的理念"。在这样的观念中,主体和客体、认知者和被认

---

① 但艾普(App)对叔本华所引用的印度人的"无意义的词"做了正面的解释。参见Urs App, "The Tibet of the Philosophers: Kant, Hegel, and Schopenharer", 57.

② Schopenhauer, *The World as Will*, 390.

知者无法再进行区分，主体只存在于客体的镜像中。①

除了否定明晰的主客体身份，并取消以意志为驱动的个体化原则之外，艺术中对虚无的体验有时还采取更加强烈的形式。悲剧是除了音乐（所有艺术中最为独特的一种，它模仿意志本身，且独立于现象世界）之外的最高艺术形式；在其中，我们不仅体验到美，还体验到了崇高，而悲剧中的崇高"其实是崇高感的最高境界"。②在这种崇高中，意识的独特双重性最为鲜明地凸显了出来。在力的崇高（叔本华采用了康德的术语）中，主体感到自己既是"在令人惊叹的力量面前消失的虚无"，同时也是"永恒、宁静的认知主体"；在数学的崇高中，我们"感到自己被还原为虚无"，但"在我们自身的虚无这一幽灵之下"，我们立即意识到，正在如此还原我们的东西"只存在于我们的表象中，仅仅是对纯粹认知的永恒主体的改进而已"。③否定，在美和崇高中是两种不同的体验方式，但两者都使人们开始领悟到通过禁欲修行或哲学知识实现的更为持久的救赎。

---

① Schopenhauer, *The World as Will*, 178-80.
② Schopenhauer, *The World as Will*, Ⅱ:169.
③ Schopenhauer, *The World as Will*, Ⅰ:205-6.

尼采对艺术中酒神冲动和日神冲动的区分，是在叔本华关于意志与表象、音乐与其他艺术、美与崇高等几组对比基础上的创新。在其首部巨著《悲剧的诞生》（1872首版，1886修订版）中阐述了这些对比类型。日神艺术给人以一种幻觉，凭借这种幻觉，"伟大而崇高的形式"以其个性赋予我们愉悦感；这种艺术满足了我们的美感，并使我们能够"在思想中把握其中所蕴含的生命之精髓"。①它将我们从酒神"纵欲式的自我毁灭"中解脱出来，尽管后者是"真正的世界理念"。②在其巅峰，即古希腊悲剧中，日神艺术不仅仅是拉开悲剧观众与酒神的距离；更为关键的在于，它通过这样一种方式战胜了酒神冲动，即"由毁灭和否定的途径获得一种对至高快感的某种预知，从而使观众相信他们所听到的正是来自事物内心最深处的倾诉"。③就这样，古希腊悲剧暂时综合了日神幻觉和酒神音乐，使观众不仅能分享到"外在的极度快感"，同时亦能否定这种愉

---

① Friedrich Nietzsche, *The Birth of Tragedy and Other Writings*, ed. Raymond Geuss and Ronald Speirs, trans. Ronald Speirs (Cambridge: Cambridge University Press, 1999), 102.

② Ibid., 103.

③ Ibid., 100.

悦，因为他们发现"在可见的外在世界的毁灭中，可获得一种更高的满足感"。①古希腊人很快设计了一种艺术形式，不仅认清了悲剧的现实，而且使人们能够欢欣鼓舞地承受它。但这种综合并不稳定，而后随着欧里庇得斯之死而消亡，正是经由欧里庇得斯，苏格拉底的理性主义战胜了酒神神话。

尼采的分析并不是为了理解古代，而是为了应对当下的危机。苏格拉底"摧毁神话的决心"直接导致了当下的"抽象人"，这样的人形成于"抽象的教育、抽象的道德、抽象的法律、抽象的国家"之中，也直接导致了当下的文化，"没有可靠和神圣的发祥地"，它搜遍了往昔的文明和其他文化，以寻找自己的合法性，这"注定要耗尽一切可能性"；同时，还导致了"令人不满的现代文化"，这种文化带着"狂躁和怪异的不安"。②在古希腊悲剧的综合性缺失的情况下，就会出现两种历史轨迹。一种是朝着"印度佛教"的方向发

---

① Friedrich Nietzsche, *The Birth of Tragedy and Other Writings,* ed. Raymond Geuss and Ronald Speirs, trans. Ronald Speirs (Cambridge: Cambridge University Press, 1999), 112.
② Ibid., 108-9.

展，它包含着两个特点：其一，对虚无的渴望，这是由罕见的迷狂状态所承载的（如果存在的话）；其二，为了克服这些状态之间的"难以形容的冷漠"所做的哲学尝试。另一种则是罗马帝国的极端世俗性方向发展，宏伟、令人生畏、粗陋而持久。①雅典悲剧提供了一个替代这些天命的选择，但它只是一时的；尽管如此，1872年，尼采确信，瓦格纳的未来音乐重建了悲剧曾提供的这种解决方案。

作为愉悦的幻觉，日神冲动和真理之间存在着张力，而且由于它扬扬得意地将万物（"不论善恶"②）都奉若神明，便与道德判断存在冲突。而酒神则挑战了审美愉悦③，因为它接纳了丑陋和不和谐，并且在其"渴望像佛教徒那样否定意志"的过程中，极有可能否定生命。④最后，苏格拉底对知识和幸福的渴望⑤使日神

---

① Friedrich Nietzsche, *The Birth of Tragedy and Other Writings*, ed. Raymond Geuss and Ronald Speirs, trans. Ronald Speirs (Cambridge: Cambridge University Press, 1999), 99.

② Ibid., 22.

③ Ibid., 113.

④ Ibid., 40.

⑤ Ibid., 86

和酒神无法结成互补的联盟,从而导致了现在的虚无主义。至《人性的,太人性的》(1878—1880),尼采的立场发生了巨变。该作超越了形而上学,认为科学比艺术更能满足我们的需求;而伴随着其后的著述和思考,他的立场又发生了变化。在其主要著作中,他重新审视了生活、艺术和真理之间的关系,并极其敏锐地剖析了在我们的评价和知识行为中虚无主义、颓废主义和悲观主义的暗流。他的诊断是多样的,他的术语"虚无主义"是多变的,包含了其他现象中的悲观主义,涉及柏拉图主义、基督教、浪漫主义、叔本华哲学以及印度的思想和佛教。[1]与之相应,他开出的处方也是多样的:在不同的情形下,艺术拯救或保护我们免受虚无主义的伤害可以有多种路径,可以通过对爱的浅层满足,或者通过对宿命论的展示,或者通过激发或过度激发对生命的渴望。对此,他给出的最简洁的一种表述发表于1888年,"我们有艺术,所以不会死于真理":真理是对生

---

[1] 关于后者,参见Mervyn Sprung, "Nietzsche's trans-European eye", in Graham Parkes, ed., *Nietzsche and Asian Thought* (Chicago: University of Chicago Press, 1991), 76-90; 以及Robert G. Morrison, *Nietzsche and Buddhism: A Study in Nihilism and Ironic Affinities* (Oxford: Oxford University Press, 1997).

命的否定，而艺术是对真理的否定，或至少是和真理绝缘的，或者说艺术是防御真理的。

回溯来看，尼采变成了虚无主义的哲学家，尤其是在《权力意志》（1901年初版，1906年修订版）中，这是在他死后根据其生前手稿整理出来的文集；在其中，虚无主义的问题被摆在了重要的位置上来展开讨论（"虚无主义来敲门：这位最不可思议的客人究竟来自何方？）。随着第一次世界大战的爆发，虚无主义被视为现代性的最典型的问题。早期，马克斯·谢勒（Max Scheler）对此进行了研究，后来，随着导致二战的诸种危机的出现，卡尔·贾斯珀斯（Karl Jaspers）、卡尔·勒维特（Karl Löwith）等学者相继对此展开了进一步研究。最有影响力的思考来自马丁·海德格尔（Martin Heidegger），他从20世纪30年代到战后一直在讲授和撰写关于尼采和虚无主义的内容；在此之前，海德格尔就已在《形而上学导论》（1935）一书中研究了虚无主义与现代性的关系。他在弗赖堡大学的就职演讲《什么是形而上学？》（1929）中首次系统地阐述了虚无的问题，其中引入了卡尔纳普（Carnap）臭名昭著的说法："虚无本身虚无化"[这个新词"nichtet"也被翻译为"无"（noths）和"虚无"（nothings）]。在此，就像在其他少数几个情况中一样，为了避免传统的误读，海德格尔使用了奇怪且明显是同义反复的句法："虚无"不应被理解为一种实体，不应被理解为一种否定，也不应被理解为一种毁灭。海德格尔所说的虚无，不是那种在科学的追问面前必然显得无意义的虚无；而是这样一种虚无，即能从根本上质疑形而上学。至20世纪30年代，海德格尔已经确定，对这些问题的遗忘是现代虚无主义的处境。

在《存在与时间》（1927）之后，海德格尔的写作风格和表达方式都越来越偏离传统哲学的样貌。他大量使用新词、词源探究、文字游戏、诗句引用和不太自然的句法，以此拉开和西方形而上学命题之间的距离；他逐渐领悟到，西方形而上学就是一部越来越将存在遗忘的历史，而这在当下的虚无主义中达到了巅峰。他首选的便是在其古希腊的视野中探寻替代这种虚无主义的方案，因为独树一帜的古希腊不受形而上学的统治。他还密切关注道教和禅宗——他与几位日本思想家的对话始于20世纪20年代，他在1930年读了布伯（Buber）翻译的《庄子》，并于1946年与他人合作翻译《老子》，尽管这个译本最终没有完成——在这些思想资源中,他找到了一种可以平行替代西方形而上学的方案,在这个新方案中,存在和虚无的同一性是可以确认的。①

存在和虚无相交融,且同时具有揭示性和遮蔽性,这即是海德格尔对真理本质的理解。此外,真理"可以以艺术的方式发生,甚至只能以这一方式发生"。②在《艺术作品的起源》一文中,他把"世界"和"大地"称为真理的两面。艺术作品建立了一个世界,在其中,"世界"不是"现成……物的集合",也不是我们描绘事物的"想象性框架"。它不是我们可以创造的对象,也不是我们面对的对象,而是"世界世界化"③;它是"在一个有历史的民族的命运中,简单而关键的决策所

---

① 莱因哈德·梅依(Reinhard May)在其著作《海德格尔思想的秘密来源:其著作中的东亚影响因素》(*Heidegger's Hidden Sources: East Asian Influences on His Work*, trans., Graham Parkes, London: Routledge, 1996),以及马琳《海德格尔论东西方对话》(*Heidegger on East-West Dialogue: Anticipating the Event*, London: Routledge, 2008)都讨论了海德格尔对亚洲思想资源的借鉴情况。

② Heidegger, Martin. *Off the Beaten Track*, ed., and trans. Julian Young and Kenneth Haynes (Cambridge: Cambridge University Press, 2002), 33.

③ Ibid., 23.

开辟的广阔道路的自我开放性"①。但是真理还有另外一面。在艺术作品中，世界自身回归大地，并允许大地步入开放。②大地本质上是自我隐蔽的，逃避试图控制、建构或左右它的尝试，"只有当它保持未被揭示和未被解释的状态时，它才会显现自身"③（在这种用法中，"大地"接近虚无的生产性的意义维度）。在展示大地的过程中，在让大地成为大地的过程中，艺术作品使世界显得圣化、神化。创建世界和展示大地这两个根本特征在艺术作品的存在中是相辅相成的。④通过这种方式，艺术即是真理的发生。

在这篇文章中，海德格尔进一步将尼采关于日神和酒神的区别发展为在一种显露的、明确的、被清晰把握的形式和一种非意愿的、非概念的但却具有权威性且不可把握的领域之间的对比。⑤尽管他在后来的文章中

---

① Heidegger, Martin. *Off the Beaten Track, ed., and trans. Julian Young and Kenneth Haynes* (Cambridge: Cambridge University Press, 2002), 26.

② Ibid., 24.

③ Ibid., 25.

④ Ibid., 26.

⑤ Julian Young, *Heidegger's Philosophy of Art* (Cambridge: Cambridge University Press, 2001), 40.

会改变他的用语（比如，用好几个其他术语来取代"大地"这个词），尽管他会转变其论述的主要特征——尤其是避免原始冲突在真理发生过程中的作用，承认艺术作品不一定能建构起一个联结历史共同体的世界；并发展出"泰然让之"（Gelassenheit）[①]的无意志性——真理所具有的揭示和遮蔽的双重本质仍然是他思考的根本问题。

叔本华、尼采和海德格尔的美学理论有一些共同的特点：其一，坚持认为我们无法在一个自治的审美领域中真正把握艺术作品，而是必须正视艺术对于生活的救赎关系；其二，都有着一种强烈的东方化倾向，由此，在艺术中可能体验到的无意志状态便被视为亚洲思想界的特征，同西方世界对权力的体验形成鲜明对比；其三，对虚无的沉思，尤其是通过一组组对照（比如，意志与表象、日神与酒神、世界与大地）来展开，而这些对照在艺术作品内部具有典范性，甚至可以说，正是它们构成了艺术品。

亦可参照：上帝死了；真理

[①] 参见Young, *Heidegger's Philosophy of Art*.

弥赛亚主义

German Aesthetics
Fundamental Concepts from Baumgarten to Adorno

彼得·芬维斯(Peter Fenves),美国西北大学德语教授、比较文学研究和犹太研究教授。

威廉·特劳戈特·克鲁格（Wilhelm Traugott Krug）在娶了海因里希·冯·克莱斯特（Heinrich von Kleist）的前未婚妻后接任了康德的哲学教席，并在他的《哲学科学通用手册》中给出了以下定义：

> 弥赛亚主义是源自犹太教并传到基督教的一个观念。弥赛亚（messiah或moshiach，来自moshah一词，意为"受圣膏者"）和基督（christos，来自chrein一词，意为"敷膏"）最初是一回事：受圣膏者，也就是王。基督徒相信他们在基督身上找到了犹太人对救世主的期望——一个能使他们免受各种邪恶侵害的救世主，无论是身体上的、道德上的还是政治上的邪恶。犹太人和基督徒都借助想象力来润饰他们心中的救赎者。[1]

克鲁格在他的通用手册中对弥赛亚主义的轻视言辞之所以引人注目，是因为它出现在一个"哲学科学通用词典"中。早期的德国哲学家经常讨论犹太人的弥赛

---

[1] Wilhelm Traugott Krug, *Allgemeines Handwörterbuch der philosophischen Wissenschaften*, 5 vols (Leipzig: Brockhaus, 1838), 5: 29.

亚观等概念以及耶稣作为救世主的观念，但很少提到弥赛亚主义，因为弥赛亚主义被视为一种理论和实践模式，这种模式最终指向救赎，在那一刻，历史甚至时间本身也走向了终结。克鲁格将弥赛亚主义纳入其词典中，以便描述"哲学弥赛亚主义"的现象，即每当一位哲学家（他明指圣西门主义，暗指黑格尔和谢林，尽管他在其他著作中对他们的学说进行了抨击）的追随者确信他们的大师"教授最纯粹的真理从而确保人类获得救赎"[1]时，这种现象便会出现。康德曾提出关于启蒙的著名论断，即启蒙就是人类"从强加于自我的教导中解脱出来"[2]；而作为康德非严格意义上的追随者，克鲁格警告读者哲学弥赛亚主义对学科的科学属性所构成的威胁。

讽刺的是，德国哲学传统中首次从正面意义上使用"弥赛亚主义"一词是在马尔堡新康德主义学派的创

---

[1] Wilhelm Traugott Krug, *Allgemeines Handwörterbuch der philosophischen Wissenschaften, 5 vols* (Leipzig: Brockhaus, 1838), 5: 29.

[2] Immanuel Kant, *Gesammelte Schriften,* hrsg. Königlich-Preußische [später, Deutsche] Akademie der Wissenschaften zu Berlin, 27 vols to date (Berlin: Reimer; later, de Gruyter, 1900-), 8:35.

始人赫尔曼·科恩（Hermann Cohen）的著作中，他将自己的哲学体系建立在"科学事实"之上。①从19世纪80年代直到1918年去世，科恩一直都是德国犹太教极具影响力的人物，他首次在一篇短文中讨论弥赛亚主义，该文是为了捍卫马尔堡的犹太公民而写的："'上帝眷顾外来者'的思想将犹太教的起源（关于上帝选民的思想）与犹太教最终领受的圣召（人类的弥赛亚统一体思想）联系了起来。"②正如对"思想"一词的反复使用所暗示的，科恩的弥赛亚主义是他唯心论的一个功能，意味着他把思考视为知识的唯一源泉和行动的唯一裁决者。"人类的弥赛亚统一体"无法安置于时空中，而相反，它是世界历史的一个不断衰退的目标，这是一种和经验科学的"无限任务"相对应的伦理目标。与西方哲学中大多数源于希腊语或拉丁语的重要术语不同，弥赛亚主义来自希伯来语，在科恩看来，这也证实了推动犹太宗教发展的伦理唯心主义。在《纯粹意志的

---

① Hermann Cohen, *Ethik des reinen Willens* (Berlin: Cassirer, 1904), 9.

② Hermann Cohen, *Die Nächstenliebe im Talmud* (Marburg: Elwert, 1888), 8.

伦理学》以及关于宗教和政治的各种著作中，包括他在第一次世界大战期间所写的支持德国的小册子中，科恩讨论了弥赛亚主义的本质特征，而这却是希腊和罗马伦理学历来一直忽视的：对穷人的关爱。据此，"人类的弥赛亚统一体"表现为一种朝着普遍社会主义的理想状态的迈进。此外，正如科恩在其遗著《源于犹太教的理性宗教》（*Religion der Vernunft aus der Quelle des Judentums*）的结论中所指出的，"人类意识的统一性是通过灵魂的平和来表达的"，因为救世主使灵魂从分裂的状态中解脱了出来，所以他被称为"和平之王"。① 意识的超验统一和人类的最终统一这两种思想是相互关联的，两者都包含着对永久和平的承诺。

因此，科恩对弥赛亚主义的推崇将他对犹太教的虔敬和对康德的忠诚结合在一起，康德的批判哲学方案在1795年的论文《走向永恒的和平》（*Zum ewigen Frieden*）② 中达到了顶峰，该篇名通常被翻译为"持久和平论"，但更准确的翻译应该是"走向永久和

---

① Hermann Cohen, *Religion der Vernunft aus der Quelle des Judentums* (Leipzig: Fock, 1919), 447.

② Kant, *Gesammelte Schriften,* 8:343-60.

平"(Toward Eternal Peace)。康德可能意识到《走向永久和平》偏向了某种弥赛亚主义的方向,因为他同期写了一系列辩论文章反对千禧年倾向和宗教神秘倾向,包括《万物的终结》(*Das Ende aller Dinge*)①和《近来哲学界最高贵的声音》(*Von einem neuerdings erhobenen vornehmen Ton in der Philosophie*)②。然而,康德却无法抑制人们在他的批判哲学中找到一些诱人的线索,即认为其中包含着某种弥赛亚式的承诺;在18世纪90年代末,他的一些最勇敢的读者将他视为"我们民族的摩西"。③尽管他从未到达"应许之地",但他为德国人指明了道路。对于荷尔德林和他的朋友们来说,包括黑格尔和谢林,康德批判哲学中最有前景的无疑是最后一部《判断力批判》,它将美和崇高的分析与目的论判断的合法性探究结合起来。谢林在其1800年的著作《先验唯心论体系》中得出结论,即艺术作品揭示了世界的奥秘。虽然主体必然区分自身和其对象,但

---

① Kant, *Gesammelte Schriften,* 8:327-39.
② Ibid., 389-406.
③ Friedrich Hölderlin, *Sämtliche Werke*, ed. Friedrich Beißner, 6 vols (Stuttgart: Kohlhammer, 1943-85), 6:304.

艺术作品无意识地统一了主体性和自然，从而结束了"自我意识的历史"。①但谢林的哲学体系仍不能被称为美学的弥赛亚主义，因为它最终采用的是循环的历史观，以致艺术最终的启示也就成了另一个时代的起点，随之"精神的奥德赛"②重新开始。类似的模式可以在谢林的许多同时代人中找到，包括荷尔德林、克莱斯特（Kleist）以及德国早期浪漫派的奠基者（弗里德里希·谢林和弗里德里希·哈登伯格），他们都将弥赛亚式的主题与循环的历史理论相结合。至于黑格尔，他并没有以艺术的启示性特征作为自己哲学体系的结论，而是相反，他结合现代资产阶级国家的建立，提出了这样的一个观点，即其哲学体系的完成标志着世界历史进程的终结，并且转而论证了艺术作品无法再满足"最高的精神需求"。③

科恩明确反对黑格尔式的历史理论，由此发展出了

---

① Friedrich Schelling, *Ausgewählte Schriften,* ed. Manfred Frank, 7 vols (Frankfurt am Main: Suhrkamp, 1985), 1:702.
② Ibid., 1:696.
③ Georg Wilhelm Friedrich Hegel, *Werke.*, ed. Eva Moldenhauer and Karl Markus Michel, 20 vols (Frankfurt am Main: Suhrkamp, 1971), 13: 42.

他自己的哲学弥赛亚主义。虽然科恩也是现代国家的坚定支持者,但他并不以现代国家的出现来标志历史的终结,更没有将其哲学体系的出版问世作为历史终结的标志;相反,只有当世界完全摆脱不公正时,历史才会终结。因此,科恩借鉴了犹太弥赛亚传统的一种说法,即认为救世主的到来是从创世之日起就已预设好的一个进程的顶点。根据这同一个传统的另一个说法,救世主随时都会降临。救世主的到来不仅不是历史进程的顶点,它甚至还打断了所有这类进程,从而终结了历史。终结(希腊语中的eschaton)与目标(希腊语中的telos)无关。第一次世界大战践踏了力主历史进步的唯心理论,而在一战的蹂躏下,许多研究康德批判哲学和德国唯心主义的高水平学生纷纷转向了犹太弥赛亚传统的另一脉。通过强调末世论和目的论之间不可逾越的区别,他们研究出了诸种批判性思想方略,以避免一系列割裂的表述。弥赛亚批判消除了理性主义和实证主义的教条,但并没有因此摒弃理性,也没有用生命论或意志论的非理性主义取而代之。该方案既否认历史进步的主张,同样也抨击其对意识形态的倒置,即美化一个神话的过去并为反动政治辩护。对于任何一种声称可以洞悉历史发展科学法则的马克思主义，弥赛亚批判都毫不理会，但即便如此，它依然和马克思主义传统的支持者有着共同点，后者认为在革命情形下存在着反历史的可能性——或者是在迄今为止所理解的历史之外的某种东西。

康德的《判断力批判》将美学和目的论结合在一起，而弥赛亚批判将二者分开。正如康德所强调的和谢林所重申的那样，艺术品的创作与器具的生产截然不同，因为只有前者超越了指引创作的目标。将这种超越理解为天才，正是天才凭借一种"自然的天赋""为艺术立法"，[①]由此，《判断力批判》将其对艺术作品的探讨和随后对"自然目的论"的探讨联系在了一起。康德的天才观不仅促进了德国浪漫派和德国唯心主义的出现，也在科恩的美学中扮演了一个中心角色。也许没有什么比20世纪初出现的弥赛亚主义批判模式更具特色了，它将天才从美学领域中去除，并且尝试着使用与救赎相关联的术语取而代之。艺术作品不是根据其与"天才"源头的关系来界定的；相反，它是一种未来的密码，这样的未来与既定文化圈和有机自然领域都相去甚

---

① Kant, *Gesammelte Schriften*, 5:307.

远。批评家的任务就在于发现这个"永恒的"未来的总体特征,从而释放其弥赛亚的潜能。

关于批判的弥赛亚主义最早、最多产的倡导者之一是恩斯特·布洛赫,这始于其1918年的宣言《乌托邦精神》。布洛赫宣称:"我们能想到的一切,从某种程度上说,康德都想到了。①"据此,他自由地援引了康德批判哲学中的内容来支撑其表现主义风格的研究,并在他以引人注目的标题命名的结论《卡尔·马克思、死亡和启示》中特别采用了康德的术语:"灵魂、救世主、启示是一切政治和文化的先天形式(a priori)。"②布洛赫此处的"先天形式"对应于康德范畴表中关系范畴的三重要素:心灵是政治和文化的实体;在启示的情形下,因为这既能启示,也能毁灭,因此存在着政治文化共同体;而救世主则是协同"灵魂"互动的纽带。如果没有对救世主的期望,就不会有共同体存在,因为这种期望促进了心灵之间的关联,无论不同的心灵所担当的社会角色如何。在布洛赫看来,不管是对牛顿的机械论

---

① Ernst Bloch, *Geist der Utopie. Faksimile der Ausgabe von 1918* (Frankfurt am Main: Suhrkamp, 1985), 271.

② Ibid., 433.

抑或是对伯格森的生命主义世界观来说，情况都是如此。《乌托邦精神》一书的开篇是对一个过时器皿（尤其是一个旧壶）的描述，这象征着从救世主愿望的视角对真正的艺术作品进行审视：水壶不仅在其表面上留下了脆弱的历史痕迹，而且其深度是由一种静默无声等待被填满的空虚所构成的。

　　大约就是在布洛赫发表《乌托邦精神》的同时，弗朗兹·罗森茨韦格（Franz Rosenzweig）领悟到了直觉的重要意义，而这奠定了他于1921年创作的《救赎之星》的基础。正如犹太教以永恒之星为象征，基督教可被视为其世界历史的光辉。罗森茨韦格的巨著标题所强调的救赎范畴还需要加上创造与启示这双重语境才能获得其完整的意义，而这两者是和救赎一样原始的范畴。这三个范畴都是关系模式，在这些模式中，存在的三元素（上帝、世界、人类）中的一个元素与另一元素相结合：世界是由上帝创造的，上帝向人类启示自己，人类受到召唤去救赎世界。通过将救赎表现为人类-世界的一种关系模式，罗森茨韦格表明了弥赛亚主义为何具有一种潜在的危险性。当救赎脱离了启示，一方面，被创造的世界被视为纯粹的物质；另一方面，弥赛亚主义就呈现为一种扩张性的民族主义的形式，赋予某些民族拯救整个人类的使命。只有将弥赛亚主义与所有的世界历史进程分开，才能避免这种灾难性的世俗化形式。而犹太教正是这样做的："永恒民族的永恒生命必须始终对世界历史保持陌生和厌烦。"①基督教通过填补道成肉身和基督再临之间的时间来获得历史的具体化；与此形成对比，犹太人则遵循一个亘古不变的、无疑是在年复一年自我重复的历法，但他们只有在重温创世纪和启示的礼拜仪式环境中才会去践行这种重复，从而打破宇宙循环。罗森茨韦格把这个宇宙循环与"异教徒"的原始世界关联起来。而基督教中与犹太日历相对应的与其说是其礼拜仪式，不如说是它的艺术——但不是世俗文化的"美的艺术"，既非按照康德哲学一脉所理解的无利害的审美愉悦对象，也不是按照黑格尔哲学一脉所理解的世界历史精神的客观形成物。基督教在大教堂建筑艺术、教堂音乐和民间表演（Volksspiel）中与犹太礼拜仪式建立起了一种对应："只有当作品从其理想空间的魔法圈中产生并进入实际空间时，它们才是全然真实

---

① Franz Rosenzweig, *Der Stern der Erlösung* (Frankfurt am Main: Suhrkamp, 1988), 371.

的，且不再仅仅是艺术。"①

没有追随科恩的观点，并未将弥赛亚主义的系统位置置于伦理学和政治学领域之内；相反，罗森茨韦格将其置于他的认识论基础之中。根据《救赎之星》一书所得出的结论，即"弥赛亚主义的知识理论"②，真理不在于思想与现实的对应或主体与客体的同一性，而在于"检验期"（Bewährung）的情况。在法律语境中，这个术语指的是"试用"或"缓刑"，但与"真实"（wahr）一词密切相关的动词bewähren，意指"通过严格测试证明其价值"或"验证之"。在对其认识论进行总结性描述时，罗森茨韦格强调，在数学科学的真理之外"验证"真理不仅不会趋于唯一的最高的真理；而且对于人类而言，总有更高的真理，其中一个是以犹太救世主愿望的形式获得的，另一个则是通过基督教信仰获取的：

---

① Franz Rosenzweig, *Der Stern der Erlösung* (Frankfurt am Main: Suhrkamp, 1988), 394.

② Franz Rosenzweig, *Der Mensch und sein Welt. Gesammelte Schriften Ⅲ. Zweistromland: Kleinere Schriften zu Glauben und Denken*, ed. Reinhold und Annemarie Meyer (Dordrecht: Nijhoff, 1984), 159.

从"2×2=4"之类无足轻重的真理,到人们极易赞成的真理……真理走过如下历程:从人们愿意付出代价获取的真理,到除了通过牺牲生命之外别无他法去验证的真理,最后再到那些只能以世世代代的生命为代价才能去验证的真理。这种弥赛亚主义的知识理论以验证真理所付出的代价高低,以及它们建立的联系来给真理排序,便无法超越这两种不可调和的弥赛亚的期望:期望弥赛亚的到来和期望弥赛亚的回归。[1]

关于批判性的弥赛亚主义,最有影响力且可能是最为重要的说法来自瓦尔特·本雅明的著作。从他最早的文章(包括在《乌托邦精神》和《救赎之星》之前发表的)开始,一直到他最后的著作,本雅明勾勒出了这样的一种历史观:在既不鼓励去憧憬倒退,也不提倡循环回归论的情况下,否定了历史进步论。关于这一点,他写于1915年的文章《学生的生活》(*Das Leben der Studenten*)开篇的论述堪称典范:

---

[1] Franz Rosenzweig, *Der Mensch und sein Welt. Gesammelte Schriften* III. *Zweistromland: Kleinere Schriften zu Glauben und Denken*, ed. Reinhold und Annemarie Meyer (Dordrecht: Nijhoff, 1984), 159.

有这样一种历史观，对时间的无限性充满信心，只区分……人类和时代在前进道路上前行的节奏。这符合这种历史观对当下所产生的影响，即支离破碎、粗制滥造、放任无度。相比之下，以下的沉思关注的是一种特殊的状况（即条件），在这种状况下，历史被浓缩为一个燃烧的点（即焦点），而这在自古以来思想家的脑海中就一直存在。构成最终状态的要素并非以无形的进步趋势出现，而是深深地嵌入每一个当下的时刻中，呈现为最危险、最可耻、最可笑的作品和思想。而历史的任务就在于完完全全地形成这种内在的完美状态，使其显现于当下，并主导着当下。这种状态无法以实用的细节描述来尽述……而只能在其形而上的结构中去把握，诸如弥赛亚王国或法国大革命的信念。[①]

　　因此，"历史的任务"并不在于朝着理性或某种特定传统指示的目标去努力；相反，该任务已经在那些

[①] Walter Benjamin, *Gesammelte Schriften,* ed. Rolf Tiedemann and Hermann Schweppenhäuser, 7 vols (Frankfurt am Main: Suhrkamp, 1972-91), 2:75.

"作品和思想"（即艺术作品及思维的冒险和开拓）中得到了处理。在其中，通过展现为一种既集中（"聚焦的"）又爆炸的（"燃烧的"）形象，历史已然完成。所以，批评家的任务在于识别和描述历史终结处这些"聚焦的-燃烧的"形象。

如果我们说本雅明随后的所有著作都遵循了他在1915年所阐述的研究计划，这可能有些夸张；但他的确一直坚守着这股潜在的驱动力。这位思想者兼批评家并没有将历史视为一个目的论的过程，也没有视之为种种无意义的堆砌，而是探寻着文学的、哲学的和文化的作品，这些作品看似倒退或难以驾驭，实则蕴藏着救赎要素的某种秩序。因此，本雅明的一部重要的批评作品是对德国巴洛克悲悼剧（Trauerspiel）的分析，通常认为，该剧和西欧同类作品比起来相对逊色；另一部重要作品是关于和巴黎旧式拱廊街相关的世界的大型研究。相比之下，当分析一部已臻完善的艺术作品时（正如他对歌德的小说《亲和力》的研究），他将批评描述为对美丽外表的破坏，以及与之相伴随的对未完成的"躯干"的暴露，这也标志着一种超越艺术领域的完美状态。

正如罗森茨韦格在认识论而非伦理学中为弥赛亚主义找到了系统定位一样，本雅明拒绝了从政治维度对弥赛亚主义的描述，并在一篇无法确定写作日期的短文中提出了这样的主张：布洛赫《乌托邦精神》[①]最重要的成就在于对政治弥赛亚主义的驳斥。亵渎已然"渎神的"政治不是为了寻求在尘世中建立一个天国的复制品，而只是为了实现幸福，这种幸福不受"世俗"目标的束缚，因为它永远都是转瞬即逝的。如果说法律的、社会的和文化的形态本应是持久的，那么它们与幸福那永恒的转瞬即逝性是相悖的。政治的恰当"方法"在于废除这些破坏幸福的形态，据此，它应被称为"虚无主义"[②]（而非"弥赛亚主义"）。

亦可参照：艺术的终结；真理

[①] Benjamin, Gesammelte Schriften, 2:203.
[②] Ibid., 2:204.

中介／媒介

詹姆斯·A.斯坦特拉格（James A. Steintrager），加州大学尔湾分校英语、比较文学、欧洲语言与研究系教授，同时也是该校批判理论系主任。

周蕾（Rey Chow），杜克大学文学教授，现任文学专业主任。

在《论道德的谱系》(1887)中，尼采断言，最适合其论题的方法论色彩不是蓝色，而是灰色。没有猜测臆断，没有高高在上的观念，也没有对天空的凝视；相反，目光投向"已形成记录的、真实可确定的、已然发生的事，简言之，是漫长的、难以破解的关于人类道德历史的天书"。①在尼采最早对思想史的一次抨击中，他坚决主张我们要关注语言；最终人们把语言称为"话语"，而语言和话语都离不开物质的支撑。他逐步展开论证，阐明了在物质之外能对思想提供支撑的其他东西都不是中立的：从身体，包括消化系统，到权力意志（尼采将其发展为一种真正关于差异的物质体系），这些都左右了我们获取真理的方式。《论道德的谱系》描述了两种媒介观的运作方式。其一是作为承载着形式、信息、表意或意义的媒介：声音、印刷品或存储在硬盘上的二进制字符串。其二是一种居于我们和（广义上的）世界之间的媒介，包括他人和我们自己。②在此，

---

① Friedrich Nietzsche, *Jenseits von Gut und Böse/Zur Genealogie der Moral* [Berin: Walter de Gruyter (Deutscher Taschenbuch Verlag), 1999], 254.

② Georg Christoph Tholen, "Medium, Medien", in *Grundbegriffe der Medientheorie,* ed. Alexander Roestler and Bernd Stiegler (Stuttgart: Uni-Taschenbücher, 2005), 150-72.

"媒介"对直接的体验或获取造成了一定的阻碍。尽管这两种概念并不是互斥的（且常常界限模糊），但我们暂且保留这种区分，以助力阐明德国传统中关于媒介（medium）和中介（mediation）的谱系。

居间的媒介

如果把媒介视为一个绕不过去的中间环节，那么康德便是这样一种媒介谱系中的灵魂人物，在《纯粹理性批判》（1781）中，形容词"间接的（mittelbar）"和"直接的（unmittelbar）"出现的频率证实了它们在概念上的重要性。康德著名的"哥白尼式转向"为"物自体"或"本体"设限，转而关注我们如何体验并建构现象，后者更为根本。这种方法在《判断力批判》（1790）中延续，其中美和崇高都不是客观属性，而是知性和想象力的自由游戏（美）以及势不可当的想象力，这种想象力引领我们满怀崇敬地认识到了那种不受自然决定论束缚的自由（崇高）。然而，康德的方案并不是要将一切都归结为居间性，而是要去揭示什么可被视为直接，什么不可以。因此，在《纯粹理性批判》的先验感性论中,我们最初是通过(康德认为有直接性的)直觉来认识现象的:"一种认识无论以何种方式、通过何种手段同对象相关联,正是直觉使其直接相关,且所有思想都成了一种途径,以直觉为目标。"[1]最基本的直觉是时间和空间,而一直扎根于对象所有认知关系中的直觉性(通过知性思考对象,即对经验多样性进行概念综合)并不来自对象本身,而是植根于我们最原初的、先天固有的感性中。这种感性给予我们的不是经验之事(这是后验的),而是经验的形式(这是先验的)。

我们还必须认识到赫尔德对媒介谱系的贡献:人们曾把语言理想化为一种一目了然的表达,而赫尔德促使人们改变了这一想法,即把语言本身理解为一种形成性的力量。例如,普鲁士国王腓特烈二世会赞同启蒙理想,即德语可以按照法语的方式来改造,以变得更加清晰准确(德语承担的媒介功能可能被抹去,不同语言的特殊性被理想化地转化为对普遍性的表达);而赫尔

---

[1] Immanuel Kant, *Critique of Pure Reason*, trans. and ed. Paul Guyer and Allen W. Wood (Cambridge: Cambridge University Press, 1998), 155; German: Immanuel Kant, *Kritik der reinen Vernunft*, Vol.1 (Frankfurt am Main: Suhrkamp, 1997), 69.

德坚持认为语言是思维的媒介：这是一种介入，既塑造了事物，也塑造了我们。此外，特定的语言传达着民族差异以及最终被称为文化差异的东西。这种对于语言认识的转变和语言功能的转变推动了人类学和解释学的发展，威廉·冯·洪堡、施莱尔马赫、狄尔泰和伽达默尔等作家关注语言，并将其视为人类差异的基本组成部分，同时也将其视为跨越这种差异的工具。

在本质上，黑格尔的认识论方案便是康德对间接性和直接性的关注与赫尔德历史转向的结合。在《精神现象学》（1807）中，黑格尔经常使用术语"媒介"〔通常被描述为"抽象的一般媒介（abstrakte allgemeine Medium）"〕来表示一种尚未确定的事物。黑格尔对这个意义上的媒介给出了多种注释，这表明了要去具体说明某种不可说明之物所存在的语义问题，也表明了使抽象具体化是不可避免的："物性"（让人想起康德）、"纯粹本质"（reine Wesen），或者将"此时此地"当作"一种多样性的简单共聚"。[①]因此，在黑格尔的术语词汇和认识论中，与其说是处于居间位置的

---

① Georg Wilhelm Friedrich Hegel, *Phänomenologie des Geistes*, Werke 3 (Frankfurt am Main: Suhrkamp, 1970), 94.

媒介，不如说是各种中介作用（mediations）同步为我们提供了获取真理的所有途径，并排除了对"物性"或"纯粹本质"的直接获取。他选择用"否定"这个术语来描述媒介的中介，准确地刻画了如何通过否定的方式来获取可靠的知识。黑格尔用辩证运动以及划时代的轨迹来描述这些中介。例如，主人的意识是通过奴隶的承认来中介的；又比如，他后来提出的斯多葛意识是通过劳作于世界从而将对象纳入意识的。此外，艺术被视为中介意识的一个阶段，而随着绝对知识的到来，这种意识将会受到压制，在这种情况下，中介的运作会将其自身消解为直接性。

黑格尔的唯心主义（他坚持将思想作为意识的首要决定因素以及历史变革的动力）在青年黑格尔主义者如路德维希·费尔巴哈和马克思的著作中将被颠倒过来，因为他们强调的是物质决定论或物质至少是意念的条件。马克思主义理论中发展出的意识形态概念认为思想具有媒介作用：它们远非呈现现实或道德本身，而是以一种封闭的形态将生产力以及具体的社会生产关系的标志内含其中。意识形态包括文化领域，因此文学和艺术成为阶级冲突的表达（及掩盖）。叔本华在《作为意志和表象的世界》（1818）中也提出了中介的必要性以及中介终将发挥主导作用的设想，并且提供了一种不同的视角来审视康德的思想遗产。叔本华将表象世界（思想的世界和现象的世界）视为现实的一个方面，而且视其为一个完全经由中介调和的世界。因此，经由身体的中介调和是知识的先决条件（"Erkennen……ist durchaus vermittelt durch ein Leib"），但身体本身可以一种思想的形式（由此也以"诸种对象之一"的方式）间接被认识，或者以意志的形式被直接感知。① 同样，知识被视为"动机的媒介（Medium der Motive）"，并且以此对行动中的意志的"外观"产生了影响。② 叔本华将所有艺术中最不具形象性的音乐奉为能够最直接表达意志的艺术形式：它不是"思想的副本（Abbild der Ideen）"，而是"意志本身的副本（Abbild des Willens selbst）"。③ 这种二分法在尼采早期的著作中也存在，在其中，酒神艺术提出了艺术无须中介的设想（以最终

---

① Arthur Schopenhauer, *Die Welt als Wille und Vorstellung,* 2 vols, in *Sämtliche Werke* (Wiesbaden: F. U. Brodhaus, 1966), 1: 118.
② Ibid., 1: 350.
③ Ibid., 1:04.

消亡为代价），而日神艺术则通过中介带来秩序和个性。在尼采写作《悲剧的诞生》（1872）的这一时期，妥协的解决方案是瓦格纳将这两种倾向融合于歌剧中。尽管尼采后来不仅驳斥了瓦格纳，而且还试图彻底否决任何一种认为无须中介便可直抵艺术的观念。所有的观察都是带着视角的（即独特的），这是人们的共识；可这却是自相矛盾的。类似的悖论也存在于精神分析方案的核心，因为它设定了"主要过程"，而我们只有通过中介才能实现这个过程。我们只能通过梦境、口误和玩笑之类的语言来进入无意识，而我们永远无法真正揭开无意识的真实面貌，它始终是心理现实的内在核心；却无论人们如何打破砂锅一探到底，它都隐而不显。

现象学可追溯至康德最初的举措，它持续应对着中介的问题，同时也努力应对着越发具有反思性的策略。从根本上说，胡塞尔提出的悬置（epoché）或者说将知觉体验之外的所有事物都归入哲学，这是暂时搁置中介问题的一种尝试。在《声音与现象》（*Speech and Phenomena*）中，德里达明确地揭示了胡塞尔特别重视内在声音，并在其他地方批评了那些试图将语言作为存在的载体的做法，指出表意是一种基于差异（而非基于积极价值）形成的系统，因此必然涉及不在场和缺失。德里达的主要目标（及影响）之一是海德格尔。海德格尔将现象学、阐释学和历史主义等各派汇聚了起来，并把它们转化为一种对于存在（而不是各式各样的存在物）的拷问。海德格尔在其《关于"人道主义"的书信》一文中提出，思考必须从所谓的人类存在（Ek-sistenz）出发：我们处于"存在的开放性中，由此进入了一个开放的区域，这一区域首先清除了主客体'关系'可能'存在'于其中的'中间地带'"。[①]在这一系列探究的脉络中，语言扮演着越来越关键的角色。海德格尔将语言称为"存在的家园（das Haus des Seins）"，这一观点具有里程碑式的意义。对于海德格尔来说，语言以一种同时既遮蔽又揭示的矛盾运动的方式，成为接近存在的路径。[②]真正通过语言进行思考的例子可以在诸如前苏格拉底的片段和荷尔德林的诗歌中找到，与之形成对比的是把技术作为一种中介的框架

[①] Martin Heidegger, *Pathmarks*, ed. William McNeill (Cambridge: Cambridge University Press, 1998), 266.

[②] Ibid., 239.

（Ge-stell）而将存在视作对象和工具加以限制。[1]

从康德到19世纪以及之后，探究处于居间地位的中介，便不可避免地带来为了确保直接性而做的各种自相矛盾的尝试，这似乎是定义德国哲学方案的一种方式。因此，康德提出将直觉作为普遍性和特殊性之间的直接、透明的基础。黑格尔预测，随着绝对观念以及与之相伴生的自我确定和自透明性的出现，中介将终结。同样，对于马克思来说，异化（可以理解为阶级分裂对真实自我的调和）将随着资本主义生产关系历史的终结而结束。赫伯特·马尔库塞试图在《爱欲与文明》（1955）中将马克思主义与弗洛伊德的后期思想结合起来，这一方案的一致性和持久性可以从弗洛伊德在《超越快乐原则》（1920）和《文明及其不满》（1930）中的思想中得以把握。弗洛伊德沿着叔本华和（早期）尼采的道路，假定了作为最终的心理、生物乃至宇宙原则的"死亡冲动"，从中我们可以推断生命本身只是暂时被悬置或中介的死亡。弗洛伊德认为，文明总体上是对爱与死亡冲动的压抑力量。现代性进一步将这些冲动推

---

[1] Martin Heidegger, *Pathmarks*, ed. William McNeill (Cambridge: Cambridge University Press, 1998), 259.

入无意识，尽管它们以升华的形式重新出现，也会以一般神经症的形式出现，并且以攻击型形式发泄的风险越来越大。马尔库塞希望通过解决资本主义的矛盾，可以解放未被死亡冲动污染的爱。社会和心理的中介性将同时结束。然而，人文主义者和看似乌托邦的梦想早已引发了对"居间性"的不可及性和认识论延迟的反思，即无法通过反思把握的知识，这是"居间性"所带来的。基于充分的理由，马克思、尼采和弗洛伊德被归为"怀疑大师"的范畴。此外，如何使潜在显现出来？对这个问题恰当的探究模式，往往是批判所描述的。而批判几乎都不可避免地陷入悖论。事实上，我们可以将所谓的谎言悖论重新表述为更具根本性的中介悖论：关于中介的所有陈述本身都是经由中介实现的，因此是可疑的，包括这个陈述本身。或者，正如弗里德里希·基特勒在一个将意识形态的焦点从经济学的狭义理解转向技术的表述中，矛盾地解释了他自己的方案："理解媒介——尽管麦克卢汉的标题如此——仍然是不可能的，因为当今主导的信息技术控制着所有的理解及其幻象。"①

作为物质载体的媒介

尽管存在矛盾，基特勒的陈述将我们从循环的困境中引导出来，转向了一种看似更接地气的媒介意识，或被称为传播的"物质性"，以应对法国后结构主义思想中某些被视为非物质主义的倾向（其中最显著的是鲍德里亚关于现实之死的观念②）。虽然康德对更唯物意义上的媒介兴趣不大，赫尔德也只是偶尔提到这个问题，但莱辛1776年就在他的《拉奥孔，或论诗与画的界限》中对这个主题用德语做出了重要的陈述。在莱辛的论证中，绘画等视觉艺术的"再现（Nachahmungen）"需要或者应该使用与诗歌不同的"手段（Mittel）"或"符号（Zeichen）"。对于前者，需要"空间中的形

---

① Friedrich Kittler, *Discourse Networks 1800/1900*, trans. Michael Metteer with Chris Cullens (Stanford, CA: Standford University Press, 1990), xl.

② 参见K. Ludwig Pfeiffer, "The Materiality of Communication", in *Materialities of Communication*, ed. Hans Ulrich Gumbrecht and K. Ludwig Pfeiffer, trans. William Whobre (Stanford, CA: Stanford Univeristy Press, 1994), 1-12.

象和颜色（Figuren und Farben in dem Raume）"；对于后者，需要的是"时间中前后接续的声音（artikulierte Töne in der Zeit）"。①莱辛最感兴趣的是媒介如何限制苦难的表达和传播。维吉尔利用史诗这种有时间限制的媒介，可描绘希腊祭司表达其苦难的过程——这一瞬间过去了，尖叫并没有真正被听到——因此在他的听众中引起同情，而拉奥孔群像的雕塑家却不能把祭司的嘴巴固定在尖叫中，否则会产生滑稽和疏离的效果，也就是与同情背道而驰。相反，角斗士必须将内心的痛苦与外在的表达层面相分离：伤口可以作为疼痛的自然迹象出现，但是有风度的战士必须通过优雅地死去来消除它们。

尽管马克思关注物质性，但这在很大程度上局限于生产力和生产关系，而意识形态本身则倾向于概念化，成为这一基础的非物质对应物和扭曲的反映。我们可以从卢卡奇等马克思主义者那里看到这一点，他们关注的是小说这种受阶级束缚的文体，或者也可以从布莱希特那里看到这一点，他以一种与莱辛截然不同的方式来处

---

① Gotthold Ephraim Lessing, *Laokoon*, in Werke, Vol. 3 (Munich: Carl Hanser Verlag, 1982), 103.

理戏剧作为媒介所受的种种束缚：希望唤醒观众，让他们意识到自己在当前生产关系下的异化（即所谓的"间离效应"）。在精神分析学中，弗洛伊德在《文明及其不满》中将电报和电话等新的通信技术置于重要位置，以此为例来说明人类的聪明才智如何通过克服距离等方式来确保满足感，但同时往往也会损害自身。然而，弗洛伊德认为，文明的不满情绪的最终原因在于死亡冲动，这意味着这些不满无法还原为任何技术因素。

瓦尔特·本雅明很抵触这种朝向自然力量的还原，他更加强调历史的构成力量。此外，与黑格尔或马克思不同，本雅明将历史分析扩展到他那个时代的新媒体（从照片到电影、留声机和广播），并视其本身为物质。因此，在《技术复制时代的艺术作品》中，本雅明写道，随着时间的推移，不仅人类集体存在的形式发生变化，而且"人类感知的方式（即感知发生的媒介）不仅受自然而且也受历史的制约"。[1]尽管这个陈述已经成为媒介研究的一个经典论点,[2]媒介并不是本雅明经常使用的一个术语。在这里,媒介指的是所有塑造感知的因素,包括身体、历史和社会力量,这种塑造主要通过支撑和架构感知来实现。然而,他确实对我们所称的技术媒介的调和表现出持续的兴趣。例如,在其他媒介因素中,油画在物质上与电影等可通过技术复制的艺术品不同。前者以其独特性与过时的神圣联系在一起,并将其灵韵赋予诸如贵族或资产阶级的赞助者。后者则通过可复制性剥夺了灵韵。因此,它使得人们并不认为电影在分解、分析社会经验上具备多大的能力,也并不看好电影这种媒介可以成为一种革命的手段,将大众转变为对其自身处境的自觉批判者,至少本雅明当时是这样认为的。

第二次世界大战的到来和后果使得阿多诺和霍克海

---

[1] Walter Benjamin, *The Work of Art in the Age of Its Technological Reproducibility and Other Writings on Media*, ed. Michael W. Jennings, Brigid Doherty, and Thomas Y. Levin (Cambridge, MA: Harvard University Press, 2008), 23. German: Walter Benjamin, *Gesammelte Schriften*, Vol.1, part 2, ed. Rolf Tiedemann and Hermann Schweppenhäuser (Frankfurt am Main. Suhrkamp Verlag, 1974), 478.

[2] 参见Tholen, "Medium, Medien", 163.

默等法兰克福学派的思想家对大众传媒产生了更加晦暗的看法，他们只能将爵士乐唱片和好莱坞电影等所谓的文化视为娱乐鸦片，专门麻醉那些已无可救药地被疏离的大众。尤尔根·哈贝马斯在他的《公共领域的结构转型》中更加关注历史细节，将"咖啡馆、沙龙和餐桌谈话（Tischgesellschaften）"视为贵族和宫廷机构之外进行艺术和政治讨论的空间。①自由对话随后转化为新兴的印刷媒体，如期刊和报纸，小说则进一步促成了公共领域所必需的自主个体性和内在性的意识。18世纪出现的"批判性公共媒介"究竟是一种幻觉，还是一种短暂的历史现实，会很快被产生它的力量转化为一种"广告媒介"？哈贝马斯对此一直摇摆不定。②无论如何，理性交流的理想首次在哈贝马斯的媒介研究和历史社会学中出现，并成为他的追求，尽管仍是一个令人捉摸不定的话题。

在德国，哈贝马斯的一个主要反对者是社会学家

---

① Jürgen Habermas, *The Structural Transformation of the Public Sphere: An Inquiry into a Category of Bourgeois Society*, trans. Thomas Burger (Cambridge, MA: MIT Press, 1989), 51.

② Ibid., 84, 189.

尼克拉斯·卢曼。卢曼将社会学从可分析的"行动系统"的经验主义梦想转变为沟通和二阶观察的各种悖论。对于卢曼来说，"现实"的观察从来都不是直接的；相反，它是在系统内部所绘制的关于系统和环境之间的区别，严格说来，环境本身是无法直接获取的；它一定是被构建的。通过这种方式，康德为认识论所实现的哥白尼式转向被以故意反身和明知自相矛盾的形式扩展到社会中。卢曼在《社会系统》中具体指出了三种不同类型的媒介："语言"；"传播媒介"，如写作、印刷品和广播；以及"一般化符号性传播媒介"。[1]最后一种媒介类型借用了美国社会学家塔尔科特·帕森斯（Talcott Parsons）的观点，指出了"真理、爱、财产/金钱、权力/法律……宗教信仰、艺术以及今天标准化的'基本价值观'"等区别，这有助于对社会子系统进行区分。[2]这三种媒介类型"相辅相成，相互限制，也相互拖累"。[3]例如，语言通过使用符号将交流扩展到

---

[1] Niklas Luhmann, *Social Systems*, trans. John Bednarz, Jr., with Dirk Baecker (Stanford, CA: Stanford University Press, 1995), 160-161.
[2] Ibid., 161.
[3] Ibid., 160.

感知之外,但正因为这种扩展①,话题、代码以及最终出现的符号性概括却限制并左右了交流。书写媒介将信息和其表述分割开来,当书写媒介破坏了口头文化在交流方面显而易见的统一性,并通过坚持自成一体的真理主张来进行弥补时,哲学便出现了——这种坚持总是可以用怀疑的眼光来解读。印刷加速了这个过程:"只有书写和印刷才能表明,交流过程是对言语和信息之间的差异所做出的回应,而不是对这两者的统一性的回应:例如,用于掌控真理、表达怀疑的过程,总伴随着心理分析和/或意识形态上怀疑的普遍化。"②

卢曼沿用埃里克·哈维洛克(Eric Havelock)和沃尔特·翁(Walter Ong)等重要的媒介研究专家的论点——这提醒我们所谓的德国传统是非常松散的。同样,战后德国最著名的媒介理论家弗里德里希·基特勒(Friedrich Kittler),将法国后结构主义者如德里达、拉康和福柯的研究成果与麦克卢汉主义者的主张结合起来,即认为历史性的差异不是由内容或信息造成的,而

---

① Niklas Luhmann, *Social Systems*, trans. John Bednarz, Jr., with Dirk Baecker (Stanford, CA: Stanford University Press, 1995), 160.

② Ibid., 162.

是由传递它的方式或手段造成的。至关重要的是,基特勒从福柯那里借用了历史先验的概念(即任何知识主张的背后都有具体情境的、历史的因素),将话语分析和谱系学转化为作为物质的媒介的首要之事和决定性力量。弗洛伊德将心灵的结构比作"神秘的写字板",即便薄片(压抑)被抬起并擦除了其面上的内容(意识),但刻在蜡上的痕迹(无意识)仍然存在。同样,基特勒认为,母亲的声音造就了孩子心中的"字母排序",这使心灵(耳朵和眼睛协同运作的产物)成为承载这一过程印迹的媒介。因此,印刷文字(在母亲的声音被已在大脑中形成字母排序的孩子吸纳之后)充当了一种游戏意义上的媒介:它传递着作者的"精神"。① 这让人想起本雅明,对基特勒而言,印刷品的物质形式作为历史的先验条件,结合教育和制度化的实践,使阐释学成为一种试图重新获取和唤起这种精神存在的行为。然而,当印刷开始与留声机、打字机和电影等新媒介竞争时,它的欺骗性就会显露出来,这些新媒介打破了感官系统,并明确肯定了其各自的物质性以及相应的

---

① 参阅Kittler, *Discourse Networks*, 25-69.

经验形式和社会组织形式。①

基特勒主要的历史研究通过将往昔新媒介的运作与数字化的新机制进行比较，使人们对前者有更清晰的认识。他和乔治·克里斯托夫·托伦（Georg Christoph Tholen）等其他理论家越来越多地将媒介研究引向计算、硬件和二进制编码，认为这是我们时代最重要的"居间媒介"（in-betweens）。②与此同时，正如齐格弗里德·泽林斯基（Siegfried Zielinski）在《媒介的深度时间：以技术手段走向视听考古学》（*Deep Time of the Media: Toward an Archeology of Seeing and Hearing by Technical Means*）中所展示的那样，历史学家拓展了往昔媒介的多样性，且从现在的视角来看，这些媒介常常显得很古怪。其他媒介也被添加到了这个列表中。在《人类动物园规则》（*Rules for the Human Zoo*）中，彼得·斯洛特迪克（Peter Sloterdijk）将文化和基因视为媒介——这让哈贝马斯感到不悦，因为对他来说，

---

① 参阅Friedrich Kittler, *Gramophone, Film, Typewriter,* trans. Geoffry Winthrop-Young and Michael Wutz (Stanford, CA: Stanford University Press, 1999).

② 参阅Tholen, "Medium, Medien", 5-7, 14-16.

这个主题本身就让人联想到法西斯主义。斯洛特迪克重新审视了海德格尔对人文主义的批判性评价（并无意中回忆起了莱辛），他提出我们必须直面古罗马时期"书籍"（人文主义的编码）对抗"圆形剧场"（作为政治控制工具的非人文景观）的媒介斗争，因为这种斗争正在我们这个后印刷时代、大众媒介和日益全球化的世界中上演。[①]如果中介总以不可解决的悖论形式顽固地出现并反复重现，那么作为物质的媒介现在面临的风险就是大而无当。甚至可以说，我们所面临的紧迫问题不再是"媒介是什么"，而是"什么不是媒介"？

亦可参照：电影；蒙太奇/拼贴

---

① Peter Sloterdijk, "Rules for the Human Zoo: A Response to the *Letter on Humanism*", trans. Mary Varney Rorty, *Environment and Planning D: Society and Space* 27 (2009): 16.

真理

卡伊·哈默梅斯特（Kai Hammermeister），曾是德国文学和哲学教授，现在柏林从事拉康精神分析师工作。

柏拉图提出了美、真理和善之间不可分割的联系。然而，这三者只有在理念的领域中才能真正融合。在物质世界中，这三者之间的联系是脆弱的，并且被物质固有的混沌倾向所污染。今天我们所称之为高雅艺术的东西之所以被完全排除在这个三位一体之外，正是因为它是物质世界中真理被腐化得最严重的领域。然而，艺术在认识论上的堕落却危险地隐藏在快乐的面纱之下。因此，艺术与美和真理之间产生了长期的哲学分离。

长期以来，人们一直认为"艺术"一词包含了所有以技艺为基础的生产制作，到了十八世纪，该词指涉的主要范围缩小到了美的艺术。同时，莱布尼茨、沃尔夫、鲍姆嘉通、高特雪特、门德尔松和温克尔曼的审美理性主义将美、真理和善作为完美的三要素，扩展到了美的艺术作品。对他们来说，完美在于和谐，即多样性中的统一。这种完美基于哲学家从现有的艺术作品中提炼出来的规则，并将其作为创作新艺术作品的指导原则。遵循这些永恒的规则，艺术家便能保证自己的创作既美且真，并且具有在道德上鼓舞人心的力量。

康德在他1790年的《判断力批判》中终结了这种理性主义美学的乐观主义。这第三部批判旨在调和前两部批判，前两部批判因自然和自由、现象和物自体之间的相异力量对其哲学体系施加的压力而面临严重崩溃的危险。判断力作为一种"夹板"被引入，旨在将感性和认知以及感性和道德紧密结合在一起。鉴赏判断以美为对象，包括自然美和人造美。但美并不能通过完美的规则来定义；相反，它是鉴赏者自身内在的一种愉悦感。因此，审美判断既不是认知性的，也不是逻辑的判断，而是基于这种判断所包含的各种能力的自由游戏所带来的愉悦。因此，康德切断了美与真之间的联系，尽管对他而言，审美判断仍然倾向于在集体认同中寻求验证，这就使审美判断不再仅仅是主观的。德国浪漫主义和唯心主义是对康德体系的回应，尽管这个体系看似宏伟，壮志凌云，但却充满了矛盾。在第三批判出版十年后，年轻的谢林在他的《先验唯心论体系》中发表了对康德第三批判最精彩、最有影响力的反驳。在短短几年的时间里，谢林将艺术提升为真理的化身，在认识论上超越了神学和哲学。在每一次语言表达中，主体和客体都必然是分离的，而艺术却能将两者统一起来，从而使人获得绝对性。虽然艺术对所有实用目的而言都是无用的，但它的真理主张却取代了哲学和科学的真理主张。因此，作为绝对的化身，艺术只以一个统一的美的领域而存在；单个的艺术作品只是它的诸多表现形式，最终都重复着同样的信息，即绝对存在于艺术之美中。

谢林很快撤回了这一将艺术凌驾于概念思维之上的观点，在他的《艺术哲学》中，他再次强调了哲学对于阐释艺术成就的必要性。其思想将持续影响十九世纪的黑格尔也坚持认为，与艺术相比，哲学在处理真理主张方面更胜一筹。艺术作为真理的理想载体的春天只在浪漫主义盛行时持续了几年。在接下来的一个世纪里，哲学和科学重新成为进行认识论研究的合法场所。只有尼采登上哲学舞台后，人们才会以艺术的名义对哲学的真理主张发起另一次攻击。在他早期的著作《悲剧的诞生》中，他提出生命无法用理性来理解，但艺术提供了阐释生命的手段。在尼采的写作生涯中，他重新定义了"真"和"美"的概念，这两者都被认为是权力的表现。真理被赋予了实用主义的色彩，被重新构想为说话者自我肯定的工具，而美则被视为权力的增长。艺术作为美的一种表现形式，被概念化为对权力的刺激，即超越单纯生存的扩张和自我美化。海德格尔从这些重构的概念中获得启示，但又对其进行了大幅度的拓展和完善。

海德格尔

从1936年到1940年,海德格尔讲授了关于尼采的课程,在随后的六年,他在一系列的论文中详细阐述了这些讲授内容。这些著作发表在两卷本的《尼采》中。①

海德格尔认为,对于尼采来说,艺术是权力意志的最高表达,因此它成为反虚无主义运动的典范。然而,就像尼采的"颠覆一切价值"是在虚无主义内部反击虚无主义一样,尼采对艺术和美学的理解仍然与西方思想的形而上学历史紧密相连。虚无主义并不会在尼采身后终结,也没有在二十世纪的任何时候结束,它将继续延续数百年。虚无主义是必然,是天命,因此也是诸神得以回归的前提条件。

在讨论尼采的权力意志于艺术中的体现时,海德格尔提出了六个关于哲学美学的论题,但遗憾的是,这些论题在人们讨论海德格尔的艺术理论时被遗忘了,因为大家的讨论主要关注的是与这些论题同时发表的论文《艺术作品的起源》。然而,从这些论题中可以清楚地

---

① 参阅 *Martin Heidegger, Nietzsche I/II*, 2 vols (Frankfurt am Main: Klostermann, 1996).

看出，对于海德格尔来说，艺术及其哲学反思在根本上是相互对立的。美学理论是文化处于衰退期和末期的征象。艺术不需要思想家的帮助。这些论题可以概括如下：

1. 在古希腊，真正伟大的艺术是在没有任何哲学思考干预的情况下存在和蓬勃发展的。

2. 美学理论在希腊出现时，伟大艺术的时代已经过去。

3. 伟大的艺术揭示了存在的全部。在现代，艺术失去了其本质，即对绝对的表现。将艺术转化为其他存在物之一的美学态度，破坏了艺术的真正能力。

4. 美学理论的胜利标志着伟大艺术的终结。黑格尔的美学明确提出了这一终结。

5. 在虚无主义中，艺术无法拯救自己。尼采错误地将希望寄托于瓦格纳的"整体艺术"中。"整体艺术"是一种严肃的尝试，旨在重新唤醒失去本质的艺术，尽管如此，其中音乐元素的主导地位使其沦为一种纯粹的感官刺激艺术。主张艺术回归绝对，结果却化为虚无。

6. 在尼采手中，美学理论变成了应用生理学。审美的基本状态是陶醉，即力量的增加、充实（对一切开放）以及所有主动和被动能力的相互渗透。审美陶醉超越了主观和客观的艺术理论。它让主体超越自身，但引发这种状态的艺术作品的美也使客体朝着接受者的轨迹前进。

海德格尔得出结论，美和真理都使存在保持开放，美以感性的方式，真理则以认知的方式。但由于美超越了纯粹的感性，最终两者之间存在着本质上的亲和力。

在他1935年的讲座《艺术作品的起源》中，海德格尔回溯了谢林将艺术提升为对真理的奇特揭示。浪漫主义认为，艺术具有通往真理的特权。虽然海德格尔强烈赞同这一点（却从未将此观点归于谢林），但他坚定地排除了其唯一性。其他人类行为同样可以有效地揭示真理。

在讲座中，海德格尔讨论了文森特·梵高的一幅画作，画中描绘了一双农民的靴子（它们属于画家）。通过这双破旧鞋子的形象，我们了解到土地以及农耕的艰辛和喜悦。直接看一双工作靴不会得到任何启发，主要是因为泥泞的鞋子本来就不是用来思考的。靴子是器物，其本质并不显眼。只有当鞋子成为艺术作品中的形象，或者鞋子本身就是艺术作品时，鞋子才与土壤产生关联。艺术具有明显的认识论功能，向我们揭示了我们无法直接感知的东西。因此，他给艺术作品下了一个著名的定义："存在者的真理将自身设置入作品之中。"①

海德格尔指责哲学美学无法理解艺术作品与其他物品之间的这种根本性的认识论差异,从而将艺术贬低为可以任意操纵的对象。思想必须与美学对立,并恢复艺术揭示存在者真理的基本功能。艺术决不表达艺术家的自我,因为艺术家的自我与艺术完全无关。艺术的真理也不在于对现实的摹仿性再现。作品的意义在于其自身,而不是象征着其他东西,这就需要从作品本身出发。然而,在这种内向于己的静态中,世界可被呈现出来。在艺术作品的开放性中,世界自身便敞开了。"作品建立了一个世界。作品将世界的开放性展现得淋漓尽致。"②

存在以语言形式将自身呈现给人类。在任何艺术作品出现之前,都需要进行这种原始的揭示。自然而然地,诗歌在艺术中独领风骚:不是因为它最接近黑格尔所说的哲学的概念真理;相反,在诗歌中,存在实现了最大程度的开放。不是诗人为了表达自我而说话,而是一个历史民族通过他说话。此外,这种开放性无法从概

---

① Martin Heidegger, *Der Ursprung des Kunstwerks* (Stuttgart: Reclam, 1997), 30.

② Ibid., 41.

念上把握。每件艺术作品都包含着对哲学概念的抵制,事实上是对所有理解的抵制。海德格尔将这种退避和拒绝的时刻称为"大地"。在艺术作品中,"大地"既抵制认知,同时也宣告永恒抵制认知,因此它就不会被遗忘或忽视。没有一件艺术品只给人带来愉悦,每件艺术品都有自己的挫败感。然而,这种挫败感不仅不可避免,而且是有益的。其他物品可能会让我们产生完全控制它们的错觉,而艺术品恰恰就揭示了我们的认识和能力都是有限的。"大地让每一次入侵它的尝试都撞得头破血流。它摧毁了每一次阴谋算计的入侵。"[①]在这个算计和剥削的时代,艺术品是物的庇护所。

可以肯定的是,艺术的真理绝不能被误解为开放性。艺术的真理正是开放性与隐蔽性之间的斗争,是世界的公开性与尘世的隐蔽性之间的斗争。真理是和存在之间的一种关系,而这种存在能接受其自身的黑暗时刻。艺术将这种黑暗就以黑暗自身的样子带入了光明。

海德格尔认可哲学、艺术以及诸如建国等政治行为也可以获取真理,但他明确将科学排除在外。科学只是

---

① Martin Heidegger, *Der Ursprung des Kunstwerks* (Stuttgart: Reclam, 1997), 43.

在正确性（Richtigkeit）的领域中运作，而正确性又依赖于真理先前的揭示。从这个意义上说，艺术和思想一样，是建立历史空间所不可或缺的，而在这个空间中，具体的研究活动才得以开展。换句话说，科学从不建立自己的范式，而是在艺术作品或哲学揭示的范式中运作。就此，海德格尔甚至提出了这样的主张："艺术在本质意义上就是历史，因为它创立了历史。"①

伽达默尔

伽达默尔将海德格尔的"事实性阐释学"扩展为一般的哲学阐释学。传统阐释学是一种确保准确理解文本的方法，而伽达默尔远远超越了这个层面，他将理解重新概念化为人类同世界及自身相关联的一种基本方式。在这一模式中，美学也成为阐释学的一个方面，尽管美学在其中享有特别重要的地位。然而，伽达默尔在《真理与方法》一书中指出，康德之后的传统美学理论未能正确回应艺术对真理的追求。而艺术的这种特殊的真

---

① Martin Heidegger, *Der Ursprung des Kunstwerks* (Stuttgart: Reclam, 1997), 80.

理追求绝不能和科学真理混为一谈。与海德格尔一样，伽达默尔将真理与自然科学的操作模式区分开来。他认为，康德已经否定了所有不符合自然科学模式的认知概念。然而，当人文学科试图遵从这种运作模式时，他们就失去了其对象的特殊性，并用方法论工具来处理这些对象，最终破坏了这些对象的独特真理。

康德在很大程度上将艺术分析局限于主体对艺术所产生的"无利害的愉悦感"。在伽达默尔看来，这是对艺术品施暴，因为它切断了艺术品和生活的联系，即脱离了社会、历史或宗教的世界。阐释学的使命是使艺术作品重新融入其源头活水中。在作品中，其世界也总能被把握。

然而，艺术对真理的追求源于它在世界中真正的本体论地位。伽达默尔推翻了柏拉图的说法，即艺术是一种本体论上有缺陷的东西，因为它是世界上距离思想领域最远的一类。在伽达默尔看来，艺术品在某种程度上增加了普通物品的本体论内涵，从而囊括了其本质。总之，艺术品占据着本体论优势。通过艺术迂回认知世界会更容易，而艺术最终被证明是一条捷径。

海德格尔曾犹豫是否要将艺术提升到哲学之上。伽达默尔坚定地迈出了这一步。"我们阅读哲学文本不同于阅读无所不知的诗歌。确切地说,我们所阅读的哲学文本并非无所不知,但其作者所探究和思考的却更为深远。"①

德国二十世纪哲学美学最重要的三个贡献,即海德格尔、伽达默尔和阿多诺的贡献,都强调了艺术对真理的追求。不过他们的真理观明显偏离了亚里士多德的真理对应论。因此,他们都不拘泥于艺术作品和世界的模仿论关系。由于他们都将自然科学视为开发工具,而非真理的守护者,艺术几乎必然成为真理的首选栖息之处。但是艺术或多或少还是要依靠哲学的帮助才能揭示其所蕴含的真理。同时,人们会认为哲学美学史是以自然科学的标准来对艺术进行综合衡量;由此,哲学美学史基本就被摒弃了。

海德格尔对浪漫主义的审美真理观的重构在一众思想家那里都得到了回应,在此仅举几例,如理查德·罗蒂、曼弗雷德·弗兰克和吉奥乔·阿甘本等。

亦可参照:判断力;美;价值

---

① Hans-Georg Gadamer, *Wahrheit und Methode*, 6th ed. (Tübingen: Mohr und Siebeck, 1990), 170.

暗恐

托马斯·佩珀（Thomas Pepper），在明尼苏达大学文化研究与比较文学系任教。

自从弗洛伊德在1919年发表了《暗恐》(*das Unheimliche*,英译为"The Uncanny")一文[①]以来,该能指(词)和所指(物)之间的关系变得越发紧张,不仅在精神分析学领域,而且在美学思想及其他领域皆如此。尽管它已成为一种司空见惯的现象,其定义却成了一种安抚,是词与物都抵制的对象。而这种抵制的原因直指问题的核心。

"暗恐"是弗洛伊德的一个术语,指的是主体对熟悉事物的体验,当这种熟悉的事物因引起主体不适而被压抑在无意识中时,它会以陌生化或疏远的形式回到意识中,并伴随着焦虑(有意识的或无意识的)。这种焦虑所带来的不适正是原初被压抑的不悦所形成的回响。

然而,尽管"暗恐"是对一种体验的命名,但它却常常陷入这样一种倾向,即被归结为一种体验对象。这种从经验到经验对象的推移,让人想起古代和早期现代的"崇高"与康德《判断力批判》之后的"崇高"之间的重要区别;在前者,崇高描述的是客体的品质,而在后者,崇高指的是客体对主体能力的颠覆。这一类比被

[①] Sigmund Freud, "The 'Uncanny'", in *Writings on Art and Literature* (Stanford, CA: Stanford University Press, 1997), 193-233.

一种消极的情感色彩所印证，无论是康德在《判断力批判》中对崇高所进行的划时代重构，还是弗洛伊德提出的"暗恐"，都体现了这种类比。

对文学语言中的"崇高"以及弗洛伊德使用的以"un-"开头的词的精确把握，我们可以参照燕卜荪《朦胧的七种类型》中的目录："第七章：第七种类型表现的是一种完全的矛盾，表明了作者思想中的分歧。援引弗洛伊德。"①

根据康德和弗洛伊德截然不同的目的，康德称之为崇高的体验与弗洛伊德称之为暗恐的体验之间一个主要的具体差异在于弗洛伊德对负面情感色彩的因果推理提供了更强有力的解释。康德的批判哲学认为美促进了主体各种能力之间的协调，崇高则是对主体各能力之间的不协调以及主体的不愉悦感的体验；而弗洛伊德早在1919年之前就已经解释了负面情感色彩是导致主体将其压抑进潜意识之中的首要原因。因为康德批判哲学

---

① William Empson, *Seven Types of Ambiguity* (New York: New Directions, 1947[1930]), ix. (此处中译参照燕卜荪著，《朦胧的七种类型》，周邦宪、王作虹、邓鹏译，中国美术学院出版社，1996年，目录页。——译者注。)

明确指出，只有美才是真正意义上的审美体验的地盘。康德将崇高从客体的品质中剥离出来，并以崇高命名主体体验该客体时所产生的某种感受，这便是康德的高超之处。在康德《判断力批判》第一部分中"崇高的分析论"紧随"美的分析论"之后，这并没有从哲学上证明这两个部分都与美学本身有关。形成这种错误认识的原因恰恰在于其未能把握康德的激进性，即他借用了希腊语aisthesis（该词指称普遍感知）并以此作为一个现代称呼来命名我们现在所说的审美体验，也就是对美的体验。对于古人来说，"感官体验"就是一个不会思考者的同义反复的用法，他们无法正确表述，也不会哲学地去思考和言说。对于康德来说，"审美体验"并不是一种同义反复：有很多经验并非以美标识。将"崇高的分析论"与"美的分析论"区分开来，实际上就是尝试着将这两个部分以及它们各自所讨论的经验领域进行清晰的概念划分。一方面是美，这是美学所关注的；另一方面是崇高，准确地说，这并不是美学的领域。因此，正是在这个分界线上，无论哲学家（康德或其他任何人）是否意识到了这一点，一种并非审美（或对观者来说并没有带来愉悦感）的艺术的概念空间便打开了。如果没有认识到这种区分构成了康德论证的内在必然性的一部分,就会一厢情愿地幻想一个理想化的、和谐的康德哲学体系。但这并不是康德本人的想法,他彻底进行了重新定义,在逻辑上将崇高界定在审美领域之外。

这里要举的一个例子是弗洛伊德文章的最后一个注释,以生动展现弗洛伊德的"暗恐"概念。它出现在该文第三即最后一部分的一个长段落之后(在弗洛伊德的《作品集》中不足五页篇幅,而在该部分和文章结束之前还有四十页的篇幅)。这是该尾声部分唯一的注释,也是最后的注释。(相比之下,文本的第一部分有一个超过一页的注释;而第二部分包含少量几个注释,但和先前那个庞然大物般的注释相比,简直小巫见大巫。)

最后一个注释所注的句子是:"因此,这里的关键问题纯粹是一种现实(即物质现实)检验的活动。"注释如下:

由于"复影"的暗恐效应也属于这种情况,因此当我们自己的形象呈现于我们面前(非刻意召唤而是意外出现)时,我们去体验这种效应究竟是什么就显得非常有趣。恩斯特·马赫在1900年出版的《感觉的分析》

第3页中公布了两种相关的观察结果。第一次，当他认出那张脸是自己的时候，他感到非常害怕；另一次，他对踏上了他的巴士的一个显而易见的陌路人做出了不太好的评价："上车的那个人真是个破落学究。"——我也有一个类似的奇遇：那次我独自坐在卧铺车厢里，列车运行时的一次剧烈晃动把隔壁洗手间的门甩了回来，一个戴着旅行帽、穿着睡衣的老人走进了我的车厢。我以为他从两个车厢之间的洗手间出来时搞错了方向，误入我的车厢，于是跳起来想要告诉他，但我很快意识到（是我自己）搞错了，那个闯入者是在连接门的镜子中的我自己的形象。与此同时，我还知道这副模样让我深感不悦。因此，马赫和我非但都没有感到恐惧（马赫和我一样），而且根本没有认出他（即复影）。然而，至于随之而来的这种不悦感是否实际上是某种古老反应（这种反应将复影视为暗恐）的残余？这仍有待商榷……①

---

① Sigmund Freud, *Gesammelte Werke*, 18 Bde. u. Nachtragsbd (Frankfurt am Main: Fischer, 1999 [1941-68]), 12: 229-68.引文较原文有调整（——原注）。

马赫出现在德国人所说的"思想激荡"之前,而弗洛伊德的"我"也只会在马赫的名字之后出现;对伟大的马赫的召唤,弗洛伊德以前者来保证自己故事的真实性。这一叙述顺序彬彬有礼地将杰出的伙伴放在首要的位置上,也将马赫名字的光芒照射在了弗洛伊德自己身上。因此,马赫被当作弗洛伊德的最佳替身或样板人物。就这样,该叙述顺序促成了这一美好的想法,而一件同时发生的事则进而巩固之:在1919年,任何一位阅读弗洛伊德文章的读者都会知道精神分析学的创始人自己也在1900年发表了其重要作品《梦的解析》。

该注释虽未详述但指出了这种同步性。事实上,在无意识的逻辑中,马赫(Mach)的名字与德语Macht(即权力)只差一个小小的t,这不会损害"论据"(又称为"巧妙的比喻",和概念同根的词)。弗洛伊德引用马赫是为了借用他的权威作为自己力量的源泉。此外,弗洛伊德自己的名字以d结尾,是马赫名字中缺失的t的有声版本。

因此,弗洛伊德也是马赫自身力量和影响的奉献者:马赫名字中的腭音缺失,而弗洛伊德名字中却相应有一个发声的音;由于弗洛伊德拒绝将自己名字中的这个音给予、转交马赫或与之分享,并且还像一个获胜的幼儿那样挥舞炫耀着它,因此,这一缺失导致马赫的思想缺乏生命力。他弗洛伊德有;而马赫没有。这便是矛盾以及双重性之所在,即是弗洛伊德提出的暗恐的一个重要标志。在此,弗洛伊德的成就不仅仅是沾了上述马赫所说"自己的巴士"的光,而且更重要的在于这个榜样为眼下这一靠不住的优越感付出了代价。正是复影的暗恐逻辑(一定程度上也是在其弟子奥托·兰克的帮助下[①])解释了为何他们二位的复影都被置于观察者之下。弗洛伊德的推理解释了对这些分裂的、糟糕的复影的贬低,也解释了马赫本人自嘲"破落学究"的"不太好的评价",这个"破落学究"当然不是像马赫和弗洛伊德那样的著名教授。

一种思路认为,暗恐的逻辑显然将这些糟糕的复影分离了出来,它们本身只是这两位大人物的表象;而另一种思路认为,马赫和弗洛伊德因有着共同的奇妙命运而宛若孪生。弗洛伊德的注释展示了备受尊敬的经验主义者、反形而上学的马赫以及弗洛伊德本人,乘坐着

---

① 参阅 Otto Rank, *The Double: a Psychoanalytical Study* (London: Karnac, 1989 [1925]).

动力机械车辆，从1900年驶入20世纪及其后的时代。鉴于这个注释所关联的讨论，与马赫一起行动的风险是非常高的。因为弗洛伊德最大的抱负是将他的科学根植于"物质现实"，他和马赫都认为"物质现实"是万物起因之基。

弗洛伊德的注释所展开的这一阐释实现了他自己强烈的夙愿，即无可置疑地将自己置于科学的巅峰。在和自己的一场暗恐的相遇中，他上演了这一夙愿。而现在他已成幽灵。马赫死于1916年。要结束对弗洛伊德这段注释的解读，我们有必要回顾该注释的最后两句话："因此，马赫和我非但都没有感到恐惧（马赫和我一样），而且根本没有认出他（即复影）。然而，至于随之而来的这种不悦感是否实际上是某种古老反应（这种反应将复影视为暗恐）的残余？这仍有待商榷……"暗恐在这里得到了清晰的阐释。在所有（摇摆不定的）推崇和赞美之后，弗洛伊德不得不中断他幻想中辨认的思路。译文的最后一句不完整，后面还加了一个问号，就说明了这一点。但是，由于倒数第二句话末尾的否定动词"nicht agnosziert"（没有认出）用法怪异，这种字面上的断句做法本身也是必要的。评论家燕卜荪在其

《朦胧的七种类型》一书第七章的标题中描述了他所说的"朦胧"的最高发展形式，正如该标题所述，弗洛伊德书写了在已经给出的译文中被准确呈现的内容。

德语动词agnoszieren本身就很奇怪。显然，该词是由希腊语中一个表示"不承认"（如同诊断术语中的"失认症"）的单词拉丁化而来的，而这个德语动词的意思恰恰相反。"agnoszieren"意味着"承认"或"认可"某事物或某人，具有明确的积极意义，就像通过授予荣誉来认可某人一样。这与该词根在古代的、"已经不再有人说的"语言中的意义相矛盾。但是"agnoszieren"一词也是认识的专业术语。这里的"agnoszieren"和它前面的"nicht"是如此充满张力，致使最后一句话出现了不符合语法的断句，同时也使得人们回溯性地推测弗洛伊德该注释的前文也充斥着极端矛盾性。弗洛伊德会古希腊语和拉丁语。而且，他写的论文足以汇编成一本文集，最近才以"失语症"为主题出版了单行本；"失语症"是一种疾病，其下包含一个叫作"失认症"的亚属。他不可能不知道这个词在希腊语或拉丁语中的意思——无论是作为一个研究过这些语言的人，还是作为他那个时代德语世界的神经病学专家，更不用说是作为一个杰出学者，写出了使其蜚声时代的论文［即使这些论文在《弗洛伊德作品集》（*Gesammelte Schriften*）和《弗洛伊德心理学作品全集标准版英文译文集》（*The Standard Edition of the Complete Psychological Works of Sigmund Freud*）的编辑手中被遗漏了，这两套编纂的文本集有交叉但不完全相同］。

"马赫和我一样——根本没有认出他"：能写出这句话的人一定是在日常训练中见过很多尸体，也一定接受过古希腊语和拉丁语的训练，并已成为一名教授。在这里，弗洛伊德以跟随着马赫的"我"的身份出现，而马赫本人在弗洛伊德写作时已去世，因此，在和马赫相认同的幻想中弗洛伊德认可并赞美了自己，此外还增补了对马赫的肢解（到了1919年，马赫只剩下名字和作品）。鉴于此，弗洛伊德别无选择，只能中断写作，以免陷入验证或认出自己尸体的境地。当然，在1920年，他出版了《超越快乐原则》一书使其更加声名鹊起。其一是因为他提出了"死亡是生命的目标"这一备受争议的著名论点；其二是因为宣扬一种死亡冲动，且对此津津乐道，而在此之前人们只可能对生命及其快乐原则津津乐道；其三在于指出了"强迫性重复"正是死亡冲动的名片；其四在于对这样一种观念的反复强调，即每一种有限的生物存在体都是物种的永恒种质自我繁衍的方式。

我们的余光偶尔会瞥见日常生活中对熟悉事物产生的陌生感，正是在这种若隐若现、时有时无的视域中，精神分析找出并确认了这个注释前述展开论证的逻辑。也是这一奇怪的折叠空间的逻辑，在这样的一个空间中，某些东西同时既是x又不是x。事实上，"陌生感"是对暗恐的另一种翻译。在当代德语中，"heimlich"这个没有否定词的形容词，几乎没有像其形式上的否定用得那么多。这个表面上非否定的词的矛盾性足够强大，除了具有"私密"的含义之外，它还可以指"暗恐"（unheimlich）。

上述所有的论题都在"暗恐"中呈现了出来，就这样，在弗洛伊德的注释中，"unheimlich"一词登台了，即使从那以后的历史将所有这些都溯源于弗洛伊德在下一年出版的重要著作。这种在矛盾中表现事物陷入其对立面的摇摆不定、是x又不是x的犹豫不决，正是弗洛伊德神经—暗恐的心理体系的中心轴之一。它作为一个主旨，贯穿于从《梦的解析》（1899/1900）①，到弗洛伊德对卡尔·阿贝尔（Karl Abel）《论初始文字之反义》（*Über den Gegensinn der Urworte*）②的同名评论，通贯于《论自恋：一篇导论》（*On Narcissism: An Introduction*）③中，再到《否定》（*Die Verneinung*）④一文，再到《分析中的建构》（*Constructions in Analysis*）⑤以及《防御过程中自我的分裂》（*The Splitting of the Ego in the Processes of Defenses*）⑥。

弗洛伊德对暗恐忧虑不安，这是理所当然的。因为哲学家们不太能接受精神分析的逻辑及其对亚里士多德非矛盾律的麻木无感。晚近但未必是一个更为先进的时代中的心理学家们不得不发明"认知失调"这个概念来尝试着表达同样的意思，却绝口不提弗洛伊德。令大科学界震惊的是，在上述诞生于1920年的重要著作中，当弗洛伊德探讨精神创伤引发的重复时，他首次有力地

---

① Sigmund Freud, *Gesammelte Werke*, vols 2-3.
② Ibid., Vol.8.
③ Ibid., Vol.10.
④ Ibid., Vol.14.
⑤ Ibid., Vol.16.
⑥ Ibid., Vol.17,也包含了其遗作。

阐述了今天所谓的创伤后应激障碍症。苏格拉底和柏拉图早就知晓狂躁症、自恋和矛盾心理，以及存在者与其复制品或影像之间恼人的关联。这并不是说被誉为西方哲学的奠基者们青睐于驱逐或扰乱全然清醒的理性。柏拉图驱逐模仿的艺术，其实是为了惩罚模仿所导致的向"多像，多不像"的恶性倒退。拉康在回答一位青年哲学家关于"无意识的本体论地位是什么"的问题时，也表达了类似的观点。他给出了那句著名的答案："无意识的本体论地位是它先于本体论而存在。"①哲学对生命的阐述会严格按照卵、幼虫、蛹这几个阶段来进行，直至成虫出现；而无意识未受此限制，具有其他特征：它不知道时间，也不懂得否定（时间和否定是伴随着压抑而出现的，属于前意识的坚固边界，而与无意识无关）。

人们常常忘记，字面意为"面向所有"的公共汽车便是激进的暗恐的发生地，只是在过去人们常常将其称为经验。尽管人们大声疾呼经验的终结，但无论多么脆

---

① 参阅Jacques Lacan, *The Seminar of Jacques Lacan. Book Ⅺ. The Four Fundamental Concepts of Psychoanalysis*, trans. Alan Sheridan (New York: W. W. Norton 1981), 37.

弱，经验仍然存在。而足以令人感到暗恐的是，这仍是真实得让人不安的事实。

亦可参照：崇高；震撼

情绪／调谐

达里奥·冈萨雷斯（Darío González），哥本哈根大学媒体、认知和传播系和艺术与文化研究系的哲学和美学讲师，索伦·克尔凯郭尔研究中心副研究员。

为了准确地评价德文Stimmung（情绪）一词在现代美学中的一系列含义，似乎有必要关注这一概念的起源和文法。Stimmung在形态上和"Stimme"（声音）、"Bestimmung"（确定）以及其他相关术语相近，在此前提下，该词用于各种语境中，其共同点在于指涉审美体验中"客观"和"主观"维度的某种融合。即使英语"mood"一词既恰当地描述了一种感觉的内在特性，也通过引申描述了这种感觉所认可的外部条件或其投射的可能性，但这个德语概念在某些情况下所指的是观察者与被观察的情境之间某种先在的"契合"或"调谐"。在解释英语术语时使用来自音乐领域的表达方式，这反映了Stimme和Stimmung这两个词之间千丝万缕的联系。但即便如此仍然很难确定我们所讨论的"调谐"（attunement）究竟是心灵与世界的契合，还是心灵所具有的把握那构成世界的不同"声音"或"音调"的能力。奥地利语文学家利奥·施皮策（Leo Spitzer）在研究这一概念的起源时所考虑的正是这一点，他描述了"世界和谐"这一主题在古典和基督教思想中的发展。从历史视角来看，意大利文艺复兴时期新柏拉图主义的复兴应被视为该传统与现代美学之间最重要的联系。在这个意义上，Stimmung首先是灵魂的"音乐化"，它与宇宙的美好秩序的神秘调谐反过来又通过"星辰音乐"这一概念表达了出来。但是，这个德语词还能涵盖"和谐"概念的其他用法。施皮策指出，"Concent der Stimmung"（情绪和谐）这一表述出现在1547年对维特鲁威作品的译文中，即在所谓的"大众审美"（Massästhetik）领域，这是一种关于测量和比例的美学。这个概念在不同经验领域的普遍适用性似乎表明，Stimmung一词的使用与联觉实践有关：

> 正是由于这种实践，人们不仅能在其他艺术中，而且也能在人类心灵领域中自由地使用音乐术语。因此，在文艺复兴的诗歌中，我们会发现许多篇章描绘诗人（被构想为音乐家）"给乐器调音"以使其与他要唱的歌曲协调一致。[①]

尽管不能否认这种诗歌活动的观念和这一概念

---

① Leo Spitzer, *Classical and Christian Ideas of World Harmony. Prolegomena to an Interpretation of the Word "Stimmung"* (Baltimore, MD: Johns Hopkins, 1963), 134.

的现代用法之间的连续性,但根据韦尔贝里(D. E. Wellbery)的观点,关键在于要思考这样一个历史的"转折点",即传统的和谐观的某些方面从"思辨性的象征神学"转变为"反思性的美学理论"[①]。歌德将艺术家描述为能"发现无处不在的神圣的共鸣和宁静的音调,而大自然正是通过这些将万物联合在一起";而韦尔贝里在引用了歌德的这句话之后注意到,这种联合体并不是大自然的"有机目的性",而是"既定的物体在艺术的视角中展开,如同一种回应音调变化的游戏那样,因此,它在包罗万象的统一体中洞悉到了不同的物体,从而传递出更为丰富的内涵。"[②]我们很容易在这些言论中辨别出康德理论中的一个特定主题,即关于目的论判断的"客观目的性"(涉及事物作为自然目的)和审美反思判断的"主观目的性"(涉及"不确定目的的自然形式")之间的区别。[③]在第二种情况下,决定

[①] David E Wellbery, *Stimmung,* in Karlheinz Barck et al., *Historisches Wöterbuch* Ästhetischer Grundbegriffe, ed. 5:703-33 (Stuttgart & Weimar: Metzler, 2003), 706.

[②] Ibid., 705.

[③] Immanuel Kant, *Kritik der Urteilskraft* (Hamburg: Meiner, 2006), 531-2.

判断的唯一基础是"两种认知能力的和谐游戏……即想象力和理解力。"[①]脱离了传统和谐概念的宇宙论背景,在这不同能力之间"自由游戏"的观念本身就标志着向所谓"反思性美学理论"的过渡。事实上,韦尔贝里认为将"Stimmung"纳入美学词汇是回归到了康德在《判断力批判》中对该词的用法(尽管主要是作为一种"隐喻"来用)。[②]由此,表象与理解所必需的"普遍性条件"相契合,而非通过一个确定的概念与对象契合,这便成了审美运用判断力的标准。[③]在依附于表象的愉悦感产生之前,那些普遍性条件构成了鉴赏判断可交流的基础。关于"感觉"本身的领域,一些学者坚持认为《判断力批判》的作者并没有忽视其重要性。例如,瓦尔特·比梅尔(Walter Biemel)认为,康德赋予感觉和情绪以"一种揭示的功能",而在他之前,这种功能"只被赋予逻辑认知";康德"隐含地"赋予了它们"一种能够道破真理的能力,而这只有到了我们的时

---

① Immanuel Kant, *Kritik der Urteilskraft* (Hamburg: Meiner, 2006), 520.
② Wellbery, *Stimmung*, 707-9.
③ Kant, *Kritik der Urteilskrafft*, 69.

代，在海德格尔和舍勒那里，才真正得以证实"。①

然而，正是席勒在重新评估康德的美学理论时，将想象力和理解力的"自由游戏"解释为在一种特定的"心灵的审美性情"（ästhetische Stimmung des Gemüths）中消除感觉经验和理性之间的对立，也消除情感和思想之间的对立。②美将感性的人引向"形式"，将精神的人引向"感官世界"，美允许人类心灵凌驾于一种"感性和理性同时活跃的中间状态，因此它们相互破坏了彼此的决定性（bestimmende）力量"。"游戏冲动"在"形式冲动"和"物质冲动"之间扮演着统合这两者的角色，而审美性情的调和功能便对应于这种"游戏冲动"。在心灵"既不受身体约束，也不受道德约束，又在两种方式下都活跃"的情况下，当我们从确定性"后退"到"纯粹可确定的状态（einen Zustand der bloßen Bestimmbarkeit）"时，就获得了这

---

① Walter Biemel, *Die Bedeutung von Kants Begründung der Ästhetik für die Philosophie der Kunst* (Köln: Kölner Universitäts-Verlag, 1959), 145.

② Friedrich Schiller, Über die ästhetische Erziehung des Menschen in einer Reihe von *Briefen. Werke*, Vol. 12 (Stuttgart & Tübingen: Gottaschen Buchhandlung, 1838), 90.

种"自由的性情"。①我们也可以用同样的论据来解释为什么"审美境界"尽管具有不确定的特性，但仍是"真实的最高境界"并且"在知识和道德方面最具成效"。②在席勒理想主义的艺术理论中，这一观点的一个重要推论是，"艺术作品的卓越"与所产生的"性情的普遍性"成正比，这种普遍性超越了在特定媒介中运作的物质力量的多样性。因此，"不同的艺术在对心灵的作用上越来越相似。"③

审美判断的普遍可传达性的问题曾是康德美学理论的框架，而在费希特之后的德国唯心主义传统中，对这一问题的摒弃变得越来越坚决。在浪漫主义美学的背景下，主观性不仅仅是鉴赏美的形式条件之所在，更是一种内在的力量，这种力量的"运动"或"振动"正是艺术家所要传达的。可以想见，这种想法在抒情诗的理论中被发挥到了极致。根据黑格尔的《美学讲演录》，"由于在抒情诗中是主体在表达自己……所以，

---

① Friedrich Schiller, Über die ästhetische Erziehung des Menschen in einer Reihe von *Briefen. Werke*, Vol. 12 (Stuttgart & Tübingen: Gottaschen Buchhandlung, 1838), 85.
② Ibid., 90-1.
③ Ibid., 93.

抒情诗的适当内容就是主体性本身,因此重要的只是感觉的灵魂,而不是其相应的对象是什么。"①在此有一个有趣的要点,抒情诗所指涉的不是"客观行动"的连续性,而是集中于"转瞬即逝的心境(die flüchtigste Stimmung des Augenblicks)"。②然而,与黑格尔关于诗意境的意义之阐述并行的是在《精神哲学》中对这一现象的描述。对"外在感觉与知觉主体内在性之间关系"的研究,是描述黑格尔哲学人类学中Stimmung特征的语境。③我们能够通过颜色、声音(其中人声占有特殊地位)、气味、味道等来表明某种情绪,这种关系既先于自我意识,也先于对外部对象的意识。"感觉(Empfindung)"一词在概念上与涵盖面更广的术语"感觉/情感"(feeling)有所区别,该词涉及敏感性或感性(Empfindsamkeit),并且强调"感觉中的被动性或发现的一面(die Seite der Passivität, des Findens),

---

① Georg Wilhelm Friedrich Hegel, *Vorlesungen über die Ästhetik. Dritter Band. Jubiläumsausgabe*, Vol. 14 (Stuttgart: Frommannn, 1964), 424.

② Ibid.

③ Georg Wilhelm Friedrich Hegel, *System der Philosophie. Dritter Teil. Die Philosophie des Geistes. Jubiläumsausgabe*, Vol. 10 (Stuttgart: Frommann, 1958), 134.

即感觉中的确定性的直接性（der Unmittelbarkeit der Bestimmtheit im Fühlen），而feeling一词更多地指涉其中的自我性。"①尽管做了较大的变动，但克尔凯郭尔在接受黑格尔哲学时仍保留了Stimmung这一概念的模糊性（它既是诗歌体验的内容，也是区分自我和世界之前的一种感觉形式）。一方面，克尔凯郭尔在《非此即彼》中对生活的"审美"领域的描述意味着对一种只"存在于情绪（Stemning）"的个性的批判。由于无法达到伦理所要求的稳定性，审美个性"消解"在了一系列瞬间的情绪中，而忧郁和轻浮之间的张力则构成了这类情绪的特点。另一方面，在《焦虑的概念》中，克尔凯郭尔试图找出与"罪"的概念"正确对应的情绪"，认为正确的情绪（诚挚）只能在个体对他人的伦理和宗教讲话中才能找到。②然而，对于这一概念后来的历史来说，更重要的是，焦虑在那部作品中被指为与罪的"真实可能性"相对应的存在论情绪。在"梦幻精神"

---

① Georg Wilhelm Friedrich Hegel, *System der Philosophie. Dritter Teil. Die Philosophie des Geistes. Jubiläumsausgabe,* Vol. 10 (Stuttgart: Frommann, 1958), 148.

② Søren Kierkegaard, *Begrebet Angest*. Skrifter, Vol. 4 (Copenhagen: Gad, 1994), 322-3.

的阶段中，对焦虑的表现形式——也就是在"我和我的他者之间的差异被提出"之前——是采用了黑格尔《精神哲学》中的术语来描述的，尽管借用了卡尔·罗森克兰茨（Karl Rosenkranz）在其《心理学或主观精神科学》中对这些主题的阐述。正是在那个阶段，焦虑的情绪被说成是以"一种暗示的虚无"作为其对象。①

德国唯心主义形而上学的危机导致了"情绪"（Stimmung）概念所扮演的角色的转变。从黑格尔到尼采，致力于研究人类灵魂的传统学科的解体过程使得在历史、社会学和修辞学研究的基础上重新定义这个概念成为可能。在19世纪末，至少有两种立场值得一提。第一种立场的代表是雨果·冯·霍夫曼斯塔尔（Hugo von Hoffmannsthal）在1896年发表的文章《诗歌与生活》。霍夫曼斯塔尔重新回到了"将灵魂的短暂状态…称为情绪"这一观点，同时，明确承认语言在诗歌中发挥着具体物质性的作用。当主体性本身失去了其形而上学的密度时，对内在世界和外在世界之间的关系进行抒情建构的问题便完全改变了方向。第二种立场以

---

① Søren Kierkegaard, *Begrebet Angest*. Skrifter, Vol. 4 (Copenhagen: Gad, 1994), 347.

奥地利艺术史学家阿洛伊斯·里格尔（Alois Riegl）为例。在他1899年的文章《情绪作为现代艺术的主题》中，里格尔提出了这样一种假设，即我们渴望通过和谐获得救赎——一种我们在自然界找不到的和谐——是艺术活动的根本动力。正如原始拜物教、古典美的理想和基督教对精神完美的表达都是对这种需求的回应一样，"我们"的时代在科学世界观中找到了一种救赎性和谐的可能性，因为它使我们能够超越矛盾冲突现象的特殊性，从更宏观的视角把握现象的全景。类似的关注也出现在格奥尔格·西美尔（Georg Simmel）于1913年出版的《景观哲学》中：只有当我们的意识达到一种超越由元素机械构成的统一整体时，我们才会意识到"看到了一幅风景"。与德国美学传统的早期阶段一样，Stimmung似乎指代一种不可归约的意义，只有在统一的视野条件下才能被感知。然而，在对这一现象的解释中，似乎构成了一个新的转折，即人们越来越意识到这种视野在现代世界中的必要性。

考虑到其历史预设和哲学体系前提的复杂性，马丁·海德格尔对Stimmung概念的哲学重估尤其值得关注。海德格尔在1927年的著作《存在与时间》中所采用的方法的核心特征是将"情绪（Stimmung）"或"情绪调谐（Gestimmtsein）"这一"本体"现象与本体论结构相联系，即与我们"在世存在"（Being-in-the-world）的特定特征相联系。①这种本体论结构通过术语Befindlichkeit指示出来，在英文中被翻译为"心境"（state-of-mind）或"调谐"（attunement），一位译者将其进一步解释为"人所处的状态"。根据他1924年关于"亚里士多德哲学的基本概念"的讲座所勾勒出的研究路径，海德格尔在《存在与时间》中指出，对πάθη（情感）最早的系统解释见于亚里士多德的《修辞学》中：在被描述为"心理学"框架内的情感和情绪之前，"情绪"是演说者演说时所处且流露的状态。②从本体论的角度来看，这里讨论的是心境的揭示功能，它在塑造"对世界的依赖，从中我们能够遇到对我们而言重要的东西"。③因此，情绪"既不来自'外部'，也不来自'内部'"；相反，它"在每种

---

① Martin Heidegger, *Sein und Zeit* (Tübingen: Niemeyer, 1993), 134-40.
② Ibid., 139.
③ Ibid., 137-8.

情况下都已经揭示了作为一个整体的'在世存在',并得以首先让自己能够指向某事物"。[①]严格来说,我们与实体的"相遇"不仅仅是"感知"(Empfinden)或"凝视"某物;如果实体能够被"触及(gerührt)"并且"对……有意义(Sinn haben für)",那只是因为"感官(die'Sinne')"在本体论上属于在心境中显示自身的在世存在。[②]海德格尔认为,在我们"在世存在"的"揭示性"结构中,"心境"与"理解"有着共同的起源;而上述这些论述与海德格尔的这个观点是一致的。[③]类似地,海德格尔后期,特别是在他关于荷尔德林的讲座和研讨中,对诗歌语言的揭示功能的强调也是基于这样一种思想,即诗歌的"基本情绪(Grundstimmung)""决定(be-stimmt)"了语言建立历史世界的"基础(Grund)"。

海德格尔在《存在与时间》中对情绪的"揭示性"特征的看法受到克尔凯郭尔焦虑概念的影响,尽

[①] Martin Heidegger, *Sein und Zeit* (Tübingen: Niemeyer, 1993), 136-7.
[②] Ibid., 137.
[③] Ibid., 160.

管这一概念单纯的"心理学"范围现在又回到了其本体论的可能性条件上。海德格尔认为,我们和"在世界中"遇到的"实体"的关系,不同于我们的"'在世存在'本身";在此背景下,我们便可以理解"焦虑的基本心境"在我们各种情绪中的重要意义。与对一个确定实体的"恐惧"情绪不同,焦虑似乎面对的是"无",但这个"无"是"根植于这世上最原初的'某物'之中的"。由于我们的"'在世存在'本身就是焦虑所焦虑的对象",焦虑便意味着我们自身的存在体验被抛入了一个我们永远也无法完全掌握的世界中。[1]焦虑情绪的基本特征在于,这种情绪让我们直面"日常"和"熟悉"的"在世存在"中的"暗恐(Unheimlichkeit)",以及我们的"异乡者(Nicht-zuhause-sein)"状态。[2]然而,这种根本性的揭示同时也揭示了一种"本真"存在的可能性。[3]

有趣的是,基于某些"基本情绪"而悬置我们日常

---

[1] Martin Heidegger, *Sein und Zeit* (Tübingen: Niemeyer, 1993), 187.
[2] Ibid., 342, 189.
[3] Ibid., 343.

态度的想法是由当时的另一位作者进一步阐发的。根据弗里茨·考夫曼（Fritz Kaufmann）在他1929年的文章《艺术调谐的意义》中的说法，艺术作品特别能够暗示一种整体存在的感觉，使生活和世界的关系清晰可见。与这种观点相比，海德格尔无疑更倾向于强调揭示事件的模棱两可和破坏性特征。海德格尔在《存在与时间》中描述了一种从"暗恐"维度所揭示的焦虑；与此相似，在1929—1930年所讲授的课程《形而上学的基本概念：世界、有限、孤独》中，怀旧（Heimweh）的体验被视为哲学的"基本情绪"之一。[①]该课程的另一个显著特点是以大量篇幅讨论了"无聊"（Langeweile）这一"基本情绪"；海德格尔后来在《哲学贡献》中将其描述为现代性的隐秘目的地。

亦可参照： 判断力；美；情感；真理

[①] Martin Heidegger, Die *Grundbegriffe der Metaphysik. Welt-Endlichkeit-Einsamkeit* (Frankfurt am Main: Klostermann, 2004), 7.

电影

约翰内斯·冯·莫尔特克（Johannes von Moltke），密歇根大学日耳曼语言文学系和银幕艺术与文化系教授。

在1913年首次发表的《有关电影美学的思考》中，格奥尔格·卢卡奇（Georg Lukács）写道："一种新的美好事物已经出现，但人们并不想接纳它，而是试图剥夺它真正的意义，将其限定在老旧、不合适的范畴中。"① 将电影仅仅视为一种教学媒介或将电影视为戏剧在经济上的竞争对手，这两种看法都遭到了卢卡奇的批评。他早早就倡导对电影这一新媒介进行美学研究。

但即使是对于那些默许电影是一种新的艺术形式②的人（他们长期以来都只是少数）来说，关于如何构建"电影美学"却仍然是一个棘手的问题。19世纪末电影的诞生对美学的历史和美学哲学都提出了挑战；理论的任务首先是要解决这一新媒介与现有美学范畴之间的交锋。在这里，有三条研究线索可以提供：首先，理论家可以将新媒介视为一个契机，将现有的美学标准和见解应用于新材料，从而将这种新媒介整合到一个基本上保持不变的既有体系中。这种观点似乎助推了贝拉·巴拉

---

① Georg Lukács, "Thoughts on an Aesthetics of the Cinema", *Polygraph* 13 (2001): 13-18.

② 参阅 Anton Kaes, ed., *Kino-Debatte: Zum Verhältnis von Literatur und Flim 1909-1929* (Tübingen: Niemeyer, 1984).

兹（Béla Balázs）较早地呼吁将电影纳入当时"美学大体系中的一章"的说法[①]，并且这也是鲁道夫·阿恩海姆（Rudolf Arnheim）那本影响力深远的著作《电影作为艺术》所要阐明的目标——该书旨在"证明电影艺术并非凭空降临，而是和所有其他艺术一样，遵循着古老的法则和原则"。[②]其次，将电影增列为"第七艺术"可能引发一种新的美学研究分支——"电影理论"——来独立处理这种媒介，但在涉及其他艺术时，仍然保留既定的美学范畴；这意味着扩展美学和美学范畴以涵盖新现象。卢卡奇的"思想"也朝着这个方向发展，借鉴了公认的自然美和艺术美的观念，发展出了电影的奇幻自然主义理论；在卢卡奇之后三年，雨果·门斯特伯格（Hugo Münsterberg）用《电影》这整本书来研究心理学和美学，他致力于"研究电影在美学上一直被忽视

[①] Béla Balázes, *Early Film Theory: Visible Man and The Spirit of Film,* ed. Erica Carter, trans. Rodney Livingstone (New York: Berghahn, 2010), 3.

[②] Rudolf Arnheim, *Film as Art* (Berkeley: University of California Press, 1957), 16.

的权利，即电影本身就自成一门艺术……"①但我们也发现后来持有这种观点的电影理论家，其中包括西格弗里德·克劳考尔（Siegfried Kracauer），他的经典著作《电影理论》（*Theory of Art*）从摄影史中提出了一套新的美学标准，以论证"如果电影是一门艺术，那么它绝对不应该与既有的艺术混淆。"②

从第三种观点来看，以上两种方法都存在不足。第三种观点认为，新媒介挑战了美学理论的根基，就像量子物理学动摇了长期以来人们对牛顿学说的信念一样。"对于量子物理学家来说，"一位顶尖的量子物理学家写道（借用来自电影的隐喻），"经典物理学就是一个缤纷世界的黑白图像。我们的经典范畴是无法把握住这个世界的丰富多彩性的。"③他指出，对量子行为的发现"迫使我们重新思考如何看待宇宙，并接受我们的世

---

① Hugo Münsterberg, *Münsterberg on Film. The Photoplay: A Psychological Study and Other Writings*, ed. Alan Langdale (New York: Routledge, 2001), 39.

② Siegfried Kracauer, *Theory of Film: The Redemption of Physical Reality* (Princeton, NJ: Princeton University Press, 1997), 40.

③ Vlatko Vedral, "Living in a Quantum World", *Scientific American* 304 (6) (June 2011): 38.

界的新而陌生的图景。"①对于持有这第三种观点的电影理论家来说,经典美学就像是提供了一个运动着的物体的静态图像,其范畴不足以理解电影出现之后所带来的全新而陌生的艺术世界。这种哲学美学与新媒介之间的交锋,无异于一场美学的范式变革或革命——这是瓦尔特·本雅明在他的《机械复制时代的艺术作品》中提出的著名观点。在该作中,本雅明提出了这样的论点,即电影这种典型的现代媒介已经彻底改变了美学的根基,须在艺术理论中引入新概念(本雅明声称这些概念将"有助于在艺术的政治中提出革命性的要求")。② 因此,本雅明认为,仅仅问电影是否可以被视为艺术是徒劳的,更为根本的问题是"摄影的发明(以及随之而来的电影)是否改变了艺术的整体特征。"③

当然,本雅明可以指出电影媒介在许多方面显然

---

① Vlatko Vedral, "Living in a Quantum World", *Scientific American* 304 (6) (June 2011): 38.

② Walter Benjamin, "The Work of Art in the Age of Its Technological Reproducibility", Second version, *The Work of Art in the Age of Its Technological Reproducibility and Other Writings on Media,* ed. Michael Jennings, Brigid Doherty, and Thomas Y. Levin (Cambridge, MA: Harvard University Press, 2008), 20.

③ 出处同上,第28页。

打破了传统的美学哲学观念：他声称，电影以分散注意力来对抗沉思，它摒弃了美的观念。他以大众取代资产阶级的个人主体，并推崇前者，将其视为审美接受的主体，而其技术基础似乎颠覆了关于再现、审美想象和独创性的一些基本假设，即本雅明所界定的那个著名（尽管有些晦涩）的"灵韵"。他的朋友西奥多·W·阿多诺也认为（尽管他远没有本雅明那么热衷于探讨这一观点的意义），造就了电影的机械录制设备，使艺术作品所标榜的"自主性"遭到了质疑。

电影开启了美学哲学的范式转变，这一观念无疑具有毋庸置疑的强大吸引力，这可能部分地解释了本雅明思想在电影研究中的流行；但是，将前电影美学与现代（主义）艺术理论区隔开来的分水岭也是一个修辞建构，它隐藏了重要的深层连续性。因为我们不能说电影的出现摈弃了哲学美学的范畴，也不能说在20世纪媒介的指数级变革面前，后者完全失去了意义。这与本雅明的观点不同。特别是在对电影进行理论研究的早期阶段（在现在被统称为"经典电影理论"的文本中），我们可以发现源自德国唯心主义和浪漫主义的美学范畴持续存在着；即使电影可能已经打破了它们的概念边界，但这些仍然是一代电影评论家和理论家理解这一新媒介所依赖的范畴。他们都深受德国美学传统的熏陶。以此往前追溯，我们便不难理解为何大卫·罗多威克（David Rodowick）会对以下观点感到惊讶："在20世纪初，电影是和理论联系在一起，而不是和美学或艺术哲学联系在一起"。①

20世纪上半叶关于电影的理论论述几乎离不开戏剧和电影之间的比较，好像只有通过将新事物与已知事物进行比较才能理解新事物。从卢卡奇的《有关电影美学的思考》和雨果·门斯特伯格的《电影》（1916），到阿恩海姆的《电影作为艺术》（1931）和克劳考尔的《电影理论》（1960），评论家们一直在用既有的舞台美学来衡量电影的艺术价值。总之，大家的目标都是为了捍卫电影，不让电影被贬为一种复制，或充其量不过是"罐装剧场"（最糟糕的情况是被说成低劣的杂耍）；并展示电影作为一种艺术形式的独特能力、前景以及局限性。在所有这些案例中，对古典美学的借鉴都是相似的，但这一点在1938年阿恩海姆所撰写的一篇

---

① David N Rodowick, "An Elegy for Theory", *October* 22 (Fall 2007): 92.

文章中被表述得更加明显，该文以"新拉奥孔：艺术的组成部分和有声电影"为标题，在1957年《电影作为艺术》一书英文版大幅修订时被收录其中：阿恩海姆进行了电影和戏剧的比较，以论证无声电影的特殊性（并质疑有声电影作为"复合"媒介的合法性）。但莱辛在其他论述中也占据着重要地位，一直到西格弗里德·克劳考尔，他仍然援引莱辛对诗歌和绘画的比较来论证"特定媒介内的成就如果从媒介的特定属性出发，就会在美学上更加令人满意。"[①]尽管古典电影理论中无处不在的"媒介特定论"已经被诺埃尔·卡罗尔严厉批评，但它们证明了古典美学在新媒介理论中的持久性。

但与莱辛相比，康德在经典电影理论的文本中仍然占据着更为重要的地位——这在雨果·门斯特伯格的早期著述中可能体现得尤为明显，[②]门斯特伯格是一位德国出生的心理学家，曾受威廉·詹姆斯之邀在哈佛大学任教，并在那里度过了他职业生涯的大部分时间。受新

[①] Siegfried Kracauer, *Theory of Film: The Redemption of Physical Reality* (Princeton, NJ: Princeton University Press, 1997), 12.

[②] 参阅Hugo Münsterberg, *Münsterberg on Film. The Photoplay: A Psychological Study and Other Writings*, ed. Alan Langdale (New York: Routledge, 2001).

康德学派，尤其是他的密友海因里希·里克特的影响，门斯特伯格的著作和活动范围广泛，涉及心理学和哲学的新兴学科；在他生命的最后阶段，他对电影产生了热情，并迅速写了一本关于这个主题的小书，被认为是最早一批在这一方面产生持续理论贡献的著作之一。门斯特伯格认为，电影的技术和美学潜力同心灵的运作之间存在着相似之处，他对此非常着迷。因此，门斯特伯格对这种新媒介展开了超验维度的研究。"影戏"（即当时对新近诞生的长篇叙事电影的称呼）不仅提供了特别成功的艺术游戏的范例，也就是康德所提出的著名的"无目的的目的性"。而且门斯特伯格的论证是以康德学说为前提基础的，对此，我们可以这样来总结，即他从电影中挖掘出了审美判断的可能条件。[1]正如他在《电影》中坚持的那样，电影描绘并塑造外部世界，以符合内在的主观的心灵运动。对于门斯特伯格来说，这是一个双重过程，其中美学对象首先从其外部的工具性联系中"分离"出来，然后被升华为一个有目的的统一体，成为美学判断的对象。

---

[1] 参阅Donald Laurence Fredericksen, *The Aesthetic of Isolation in Film Theory: Hugo Münsterberg* (New York: Arno Press, 1977).

门斯特伯格明确地将其论著中最为精彩的美学论证建立在心理学基础之上。作为一名实验心理学家,门斯特伯格特别关注的是电影如何能够从一系列静止的二维表象中产生运动和深度的印象;在一个专门讨论深度和运动问题的章节中,他将这种媒介的关键技术层面与视觉心理学实验联系起来,得出结论说我们所看到的深度和运动是"由(我们)自己的头脑"创造的,因此我们在电影中所获得的"印象",其先验范畴来自主体,而非客体。因此,明斯特伯格建立了这种新媒介的深刻唯心主义特征,然后继续展开一系列美学范畴,这些范畴不仅在电影中起作用,而且电影的技术和叙事手段似乎也为其提供了理想的表现形式:门斯特伯格认为,在特写镜头中我们找到了注意力的类似物;从一个行动空间切换到另一个空间,既实施又代表了想象力,或者正如门斯特伯格所写的那样,是想象力行为的"具体化";闪回既借助又具体表现了记忆的能力。与他之前的卢卡奇一样,门斯特伯格赞赏所有这些设备可能带来的新机遇,并且他尤其肯定这些设备能明显独立于空间、时间和因果律。正是在这种(唯心主义的)意义上,门斯特伯格认为电影是一种艺术形式:与日常现实的紧迫性相比，它更紧密地与心灵的运作联系在一起，但又由"电影"的叙事"统一性"结合在一起，对于门斯特伯格来说，这是电影这一媒介最完满的实现（而不是它可以被用于许多非虚构用途），电影也许是终极艺术形式，不服务于任何别的目的，却与判断的能力、感知和认知规律紧密相连。

尽管门斯特伯格在书的结尾将这些论点与高度规范的美学相联系，但他对这种新媒介的认知和感知维度的强调在过去一个世纪中一直具有影响力，直到包括大卫·博德威尔和诺埃尔·卡罗尔等人最近对电影叙事和电影感知的认知主义的阐述。在这一传统中，鲁道夫·阿恩海姆的重要著作《电影作为艺术》，最初于1931年出版，并于1957年翻译成英文（该版的改编力度很大），起着重要的中继作用。门斯特伯格本人已经引用了马克斯·韦尔特海默的心理学实验，而阿恩海姆在那里获得了他在格式塔心理学方面的基础训练；尽管在写作《电影作为艺术》时，阿恩海姆显然还不了解明斯特伯格的研究成果，但他的方法与《电影》一书有着一些共同的前提基础，甚至一些结论都是相似的：阿恩海姆也从感知的角度接近电影，以此来论证它的美学价值；尽管他策略性地强调了这种媒介生产的局限性而不是其创新潜能，但他同样得出结论，这些局限性足以使电影与现实之间产生足够的差异，从而使我们能够将前者视为一种艺术形式。有人声称，电影必然复制摄像机前已有的东西，因此其本身并没有提供额外的美学价值，对此，阿恩海姆指出，电影在技术上将世界还原为有框架的、二维的、灰度模式的图像，这便是其内在的形式力量："由于缺乏颜色、三维深度，且受到屏幕边缘的严格限制，等等，"阿恩海姆认为，"电影最令人满意的地方就是去除了现实主义色彩。"[1]阿恩海姆的立场是后来被称为"形式主义"电影理论的典范，和四分之一世纪前的门斯特伯格一样，阿恩海姆认为"艺术始于机械复制消失的地方，在那里，表现的条件在某种程度上塑造了对象。"[2]当然，隐含的前提仍然是康德式的主张，即美学世界存在于现实之外，其自身的目的性不会也不应该与一个行动会产生实际后果的世界相混淆。

---

[1] Arnheim, *Film as Art,* 26.
[2] 出处同上，第55页。

然而，与康德的学说一样，观众方相应的感知形式和判断不仅仅与美学的形式塑造力以及艺术美有关，而且在面对自然现象时都是如此，无论自然是以崇高的形式出现还是以康德所说的自然美（das Naturschöne）的形式出现。在这方面，理论家们也认为电影是提高审美感知形式的理想工具但焦点从电影独特的形式能力转移到了其技术上的模仿力。像门斯特贝格和阿恩海姆这样的"形式主义"批评家强调了电影图像与其表面上所表现的"镜头前的"世界之间的距离，而像贝拉·巴拉兹这样同样有影响力的思想家则指出了新媒体揭示事物已有"面相"的力量。电影中的面孔，通过特写镜头被隔离并放大，便体现了这一概念，就像特写曾经将门斯特贝格所说的"注意力"的心理行为具体化一样。但对于巴拉兹来说，面相的概念远不止于面孔的可辨认性，而是延伸到了客体和自然界的领域。在这个意义上，它接近于"自然（Naturschöne）"的概念，尽管巴拉兹作为电影评论家和两部最有影响力的经典电影理论著作[①]的作者，其高贵的语言更多是指向了浪漫主义者对康德

---

① 参阅Balázs, *Early Film Theory.*

美学的吸收和修订，而不是《判断力批判》。这在巴拉兹的著作中反复出现的"直接性"比喻中特别明显，即电影这个真正的大众媒介有助于恢复一种失落的视觉语言，绕过语言的中介，将主体和客体、观众和图像融合在一种准精神的联合体中。

可以说巴拉兹更接近于法国电影制作人和研究这一年轻媒介的理论家当中的当代"印象派"，而不是像西格弗里德·克劳考尔等这些后来的"现实主义者"。尽管如此，后者在整个职业生涯中都引用了巴拉兹的作品，甚至包括他的《电影理论》，这很容易被视为一部继承了浪漫主义美学的作品。然而，就马尔科姆·特维很有成效地赋予很多经典理论以"启示主义"的色彩而言，克劳考尔与巴拉兹达成了共识，即电影——无论是被视为摹仿的媒介，还是因其反摹仿的形式力量而备受赞誉——不仅能记录，而且能揭示人类视野无法看到或隐藏着的物理现实的方方面面。为了证明这一观点，克劳考尔将电影作为摄影的延伸进行了持续的论述；他明确指出，这两种媒介都被其固有的"亲和力"所定义，即青睐于非舞台化的、偶然的、不确定的、无尽的，以及就电影而言是"生命之流"。根据克劳考尔的现象学论证，摄影媒介特定的"探索力量"①并不在于构建一个独立的审美世界，而在于从经验层面重新连接观众与物质世界的具体现实。在这个意义上，克劳考尔也一直致力于对世界进行"面相学"的解读，这一传统从巴拉兹一直延续到浪漫主义者，再到歌德的作品，（正如艾特肯所论证的）再延伸到康德关于自然美的观念。②

与在法国提出惊人相似论点的安德烈·巴赞一起，克劳考尔通常被认为是一位"现实主义"电影理论家，与从门斯特伯格到爱森斯坦再到阿恩海姆的"形式主义者"形成鲜明对比。然而，近年来，人们越来越清楚地认识到，这种形式主义与现实主义之间的区别也许掩盖了一些同样重要的根本概念，这些概念将经典电影理论家表面上截然不同的研究方法联系了起来。特维重启"启示主义传统"，为重新思考这些交集提供了一个起点，艾特肯对"直觉主义"方法的论述也是如此。在经历了长达几十年的以语言学、精神分析学和社会学范式驱动的理论研究之后，这些相对较为新近的干预本身便

---

① Kracauer, *Theory of Film*, 22.
② Ian Aitken, *European Film Theory and Cinema: A Critical Introduction* (Edinburgh: Edinbrugh University Press, 2001), 172.

反映了一种审美回归的倾向。在此基础上，我们现在可能希望进一步"放大"，将镜头拉到足够大，以涵盖一些仍潜藏在启示主义或直觉主义（更不用说形式主义或现实主义范式）背后的概念和理论前提。鉴于大多数经典电影理论家所受的哲学训练，这些概念和前提仍不可避免地植根于美学哲学，无论新媒介的出现对这些传统产生了多大的颠覆。关于艺术和美学、关于想象力和感知力的唯心主义和浪漫主义观念，与媒介特殊性的辩论一样，仍然在经典电影理论中发挥作用。在更根本的层面上，几乎所有的电影理论研究都是在这样一种假设下进行的，即美学描述的是通过感官而不是通过概念来认识的东西，这种设想从鲍姆嘉通一直延续到阿多诺：用克里斯蒂安·梅兹（Christian Metz）的试验性用语来说，电影作为一种"更具感知力"的媒介，为探索这个意义上的美学知识提供了特别肥沃的土壤。

亦可参照：中介/媒介；蒙太奇/拼贴

蒙太奇／拼贴

帕特里齐亚·麦克布莱德（Patrizia McBride），康奈尔大学德语研究教授。

在二十世纪对艺术的重新认识中，蒙太奇是一个关键术语，涉及引用、并置和组合的策略，跨越了文学、戏剧、绘画、雕塑、摄影、电影、广播以及数字革命所诞生的各种媒介。这个术语指的是一种文本间或媒介间的交流，其关键在于引语和挪用的可识别操作。它强调了构造的瞬间和所融入材料的"现成"品质，使其与概念上相近的拼贴范畴区分开来。虽然涉及引语、再循环利用现成材料以及媒介间的越界实践早在二十世纪之前就已存在，但蒙太奇艺术反映了该世纪初特定的文化群落，这一群落是在机械复制技术的发展、现代大众媒体的兴起、消费文化的出现、规范美学的消亡以及十九世纪高雅艺术与流行形式之间界限渐趋模糊的情形下形成的。因此，蒙太奇艺术与由都市生活、机械世界和流水线生产以及大众社会的休闲文化所塑造的新的视觉和体验方式相关联。

德语中的"蒙太奇"一词最初与工业生产和军事领域相关联，它在20世纪20年代转移到了艺术领域，成为了一个总括性的范畴，包括了在各种媒介和艺术门类中的"剪切和粘贴"实践，从文字和视觉拼贴到照片蒙太奇、电影剪辑和雕塑拼装。虽然在20世纪20年代中期之后，这个术语的使用确实是因为被几位著名的苏联导演（爱森斯坦、库列绍夫、普多夫金、维尔托夫）纳入其电影理论而得到了繁荣发展，他们认为剪辑是电影诗学的一个关键原则；但"蒙太奇"这个词绝不仅仅是电影原理在非电影媒介的简单延伸。早在20世纪20年代，达达主义就将蒙太奇理解为一种模糊媒介和门类界限的行动实践，乔治·格罗兹将约翰·哈特菲尔德称为艺术劳动者或"Monteur（字面意思：机械师或装配工）"便是明证。事实上，在达达主义和构成主义圈子里，选择了"蒙太奇"这个术语，而不是法语的"collage"，是因为它与现代技术和工业劳动的世界有关，以及它强调艺术作品的构造性质及其对现成材料和零件的依赖。对语言和视觉表达界限的探索，曾推动了法国立体主义和意大利未来主义的诸种实验，而达达主义和构成主义的蒙太奇实践延续了这种探索，并常常将其激进化。在视觉艺术领域，这导致了对幻觉性构图的摒弃，并对非自然主义的、通常是非形象的布局进行了探索，以审视视觉交流的符号学及其与语言代码的相互作用[参见汉娜·赫希（Hannah Höch）、劳尔·豪斯曼（Raoul Hausmann）、库尔特·施维特尔斯（Kurt

Schwitters)、约翰·哈特菲尔德(John Heartfield)、拉斯洛·莫霍利-纳吉(László Moholy-Nagy)和玛丽安娜·布兰特(Marianne Brandt)的拼贴画和摄影蒙太奇作品,以及埃尔·利西茨基(El Lissitzky)和扬·奇肖尔德(Jan Tschichold)等新字体排印(the new typography)先驱者的图形作品]。在文学领域,理查德·休尔森贝克(Richard Huelsenbeck)、劳尔·豪斯曼和库尔特·施维特尔斯的作品挑战了已有的叙事和抒情惯例,探索了语言的物质性及其作为交流媒介的运作方式,通常通过强调语言插入部分的音色特质和视觉外观。对于电影这种新媒介,争论集中在电影美学和诗学中剪辑的优先地位上,这一观点得到了苏联电影制作者的支持,并由瓦尔特·本雅明进行了深入的阐释,但也受到了鲁道夫·阿恩海姆(《电影作为艺术》,1932)等重要批评家的质疑。[①]

在20世纪20年代,蒙太奇作为一个总称出现,用于描述复兴传统艺术流派的重要尝试,通常在现代主义的震惊美学和陌生化美学的名义下进行,这种美学从

---

① 参阅Rudolf Arnheim, *Film as Art* (Berkeley: University of California Press, 1957).

现代生活的喧嚣和支离破碎中获得了滋养。在贝托尔特·布莱希特的史诗剧场计划中，他借鉴了厄温·皮斯卡特的舞台创新，同时又超越了它们。蒙太奇原则带来了各种不同手段的交错运用（不连贯的情节、非自然主义表演、在舞台上使用海报、电影片段和投影），从而阻碍了叙事和意识形态的封闭性，并打破了美学幻觉。最终目的是阻止观众对舞台上的角色产生认同，以促进观众积极参与到正在上演的表演中。在小说领域，瓦尔特·本雅明特别提到了阿尔弗雷德·德布林（Alfred Döblin）的蒙太奇小说《柏林亚历山大广场》（*Berlin Alexanderplatz*, 1930），认为该作是适合在大众化的现代社会中呈现集体经验的新史诗的典范。本雅明特别赞扬了这种从大都市社会经济底层中选取的未经加工的片段所构成的叙事蒙太奇，在他看来，这有助于打破资产阶级成长小说的人为封闭性。评论家们还提到了这部作品与詹姆斯·乔伊斯的《尤利西斯》（1922）和约翰·多斯·帕索斯的《曼哈顿中转站》（1925）的蒙太奇技巧的相似之处。在戈特弗里德·本恩的诗歌中，从战壕战争和都市生活的颓废现实中汲取的短语和图像所构成的蒙太奇产生了令人不安的效果，表达了一种狂喜体验的幻觉强度，这种体验摆脱了主观性的枷锁，回归到未经分化的生命的生物根源。

艺术史学家弗朗茨·罗（Franz Roh）是最早阐述现代主义蒙太奇效果的人之一，他指出了蒙太奇所展示的插入片段的现实性与整体构图的抽象性（或反自然主义）之间的对抗（《后期表现主义》，1925）。事实上，蒙太奇的陌生化潜力在两个层面上发挥作用。首先，直接融入现成物（无论是图像、物品还是语言材料）破坏了艺术作品的边界轮廓，因为拼贴的片段不懈地回溯外在于艺术的语境。这些片段就是从这些非艺术的语境中汲取的。其次，来自日常经验的元素的反幻觉重组产生了陌生、惊人的并置。这种程序的模棱两可和开放性阻止了阐释的闭环和稳定的阅读，并让接收者积极地参与到接收过程中。正如维克托·兹梅加奇（Viktor Žmegač）所指出的，[①]蒙太奇显示出这一现象的两个主要特征。其一是元诗性的，关键在于蒙太奇艺术品如何通过自我反思唤起人们对建构时刻的关注。其

---

① Viktor Žmegač, "Montage/ Collage", in *Moderne Literatur in Grundbegriffen,* ed. Dieter Borchmeyer and Viktor Žmegač (Tübingen: Niemeyer, 1994).

二则依赖于由陌生化瞬间所产生的认知重构。

蒙太奇的生产力和概念影响力,可以通过它对20世纪30年代到70年代间杰出的现代主义思想家的美学和哲学反思所产生的影响来衡量,特别是在法兰克福学派内,尽管不仅限于此。这个术语作为一个涵盖了多维度的范畴贯穿于瓦尔特·本雅明的作品,命名了一系列现象,从作为一种戏剧形式典范的布莱希特的史诗剧场,其不连续的结构有助于揭示资本主义的矛盾(《作为生产者的作者》,1934年),到克服资产阶级小说束缚的新史诗的原则(《小说的危机》,1930)以及一种历史探究模式,它摒弃了历史主义的因果关系,以便将过去和现在的经验碎片并置在一起,必然会释放出难以估量的洞察力(《拱廊项目》,1927—1940)。也许更重要的是,本雅明认定,电影蒙太奇是现代机械复制技术和人类感官之间的关键连接点,后者深受异化劳动节奏和都市生活感官过度刺激的影响。值得注意的是,这一前提使他能够论证电影中的蒙太奇对人类感官系统的攻击和生产性刺激,并在此过程中产生了一种分散的接受模式,使个体免受法西斯审美场景的冥想吸引,并为形成一个解放的集体奠定了基础(《技术复制时代的艺术作品》，1936—1939）。

在《我们时代的遗产》（1935）中，恩斯特·布洛赫认识到蒙太奇是资产阶级文化奔溃的标志，其碎片可用于新客观主义所特有的分解和重组的空洞游戏（其本身就是资本主义剥削性非理性的症状）。在蒙太奇发挥中介作用的用法中，布洛赫也瞥见了通过释放乌托邦未来蕴藏在衰败当下的物质痕迹，构建尚不存在的解放性语境的可能性。西奥多·W·阿多诺在蒙太奇中找到了一种路径，能打破被他称为文化工业所召唤的整体性假象。通过将异质材料拼装在刻意构造的构图中，蒙太奇拒斥了赋予经验以意义的诠释操作，并造就了这样的作品，即防止滥用艺术，使之成为与充满资本主义矛盾的现实和解的工具。正如他犀利地总结道，"从微观结构来看，所有现代艺术都可以称为蒙太奇。"①

阿多诺的思考在第二次世界大战前关于蒙太奇的论战与战后学界对此的持续关注之间架起了一座桥梁。在20世纪60年代和70年代的波普艺术和观念艺术中，

---

① Theodor W. Adorno, *Aesthetic Theory*, ed. Gretel Adorno and Rolf Tiedemann, trans. Robert Hullot-Kentnor (Minneapolis: University of Minnesota Press, 1997), 15.

蒙太奇常常意味着对日常语境的强调，以及随之而来的弥合高雅艺术和大众文化之间鸿沟的愿望。同时，在对战前先锋派激进主义的明确参照中挪用蒙太奇，常常有助于为当代艺术的社会和政治参与奠定基础。在20世纪50年代和60年代的具体诗歌中，蒙太奇程序推动了引用操作，突出了语言作为视觉和声音媒介的物质性，并反思性地探索了符号表意机制[赫尔穆特·海森比特尔（Helmut Heißenbüttel）、恩斯特·扬德尔（Ernst Jandl）、H. C.阿尔特曼（H. C. Artmann）]。

自20世纪50年代中期以来，蒙太奇实践在各种媒介的实验性和反文化艺术中得到了广泛应用，范围涵盖了沃尔夫·沃斯泰（Wolf Vostell）的拼贴画、激浪派的偶发艺术和混合媒介实验、卡尔-海因茨·施托克豪森（Karl-Heinz Stockhausen）的序列音乐、西格玛·波尔克（Sigmar Polke）在其拼贴画和组合画中对流行艺术的讽刺性挪用、格哈德·里希特（Gerhard Richter）谜一般的摄影图集以及瓦莉·艾斯波尔（Valie Export）的由视频、电子模拟图像和现场表演组成的跨媒介蒙太奇。这些多样化的介入与大众文化保持着时而嬉戏，时而争论的关系，并以高度自我反思的方式对盛行的艺术表现观、作者身份、观众身份以及由新旧技术促成的中介过程进行了拷问。

如果说在20世纪上半叶，蒙太奇艺术给人以实验性和反文化的积极联想，那么在第二次世界大战之后，广告和商业艺术中蒙太奇手法无处不在的扩散，比如，它们被纳入更新后的现代艺术经典之列（比如像纽约现代艺术博物馆这样的顶级艺术博物馆于1961年举办的"拼贴艺术展"等影响力深远的艺术展览，在一定程度上也推动了这一进程），再比如，它们在那塑造了大众文化的技术进步的无尽循环中不断变化（电视的普及、图像丝网印刷方法的引入、音乐中电子合成器的传播，以及自20世纪80年代以来电子媒介更为广泛的传播），这些都促使评论家对蒙太奇是否有可能成为艺术异议的工具做出更犀利的评估。在《先锋派理论》（1974）①中，彼得·比格尔（Peter Bürger）提出了一个标志性的问题，即面对他眼中1960年代噱头式和剥削性的波普艺术，人们应如何评价由二战期间先锋派发展起来的挪用策略在战后的回归。虽然比格尔激烈地（并且难以令人

---

① Peter Bürger, *Theory of the Avant-Garde*, trans. Michael Shaw (Minneapolis: University of Minnesota Press, 1984).

信服地）否定了战后许多激进艺术，认为它们最终不过是自我推销和意识形态上的虚伪，但他的反思却指出了困扰蒙太奇和挪用艺术的真正困境。这在于蒙太奇所特有的引用姿态在其根子上所具有的模棱两可性，蒙太奇在批判的同时必然要致敬。在认识到引用和重复策略往往在谴责和肯定之间摇摆不定后，新近的批评将挪用的时刻视为一种战术步骤，其本身并不自带颠覆价值，并且其意识形态评估需要在相关社会文化框架内进行广泛的情境分析。

在语言学转向以及本雅明的作品在20世纪60年代和70年代被广泛接受之后，一些评论家呼吁将蒙太奇的经验应用到哲学写作领域，同时指出蒙太奇艺术已经越来越多地渗入主流艺术圈。正如格雷戈里·厄尔默（Gregory Ulmer）在《后批评的对象》（1983）①中所主张的那样，蒙太奇被用于哲学和批评，涉及一种"准文学"的写作模式，它通过利用蒙太奇的寓言和面相学模式（对厄尔默来说，雅克·德里达的《丧钟》一书就

---

① Gregory Ulmer, "The Object of Post-Criticism", in *The Anti-Aesthetic. Essays on Postmodern Culture*, ed. Hal Foster (Port Townsend, WA: Bay, 1983).

是一个很好的例证），绕过了概念式抽象和摹仿式再现。自20世纪90年代以来，蒙太奇实践一直是开展历史和地理方面本土化研究的对象，这些研究往往侧重于媒介的特定方面，而普遍缺乏在整个20世纪70年代一直驱动着蒙太奇理论话语不断前行的那种规范性的条件。以视觉研究和空间、地点的文化分析为基础的探究也扩大了关注面，超越了以往研究的符号学和诠释学框架。例如，在对摄影文化功能的研究中，贝恩德·斯蒂格勒（Berndt Stiegler）[1]呼吁将蒙太奇视为一种受历史影响的实践，以便使这一概念摆脱后结构主义的语言和文本偏见。对数字媒介的非线性、递归式和交互诗学的分析有时也会用到蒙太奇的启发式概念，例如以此来描述超文本的复杂时空配置（Manovich[2]）或者流行乐中由电子媒介所实现的特定挪用操作（Diederichsen[3]）。

亦可参照：中介/媒介；电影；震撼

---

[1] Berndt Stiegler, *Montagen des Realen. Photographie als Reflexionsmedium und Kulturtechnik* (Paderborn: Fink, 2009).

[2] Lev Manovich, The Language of New Media (Cambridge, MA: MIT Press, 2001).

[3] Diederich Diederichsen, "Montage, Sampling, Morphing", http://www.medienkunstnetz.de/themen/bild-ton-relationen/montage_sampling_morphing/（2011年6月22日访问）]

常态

尤尔根·林克（Jürgen Link），德国多特蒙德大学名誉教授。

米尔科·M.霍尔（Mirko M. Hall），康威斯学院德语研究副教授和语言、文化和文学系主任。

本文将探讨一个在现代性的文化中具有基础地位但经常被忽视的范畴，即常态或常规。本章着眼于其主要特征，并提供了一些主要来自德语世界的例证。

常态不同于规范性

一个词源上的混淆部分地解释了为什么大多数现代性理论以及文化研究都忽视了常态：人们过度专注于规范性（规范、标准、违反规范等），而忽略了其与常态的根本区别。事实上，这两个范畴在词源上都源自拉丁语"norma"（直角，是对规则的隐喻），但自1800年左右以来，它们发展为两个不同的话语复合体。规范性指的是伦理和法律的复合体——即社会行为准则（强制性规范），据此，违法行为（违反规范）受到制裁。没有规范性，人类社会是无法想象的。此外，关于常态，我们正面对的是一个始于18世纪的现代欧洲和北美，这一时期独具历史特殊性。[①]规范的诞生，其历史前提是

---

① 要获取历史和系统的信息，请参阅Jürgen Link, *Versuch über den Normalismus. Wie Normalität produziert wird*, 4th ed. (Göttingen: Vandenhoeck & Ruprecht, 2009).

数据处理社会的形成。这些社会使自己在统计上变得透明，既全面又定期，以便能够调节其大规模动态。这使得规范可以被定量地计算为质量分布的中间区域，或者涵盖了与平均值（"中值"）的一定距离。最早的实例包括身体尺寸（巨人和侏儒之间的常态）、预期寿命和经济增长等。后来，复杂的现象，如性取向和"智力"等也都被规范性地确定了下来。

"正常化"指的是在现代文化中常态（及其对立面——异常性）的生产和再生产所赖以运行的全套程序和制度。在这里，中间区域中正常范围的边界——也是异常性的边界——非常重要。这些边界被称为常态的边界。它们通过这种方式创造了一种新的、非常重要的文化边界形式，通过这种形式，例如，包容和排斥得到调节。这些常态的边界（与规范性的标准相对）的区别在于它们的不稳定性：质量的分布曲线在数学上是恒定的，即连续的；它们没有任何固有的不连续性（如伦理或法律上的有罪和无罪之间的不连续性）。正如成瘾现象清楚地表明的那样，人们可以很容易地滑过常态的边界。正常性向异常性的滑动可以称为"去正常化"。这对应于现代性的一种基本恐惧——"去正常化的恐惧"，即惧怕失去正常而变得异常。

常态（狭义的规范化）与规范性相比，不是历史的，即它们既不是生物学上构成的，也不同于历史上的日常生活。它们的历史性质在于正常履行着重要的功能，即确保现代文化免受（象征性地）现代性"指数级"增长的风险。现代性中的动态增长（人口、资本和知识）必须被规范化为一个逻辑曲线（一个延长的S形曲线），以防止其"爆炸"。这种规范化通常是通过在质量分布中的包容或重新分配的过程来实现的。例如，将同性恋纳入正常范围，或通过社会福利国家重新分配生活水平的标准，以实现一个更宽广的"中间"的钟形分布。

历史动态：原规范主义和灵活的规范化

常态的边界（与规范性规范相对）在统计上是连续的，并且总是可移动的，这解释了正常主义的历史动态。这种动态的两个相对极端可以被识别为理想类型，并暗示了一个时间上的组成部分：

第一，原规范主义，它主导了从1800年左右到1945

年左右。它的特点是常态的狭窄范围,并对应于扩大的异常区域以及庞大且令人恐惧的常态边界(通常是监狱和精神病院的墙壁,后来是集中营)的存在,加强了常态边界的刚性。这些正常边界与规范(道德和法律)规则的紧密配对加强了其严苛性。在此,以原规范主义的方法对抗广泛的性异常("变态")便极具典型性。这种原规范主义的调节方法在主体性方面对应于"威权主义"(阿多诺)、"纪律性"(福柯)和"他向性"(里斯曼)的特征。换句话说,原始正常主义主要产生异常(仅通过威慑和坏良心间接产生正常),主要关注排斥。或者,借用福柯的类比,原规范主义意味着:"制造非常态并允许常态。"

第二,灵活的规范化在第二次世界大战后在"富裕"的西方国家取得了文化霸权。与原规范主义相比,它使用统计连续体将正常的中间范围尽可能扩大。它不仅将正常边界向外推进,而且通过更宽的过渡区域使其变得不那么严格。因此,异常区域变得更小。这是通过包容可能更早的异常(例如,主要是早期的性"变态")而实现的。这种灵活的调节方法涉及一种同样灵活的"自我管理"和"自我规范"的主体,通过测试程序"调整"其自己的正常边界。通过这种包容和个性化，正常的中间范围在内部（即"多元化"）得到区分。因此，可以说，灵活正常主义主要产生正常，并且主要关注包容。换句话说，"制造常态并允许非常态"。

常态的灵活边界昭示着对当代（"后现代"）文化产生广泛影响的两种结果。首先，正常边界在一种矛盾的方式下变得有吸引力。它承诺乐趣和刺激，并且增加了强度，如药物使用和兴奋剂。同时，某种瘾头潜伏着（意味着无法返回常态）。其次，问题出现了，即常态自由活动的边界究竟在哪里。这个问题关乎常态的绝对边界。例如，在性领域，这涉及强奸（因为虐恋性行为变得正常）和恋童癖（因为同性恋变得正常）。

原规范主义和灵活的规范化是理想的类型。在历史现实中，它们之间存在各种混合，这些混合不断引起冲突。这些冲突涉及霸权。原规范主义始终是一种替代方案，甚至可能在理论上重新获得其霸权地位。面对着福柯的"规范化社会"范畴，这里所概述的常态类型将有何表现?[1]而面对他的"法律"和"规范"类型时,这一范畴又会如何?[2](在这里,"法律"指的是上述"规范性"领域。)因此,福柯的"规范"是否与"常态"相同?数据处理和统计的作用在他那里并没有被忽视,只是不被认为是基础性的。"规范化"(常态化)并非意味着常态区间的变动获得了统计学上的支持,而是指工业规范意义上的"标准化"。因此,福柯的"规范化社会"几乎等同于"惩戒社会"。他的"规范"社会以及他的"生物权力"时代在很大程度上可以被认定为原规范主义。

正如前面所提到的,正常主义对于现代文化的一个主要功能存在于它将客观(大众分布)和主观正常性相结合。这对应于统计支持的客观(典型的社会学)和主观(典型的心理学)科学和技术的发展(例如增长限制和社会福利国家,以及个人成长的治疗文化)。在这一联系中,话语和其他文化格式起着关键作用。重要的统

---

[1] Michel Foucault, *Discipline and Punish: The Birth of the Prison*, trans. Alan Sheridan (New York: Vintage Books, 1977).
[2] Michel Foucault, *The History of Sexuality, Vol.1: The Will to Knowledge,* trans. Robert Hurley (New York: Vintage Books, 1978).

计数据和趋势必须被公开传播，以便现代大众社会的个体能够根据统计"景观"定位自己，并最终规范他们的行为。这是通过常态的大众媒介和（艺术）叙述来实现的，无论是在广义还是狭义上。

常态主义与文化：常态化叙事和"（非）常态之旅"

对于所有文学艺术来说，常态主义的出现在几个方面都是一个划时代的突破：

• 出现了一种新型的主角：作为大众统计基础人的"普通人"及其对立面，即异常人。

• 出现了"生活旅程"的新的集体象征，通常是在技术交通工具（铁路、汽车、摩托车）和现代大众交通工具中。

• 出现了一种新型的叙述：常态案例的研究，最初在医学和精神病学中发展，特别是围绕"异常"个体。

• 出现了一种新型的"现实主义"故事：非常规的史诗。

- 出现了新的透视形式：第一人称叙述"正常"或"异常"主角与相关的行话和俚语的言辞形式。

这些源于常态主义的新过程的组合，产生了"（非）常态之旅"的迷人类型。作为理想类型，这是借助技术交通工具的旅行和大规模非常规故事的结合。这种旅行从常态开始，然后逐渐或突然"偏离"到异常状态。作为理想类型，这种旅行是（自传）传记。主角是正常人，主要问题是规范化的复合体：性及其"偏差"、犯罪、心理病理学、上瘾、疯狂和自杀。在象征载体的层面上，事故（或碰撞）在象征意义上对应于非常态化。事故主要象征巧合和偶然性，并且作为一种典型的常态主义叙事的关联形式。由此，一种非目的论的、非线性的叙述形式便形成了。

这种迷人的类型在路易-费迪南·塞林（Louis-Ferdinand Céline）的小说《夜之旅程》（1932）中几近理想地实现了。主人公是一名医生，涉及各种异常，并且他的生活总是与罪犯的生活紧密相连，似乎是偶然的。非正常化的旅程穿越许多国家，包括美国和非洲国家，并以在巴黎交通中的汽车谋杀结束。主人公的第一人称叙述以"酷"冷嘲热讽的语气进行。塞林对杰克·凯鲁亚克（Jack Kerouac）的《在路上》（1957）产生了重要影响，后者又激发了公路故事和公路电影的流派。这里揭示了高低文化之间的密切共生关系，这是所有常态主义叙事的典型特征。与犯罪、心理病理学以及其他非正常现象一起，（非）常态之旅的个人动机——如在汽车和摩托车上彼此追逐的狂野之旅、死胡同、迷失方向以及事故——是流行的、"琐碎的"大众文化的典型组成部分。在这方面，电影的影响长期以来一直比文学更大。亨利-乔治·克鲁佐（Henri-Georges Clouzot）1953年的法国电影《恐惧之路》[由伊夫·蒙塔纳（Yves Montand）主演]在这方面是典范。它涉及了一次在充满冒险的道路上的旅行，不断受到致命爆炸的威胁以及四个不正常的主人公在心理上所构成的威胁。

自然主义

第一个明确的常态主义时代风格是随着自然主义的发展而产生的。其后，作为定义和概念的常态与非常态已经在现实主义中扮演着日益重要的角色。威廉·伯尔舍（Wilhelm Bölsche）纲领性地宣称常态是艺术，确切地说是文化的原则和目标："它的倾向是朝着常态、自然、自觉合法的方向发展。到目前为止，诗歌孕育了各种非正常的爱，几乎没有例外。未来，它必须努力为读者描绘出常态，让读者以常态为奋斗目标，把常态作为卓越的理想来看待。"[1]德国的自然主义形成了一种"积极"的替代品，与爱弥儿·左拉的"法式"自然主义形成对立，这是伯尔舍通过对"异常"的着迷而驳斥的。他没有意识到常态与非常态（其对立面）是不可分割的。同样，他也没有意识到对正常的任何限制必然是荒谬和无聊的，因为这将消除对非常态化的恐惧，而这是特定的常态化刺激的来源。

对左拉的《卢贡·马卡尔家族》系列（1871—1893）的着迷，与史诗般地叙述了四代人之间的大规模、频繁发生的、悲剧性的、非常态化有关。单行本小说《人兽》（1890）再次建立了（非）常态旅行的理想类型。主人公是一名火车工程师，与技术车辆及其在正

---

[1] Wilhelm Bölsche, *Die naturwissenschaftlichen Grundlagen der Poesie. Prolegomena einer realistischen Ästhetik* (Tübingen: Niemeyer, 1976), 46.

常运输网络中的行程密切相关。作为一种心理病理学病例,他同时是一个具有强迫性的性犯罪倾向的极端异常人物。这种倾向在左拉笔下表现为遗传。这种遗传理论导致"退化"的增加(今天已通过现代、最新的遗传学取代),为两个家族的非常态提供了一个逐渐升级的方案。但创造了一种现代经典神话的,却不是这种方案,而是对所有常态叙事的密集使用,包括流行的"琐碎的"作品,比如犯罪惊悚小说。

幸运的是,即使是值得注意的德国自然主义也没有遵循伯尔舍的计划,而是遵循着一种经由非常态化而产生的吸引力。格哈特·豪普特曼(Gerhart Hauptmann)的戏剧《黎明前》(*Before Sunrise*, 1889)在这方面是典范。它的主人公是一位社会学家,他以退化理论为导向,几乎引用了伯尔舍的话:"我对触动我的神经系统的正常刺激非常满意。"然而,他在悲剧性的讽刺中没有克服与非正常(酗酒)的斗争。最终,他引发了他心爱人的自杀。

在审美先锋时代的反常态化论战

大约在1900年,常态和非常态作为现代文化的基本元素被普遍认可和讨论(在弗洛伊德的心理学和杜尔凯姆的社会学中)。常态化被明确提升为个人和社会的一个计划。它围绕着性取向正常化的方案,为越来越广泛的受众发展出了一种心理学上的"治疗文化"。美学先锋派及其边缘分子强烈反对并拒绝了这一趋势。相反,对于超现实主义来说,"异常"是要实现的条件,也是通往美学强度乌托邦的所谓大门。罗伯特·穆西尔的小说《没有特质的人》(*The Man without Qualities*, 1930—1943,1952年遗作)详细描述了在一年内(1913—1914年)迈向第一次世界大战的非常态化的过程。几位主角明确是异常的[性杀手穆斯布鲁格、艺术爱好者克拉丽丝以及原法西斯男性协会与众不同的成员(Männerbündler)]。在这些异常和非正常化中寻求通往乌托邦"其他状态"的"逃逸线"(德勒兹、瓜塔里),就像在超现实主义中一样,尽管风格基调完全不同。这种探究——就像小说中那样——是不完整的,也是有问题的。

20世纪初的反常态化论争自然是针对作为典型案例的原规范主义的,正如卡尔·克劳斯所展示的。其高潮是对马克西米利安·哈登(Maximilian Harden)在欧伦堡的丑闻(揭露了围绕威廉二世皇帝的同性恋网)的攻击。通过怪诞的幽默,克劳斯摧毁了正常的性取向的定义:所有"贝滕豪森"的居民都被揭示为(通过精神分析)"潜意识中的同性恋者"。然而,其中一些人仍然秘密"繁衍":"公民的这一义务的履行现在变得不可能,因为现在它仅被视为一个托词。每个人都羞于表现正常,因为他担心他的正常行为会引起同性恋倾向的怀疑。无论谁活着,都被认为是同性恋,但如果他开枪自杀,证据就在那里。"[①]

灵活的常态主义和后现代性

在许多部分矛盾的尝试中,捕捉"后现代性"或"后现代文化"的本质时,常态主义也被忽视了。如果我们可以将莱斯利·菲德勒(Leslie Fiedler)的纲

[①] 参阅 Karl Kraus, *Die Fackel* (The Torch), 12 Bde. Zweitausendeins (Frankfurt am Main, 1977), #259-260, 11.7.1908, 22ff.

领性文章《越过边界，关闭鸿沟》(*Cross the Border - Close the Gap*, 1972)①视为后现代性的基本宣言之一，那么，其中隐含着对常态主义的指涉。首先，这一章节涉及低俗文化和高雅文化之间的规范边界：它涉及美学规范、经典和标准。同时，这里隐藏着一个统计的，也因此是规范的维度。高雅和低俗文学之间"现代的"（或"现代主义的"）边界观，将大众性和流行性的事实视为"琐碎"和"平庸"的证据——也即证明了美学和文化的不足之处。从常态主义的角度来看，这意味着大众文化、流行文化和主流文化（即正常文化）根据美学规范被排除在外。根据菲德勒的观点，这种排斥应该在未来被包容取代。前卫主义者对极端独创性和对规范的激进突破作为美学品质的条件之要求，用常态主义的语言来说，实质上就是对"异常性"的要求和对常态的排除。菲德勒认为应该废除这种排斥。菲德勒之后的十年，汉斯·马格努斯·恩岑斯贝格（Hans Magnus Enzensberger）的文章《捍卫正常性》(*In Defense of Normality*, 1982)出现在德国。连同他的著作《平凡与

---

① Leslie Fiedler, "Cross the Border – Close the Gap", *Collected Essays*, 2 vols (New York: Stein, 1971), 2: 461-85.

幻想》(*Average and Illusion*)，这篇文章也可以被视为后现代主义的宣言。在此之前，恩岑斯贝格曾经是前卫主义现代美学的主要代表。在这里，对常态的抨击是合适的。例如，在《泰勒的歌谣》中的《陵墓》："永远健康和正常：他呆呆地坐着打盹，无法在无形的枕山上入睡。一个社会机器。他的一生都无能为力。"[①]这表明，在此处，有必要区分原规范主义和灵活的规范化。当然，恩岑斯贝格并没有放弃对原规范主义的批评——他最新捍卫的是灵活的规范化。

如果后现代文学可以通过包容大众文化叙事来进行普遍识别，那么灵活的常态化叙事就构成了其中的重要部分。它们是一个矛盾的（自传）叙事，通常是模拟的，于常态及非常态的边界进行游戏。在德语世界中，莱纳尔德·格茨（Rainald Goetz）和西比勒·贝尔格（Sibylle Berg）是典型的例证。格茨的三部曲《要塞》（*Fortress*, 1993），其中的核心著作《1989》，由一个色彩斑斓的媒体拼贴组成，模拟了一个看似偶然的换台的结果。当然，它的秘密主题是统一和所谓的德国历史

---

① Hans Magnus Enzensberger, *Mausoleum* (Suhrkamp: Frankfurt am Main, 1975), 100.

的"正常化"。相应的碎片化的论述和叙事似乎巧合地与体育和娱乐混合在一起:"录下一切"——这是英语中的一个典型说法。在整个"媒介大杂烩"中,看似完全偶然,某些能指以越来越坚决的方式出现。"正常"这个能指本身比其他出现得更多。这种显著性导致了一种疏远效果。我们突然要注意到我们整个后现代文化是基于一个我们"通常"忽视的话语复合体,即使它从根本上决定了我们的文化。这包括德国"惊人"地重新崛起成为世界强国(即德国的"正常化",也包括去正常化)。

西比勒·贝格的小说也模拟了常态主义、大众媒介的乐趣和刺激带来的不间断流动。"琐碎"的叙事(主要是性关系)和电脑游戏的深层结构在这里占主导地位。1997年的小说《一对人寻找幸福,笑着走向死亡》(*A Couple of People Look for Happiness and Laugh Themselves to Death*, 1997)就像一个模拟的电脑游戏。十个正常的男人和女人分别被送出去进行一次(非)常态的旅行,这在主题上与灵活的规范化的典型去正常化有关:毒品、酒精、滥交、性倾向异常和有意失业。所有的旅行都是对正常的逃避,遵循正常边界的矛盾吸引力。所有的旅行都以致命事故、上瘾或自杀告终，语调是冷酷的讽刺。灵活的规范化呈现为一个恶性循环。正常是无聊的，这就是为什么正常人想要逃避它。然而，他们在对这些正常边界的矛盾性中失败。没有简单地逃脱这个循环的方式。"真正聪明的人已经意识到无聊是不努力工作的人的常态。"这一观点的结果是，一对夫妇可以简单地看电视而不是寻找超正常的性生活。

在常态主义的背景下，"后现代状况"（利奥塔）可被视为放弃了对灵活的规范化的基本批判。这不仅仅是对马克思主义或其他主导叙事或乌托邦的拒绝，而且也是对恩岑斯贝格所示范的所有超正常主义的替代方案的拒绝。结果是一种特别"冷酷"和"愤世嫉俗"的语调，特别是当它通过格茨和贝格的惊悚风格夸张地传达出来时。它展现出一种批判力，并在各个地方（特别是贝格）提出了一种新存在主义式的控诉：如果是常态主义最终决定了西方文化史（而不是所有的替代方案以及具体的乌托邦），这岂不荒谬？

亦可参照： 丑

丑

German
Aesthetics
Fundamental Concepts from Baumgarten to Adorno

理查德·莱珀特（Richard Leppert），音乐学家，现任明尼苏达大学明尼阿波利斯分校文化研究与比较文学系杰出教授。

美的概念预设了丑的概念；每个术语的意义都来自对另一面的感知。作为美的对立面，丑在美学评价中一直都占据着重要地位。在谷歌上搜索这两个术语的点击率（2011年4月3日），无论结果的凌乱程度如何，都具有启发性：

	丑	美
艺术（网络）	48,500,000	521,000,000
音乐（网络）	62,700,000	50,000,000
人物（网络）	350,000	61,600,000
人物（图片）	24,600,000	330,000,000
人物（图片）	"真的丑"	"真的美"
	25,200,000	257,000,000

在这些搜索类别中，只有丑的音乐的点击量超过了美的音乐。平均而言，丑的搜索点击量约为美的14%。

作为一个美学范畴，丑（或丑恶）与不平衡、混乱、破坏、不和谐和噪音联系在一起，正如，按照传统惯例，美和这些术语相对立。对于丑的概念，文化上以及道德上都附加了很多负面的东西，尼娜·雅塔那索格洛-考美尔（Nina Athanassoglou-Kallmyer）很好地将其描述为"凡是不适合用美的高标准来衡量的⋯都可以放在丑这个大箩筐中"。"美仅有美一个维度。而丑是多面的，"①且这些面孔都是畸形的。在这方面，音乐的案例具有启发性。

汉斯利克（Eduard Hanslick）在他影响深远的《音乐之美》（1854年）中提出："音乐中的逻辑（即秩序），使我们产生满足感，是建立在统治人类有机体和声音现象的某些基本自然规律之上的。"②汉斯利克因此提出了一种包括宏观世界的普遍自然秩序。"所有音乐元素都以某种神秘的方式相互联系，由于节奏、旋律和和声受到它们的无形支配，人类创造的音乐必须符合它们——任何与它们冲突的组合都带有反复无常和丑陋的印记。"③对于汉斯利克来说，简而言之：秩序=形式=美。汉斯利克坚持认为："形式（音乐结构）才是音乐的真正实质（主题）。"④（众所周知，汉斯利克反感瓦格纳音乐剧，根本原因在于他认为音乐的"无形式被提升为

---

① Nina Athanassoglou-Kallmyer, "Ugliness", in *Critical Terms for Art History*, Robert S. Nelson and Richard Shiff, ed. 2nd ed. (Chicago: University of Chicago Press, 2003), 281-95.

② Eduard Hanslick, *The Beautiful in Music* (7th ed., 1891), ed. Moris Weitz, trans. Gustav Cohen (Indianapolis: Bobbs-Merrill, 1957), 51.

③ Ibid., 51.

④ Ibid., 92.

一种原则。"①汉斯利克可能很好地传达了柏拉图关于天体音乐的隐喻；艺术的形式和秩序，作为一种理想，构成了一个乌托邦式的正确世界观。任何不符合这一定义的东西都是丑陋的。

阿多诺指出，对于传统美学来说，"丑陋是与（艺术）作品形式法则相对立的元素"，并补充说"丑陋的印象源于暴力和破坏的原则。"②汉斯利克的观点可追溯到柏拉图和亚里士多德，将美定位在有目的的秩序中，从中产生愉悦。畸形就像未形成的一样，在哲学上甚至在社会和文化上都是不可容忍的，尽管亚里士多德承认丑陋可以有美丽的表现，这一立场在此后几个世纪一直占据主导地位。在这方面，莱辛表达了希腊人对美的严肃目的的辩护（这意味着形式上的一致性），指出"底比斯的法律要求艺术理想化，并以惩罚来震慑丑的倾向。"③

---

① Eduard Hanslick, *The Beautiful in Music* (7th ed., 1891), ed. Moris Weitz, trans. Gustav Cohen (Indianapolis: Bobbs-Merrill, 1957), 6.

② Theodor W. Adorno, *Aesthetic Theory*, ed. Gretel Adorno and Rolf Tiedemann, trans. Robert Hullot-Kentor (Minneapolis: University of Minnesota Press, 1997), 46.

③ Gotthold Ephraim Lessing, *Laocoön: An Essay on the Limits of Painting and Poetry,* trans. Edward Allen McCormick (Baltimore, MD: Johns Hopkins University Press, 1984), 13.

在文艺复兴时期，丑陋和怪诞是同义词，这两个术语通常不仅用来描述畸形的物体，更重要的是用于描述人，即那些如今常被称为"他者"的人群：贫困和受压迫的人、少数民族和少数种族等；简言之，即社会下层和殖民地居民。18世纪英国用于非他者的术语是"才能"（the Quality）；因此，他者实质上就是"非才能"（the Non-Quality）。最终，与美和丑相关的隐喻归结为经济学的语言意象：广义定义和广泛应用的价值。

尽管如此，18世纪及以后，曾长期在美丑评价中占据主导地位的形式受到了挑战，部分原因在于美学价值不能仅由形式来决定。

必须指出的是，美的重要性在其哲学历史中源远流长，不仅体现在人们对真理和理想的认知范式中，还体现在人们假定生活中存在着许多不美丽因而是丑陋的东西。我们可以说，丑是默认的标准；美是例外，即使在现代性来临之前，对丑的讨论较少，但到了现代性到来之时，丑坚持要在哲学上得到认可的呼声已经不容忽视，其原因与哲学话语自身单独的发展关系不大，而更多地与政治经济、社会思想的剧变以及随之而来的现实历史大动荡有关。简而言之，社会政治革命影响了思想，包括对艺术的思考（因此，斯图亚特·霍尔将现代主义贴切地称为"现代性的烦恼体验"）。

克莱门特·格林伯格从不讳言自己的立场，并像阿多诺一样在适当时候有效地使用夸张，他曾经说过一句常被引用的辩护词，反对对现代艺术的普遍贬低，他所说的现代艺术指的是所谓的抽象视觉表现："所有深刻原创的艺术一开始看起来都很丑陋。"事实未必如此；然而，他的夸张言辞却反映了在20世纪中叶之前就已经全面展开的深刻的美学动荡。在1954年的一次讲座"抽象与具象"（后来发表于同年的《艺术文摘》）中，他影射了新艺术风险的盛行。虽然他没有唤起丑陋的幽灵，但在他对人们所宣称的艺术衰落症状的诊断中，其阴影清晰可见："因此，我们现在的抽象艺术被认为是我们这个时代文化——甚至道德——衰败的症状"，这一立场是格林伯格所反对的。

对于阿多诺来说，他对美学的关注集中在美的哲学概念与美在艺术作品中的实现之间的关系，丑的重要性在后期现代世界中尤为紧迫。对阿多诺来说，艺术中丑陋的存在是完全必要的；它的存在界定并不断调整任何一种美的概念为了宣称真理而必须承认的东西。在阿多诺看来，美学的真理内容（Wahrheitsgehalt）意味着一种内在于艺术形式的社会真理，它本身依赖于与内容共享的相互性，其中一个始终是另一个的一部分（实际上，是另一个的总和和实质）。阿多诺认为，在现代艺术中，"形式的法则无力地屈服于丑陋"①，并最终达到了良好的目的："通过对丑的吸收，美的概念在本质上已经发生了转变，然而，美学却无法摆脱它。在吸收丑的过程中，美足够强大，足以通过自身的对立面来扩展自己。"②

丑陋的活力——正如美的概念的活力一样——"嘲弄"了阿多诺所谓的美学标准的"定义性固化"。换句话说，艺术中的丑陋代表着被压抑和被抑制的他性（otherness）和他者（the Other）的回归。对于阿多诺来说，最重要的是，丑陋与苦难（一种作为他者的条件）获得了一致性，而广义上的社会解放是其解药。艺术在其最佳状态下可提供一种解放的雏形或表象（仅此而已）。

施莱格尔指出，尽管"美和丑是不可分割的相关

---

① Adorno, *Aesthetic Theory*, 46.
② Ibid., 273.

物",但"人们尚未认真动脑筋去构建关于'丑陋'的理论"。[1]仅用了几页篇幅,他便简明扼要地弥合了理论上的沟壑,他在充满挑战的崇高语境中探讨了美丑二元论。他建议,崇高的愉悦提供了"一种完全的愉悦"。崇高的丑陋(施莱格尔将二元对立中的这一方面标示了出来,但没有标示出它的对立面)"是绝望,本质上是绝对的、无法缓解的痛苦"[2]。在这一点上,从德国早期浪漫主义者到阿多诺的思想脉络虽然并不是直线的,但基本上是清晰的。

康德对丑陋几乎没有说什么,他认为"丑"不应出现在艺术中,除非按照亚里士多德的说法,丑(无论多么地自相矛盾)被表现为美,并且不引起反感:

> 美丽的艺术正是通过优美地描述在自然界中可能是丑陋或令人不快的事物来展示其卓越。狂怒、疾病、战争的破坏等,作为有害的事物,可以被描绘得非常美丽,甚至可在绘画中呈现;只有一种丑陋不能在不破坏

---

[1] Friedrich Schlegel, *On the Study of Greek Poetry*, ed. and trans. Stuart Barnett (Albany, NY: State University of New York Press, 2001), 68.

[2] Ibid., 69.

所有审美满足的情况下以适应自然的方式表现，因此艺术中的美，即引起厌恶的美。①

黑格尔进一步认识到，丑陋潜伏在审美的阴影中；美和丑有时会在同一对象或实体中发生碰撞，他将其描述为一种侵犯，即一种"不可能保持不变而必须被取代"的侵犯，这个解决方案本身在黑格尔看来就会招致暴力的语言："冲突本身就要求在对立面的斗争之后找到解决方案"；他说，这种情况"依赖于侵犯，并产生了不能继续存在而必须采取转换型补救措施的情况"。②

但理想的美正是在于理想本身不受干扰的统一、宁静和完美。碰撞冲突扰乱了这种和谐，使本身就是一个统一体的理想陷入了不和谐和对立之中。因此，通过对这种越界的表现，理想本身就被侵犯了，艺术的任务只能在于，一方面，防止自由美在这种差异中消亡；另一

---

① Immanuel Kant, *Critique of the Power Judgment*, ed. Paul Guyer, trans. Paul Guyer and Eric Matthews (Cambridge: Cambridge University Press, 2000), 190.

② Georg Wilhelm Friedrich Hegel, *Aesthetics: Lectures on Fine Art*, trans. T. M. Knox, 2 vols (Oxford: Clarendon Press, 1975), I:204-5.

方面，只是呈现这种不和谐及其冲突，通过解决冲突，和谐作为结果才显现出来，也只有这样，和谐的全部重要性才会变得显而易见。①

对于黑格尔来说，所述的情景在诗歌中可能成功地实现所期望的结果，但在绘画和雕塑中则远远不及（如果有的话），尤其是在雕塑中更是如此，因为他认为它们是"固定和永久的"：在诗歌中可以被取代的丑陋，在视觉艺术中不是瞬息而逝的，而是凝固的，锁定的。它无法被消除。黑格尔得出结论，在这些艺术中，"当丑无法被解决时，仍执着于丑，这将是一个错误。"相反，戏剧诗歌"让一个丑的事物只是瞬间出现，然后再次消失"。②总之，根据雅塔那索格洛-考美尔的说法，黑格尔认为"丑是一种审美上的弊病，是文化缺陷的症状。"③

莱辛像其后的黑格尔一样，欣然承认了诗歌中丑的存在，其原因也类似（就像他对丑在造型艺术中的存在感到困扰一样），尽管他对此持保留态度："绘画可利

---

① Georg Wilhelm Friedrich Hegel, *Aesthetics: Lectures on Fine Art*, trans. T. M. Knox, 2 vols (Oxford: Clarendon Press, 1975), 205.

② Ibid.

③ Athanassoglou-Kallmyer, "Ugliness", 288.

用丑的形式来达到荒谬和可怕的效果吗？我不敢肯定地说'不'"——尤其是面对新出现的崇高理论以及随之而来的对形式本身的关注减少（尽管汉斯利克可能会有不同看法），而对（审美）体验的关注不断增长的情况下，不再仅仅是形式的问题，更多地是情感的问题——即便他几乎立即指出诗歌的情况有所不同。莱辛指出，在诗歌中，"形式的丑几乎完全失去了其令人厌恶的效果，因为它从并存变为连续"；也就是说，在诗歌中，丑被转化了①："诗人在创作中是可以运用丑的，原因便在于，在诗人的描述中，丑被还原为一种不那么令人反感的身体缺陷的表现形式，并且在效果上不再是丑的。"②

黑格尔的同时代人施莱格尔在一篇关于现代诗歌状况的评论文章中承认了丑在美的领域中所占的地位，他写道：

几乎到处都可以发现近乎所有其他原则都被默默地预设或暗示为作品价值的最高目标和基本法则，即被视为衡量作品价值的最终标准。也就是说，除了美的原则之外，其他所有原则都是如此。这在现代诗歌中绝对不

---

① Lessing, Laocoön, 128.
② Ibid., 121.

是统治性原则,因为现代诗歌的很多杰作公开地表现了丑陋。最终,尽管不情愿,人们也必须承认,确实存在着这样一种表现形式:混乱充斥着一切,绝望蕴含着无穷的活力,它所要求的创造力和艺术智慧,甚至比表现丰富和活力所需要的更高。①

对于施莱格尔来说,莎士比亚提供了一个完美的例子:"他的戏剧没有一部是整体都美的;美从来都不能决定整体的安排。就像在自然界一样,即使特别美丽的元素也很少不带有丑陋的附属物;它们只是达到另一个目的的手段。它们为独特的或哲学的兴趣服务。"然后,为了更好地阐明他的观点,施莱格尔变得直截了当:"没有什么东西是如此令人厌恶、苦涩、令人愤慨、令人恶心、毫无灵感、面目狰狞的,以至于(莎士比亚)一旦发现了其目的,就不会加以描绘。他经常剥开他的研究对象,像用解剖刀一样挖掘令人作呕的腐烂的道德尸体。"②简单地说,施莱格尔承认丑是审美的

---

① Schlegel, *On the Study of Greek Poetry*, 18.
② Ibid., 34.

必然，这一洞见构成了现代主义的一个前提。

浪漫主义推动了德国美学理论更加开放地将丑纳入美的领域。社会丑陋的现实性以及19世纪（以及之后）的艺术中与此紧密相关且持久存在的丑陋，呼吁人们对此进行重新思考，这一点在黑格尔的学生库诺·费舍尔、阿诺德·伦格（Arnold Runge）、弗里德里希·西奥多·维舍尔（Friedrich Theodor Vischer）、克里斯蒂安·赫尔曼·魏瑟（Christian Hermann Weisse）的著作，尤其是约翰·卡尔·弗里德里希·罗森克兰兹（Johann Karl Friedrich Rosenkranz）的《美学的丑陋》（*Aesthetik des Hässlichen*, 1853）中得到了鲜明的体现。在罗森克兰兹看来，关于丑的问题理应得到人们的专项研究。在他的这本长篇著作中，他对艺术中的丑和艺术之外的丑进行了广泛的编目和分类，其中还包括他所说的"本质丑"（Naturhässliche）和"精神丑"（Geisthässliche）。对罗森克兰兹来说，丑是美的否定。在形式缺失的问题上，他专门讨论了他所称的无定形、不对称和不和谐。他还专门用了一百多页的篇幅来讨论一个他称之为"令人厌恶"的类别，其中包括臃肿（das Plumpe）、死亡和空洞、可怕、堕落、令人作呕和邪恶，以及犯罪、鬼魅、恶魔般的子类别。该书对丑可能的表现形式进行了耐心的分类编目和解释。事实上，他还需要额外的一百页来讨论属于琐碎、无力和卑微的可能性。罗森克兰兹欣然承认丑具有其自主的能动性，当丑被美包围时，丑就必须被扬弃（丑时不能被忽视的）。与美相对比，丑不仅是由于形式秩序或平衡的缺失，还因为缺乏真理，缺乏"自我决定和自由"[①]。换句话说，丑对艺术提出了伦理挑战，这在新的现代性中并非偶然，艺术被赋予了新的任务，替代宗教曾经带来的希望。

对于阿多诺来说，丑的模棱两可性（罗森克兰兹对"丑"的分类范围之广、类型之多，令人印象深刻）是必然的，因为美学将艺术在传统惯例上谴责的任何事物都评判为丑。与罗森克兰兹的观点相呼应，阿多诺指出，艺术的概念取决于丑的概念。在这里，阿多诺更进一步地提出，丑作为美的对立面持续以这样一种面貌而存在，即如他所说的，"丑正确地侵蚀着精神化艺术的

[①] Karl Rosenkranz, *Aesthetik des Hässlichen* (Stuttart-Bad Cannstatt: Friedrich Frommann, 1968). Kai Hammermeister, *The German Aesthetic Tradition* (Cambridge: Cambridge University Press, 2002), 107.

肯定性"①，这让人想起他在其他地方关于"潜伏在艺术中的庸俗"所发表的看法，即这种庸俗"潜伏在艺术中，等待着不断出现的机会迸发出来。"②

阿多诺比他的德国唯心主义前辈更进一步，坚持"艺术必须为那些被视为丑的东西承担起责任来"③，并不是为了在艺术作品的美中整合、调整甚至扬弃丑，而是为了使艺术能够表达真理，尽管这样做存在相当大的风险。他坚持认为"艺术必须对创造和复制丑自身形象的世界进行抨击，即使在这种情况下，对堕落者的同情也很有可能逆转为与堕落的同流合污。"④换句话说，在艺术作品中，丑必须得到应有的重视；作为已然事实（反乌托邦现实）的替身，艺术对（乌托邦）可能性的任何主张都必须承认障碍的存在。艺术通过其形式过程（仍是形式）克服了这种潜在的无法解决的问题，这种形式过程直面形式的肯定倾向，而这种倾向太容易将形式理解为一种解决问题的方式："对更加人性化的

---

① Adorno, *Aesthetic Theory*, 47.
② Ibid., 239.
③ Ibid., 48.
④ Ibid., 48-9.

艺术的呼吁...通常会降低形式的品质，并削弱形式的法则。"①最终，艺术作品以其反对"简单存在"的程度来宣称自己是美的；②它们是以形式来宣称的。对于阿多诺来说，丑和美之间的关系是由历史定义的，就像在艺术中涉及这种美丑关系的形式和形式过程本身就已经具有历史性一样。阿多诺像古人一样认真对待形式；其利害关系重大："形式是存在物的变形法则，与之相反，它代表着自由……且形式与批判相交汇。"③在现代艺术中，"正是为了美，才不再有美。"④无论其真相有多丑陋，最终的美都是乌托邦的假象（绝对不是现实）："艺术品的存在本身就假定了不存在之物的存在，并因此与后者的实际不存在发生冲突……（也就是说）只有不符合这个世界的东西才是真实的。"⑤

亦可参照：美；常态；震撼；介入艺术

---

① Adorno, *Aesthetic Theory*, 50.
② Ibid., 51.
③ Ibid., 143-4.
④ Ibid., 53.
⑤ Ibid., 59.

震撼

German
Aesthetics
Fundamental Concepts from Baumgarten to Adorno

卡瑞恩·鲍尔（Karyn Ball），加拿大阿尔伯塔大学英语和电影研究教授，专攻文学和文化理论。

在阿多诺未完成的、于死后出版的《美学理论》（1970年）中，他提出了"震撼"（Erschütterung）这一概念，用以描述现代主义艺术作品对现代主体的"内在冲击"，这种冲击程度之深，足以颠覆现代主体的物化自我中心主义。阿多诺对物化的理解预设了弗里德里希·尼采对"坏良心"的诊断，即"坏良心"是对攻击性和创造性本能（"权力意志"）的"文明化"逆转。尼采所谓的"人的内在化"，被阿多诺重新命名为"第二本性"，以指代那些迫使个体复制其自身支配力量的社会适应性，这主要由通过对情感、差异甚至自身生存本能采取强硬态度，以实现自我主权的方式来实现。资本主义按照交换价值将集体需求进行分等级的工具化使用，这促进了个人关系的高效性，代价却是牺牲了对焦虑脆弱性的同情回应。第二本性的主体鄙视这种焦虑，将其视为自然至上的原始时代的古老残留。艺术作品却可以通过唤醒人们在不羁的自然面前似曾相识的原始恐惧感，让上述这种鄙视变得无地自容。而技术的进步几乎早已将这种不羁的自然消失殆尽。阿多诺所推崇的正是这样的艺术作品。阿多诺的"震撼"语法将康德式的崇高与弗洛伊德式的暗恐结合在一起：它记录了艺术作品的令人不安的力量，这些作品挽救了受到生命威胁的感官记忆，从而破坏了自我的理性自洽。

阿多诺的"震撼"美学为审美意识形态的批判贡献了一种辩证的方法，而约亨·舒尔特-扎塞将其定义为"努力去压制住那种为了获得虚幻的整体性体验而构建的结构体系"。[1]舒尔特-扎塞借鉴了拉康的术语，以突出表现这种对整体性的渴望所产生的幻想的推动力，这种整体性通过将理想与现实、普遍与特殊和谐相融，赋予艺术一种弥合主客体分裂的力量。这种融合的幻想反映了碎片化主体也渴望"（拥有）一个同样整一的、享有优先权的意识"。[2]

根据舒尔特-扎塞的说法，德国唯心主义者指责伊曼努尔·康德未能"将他的知识理论建立在恰当的自我意识概念之上"[3]。在第一批判中，统觉的自我最终是空虚的——它仅仅包含一种感觉（Empfindung），正如舒尔特-扎塞所解释的"把自我当作自我的感性体

---

[1] Jochen Schulte-Sasse, "General Introduction: Romanticism's Paradoxical Articulation of Desire", in *Theory as Practice: A Critical Anthology of Early German Romantic Writings* (Minneapolis: University of Minnesota Press, 1955), 2.

[2] Ibid., 2.

[3] Ibid., 10.

验"①,它勾勒出每一种认知行为。②对此,人们所说的"同一哲学"应运而生,尝试各种方法以纠正康德学说中的相关问题,同一哲学为统一的自我意识和不可能实现的内向于己的自透明性创造了美学条件,这将阻止反思行为的无限扩散。③

耶拿浪漫派思考的起点恰恰在于他们认识到艺术作品典型地映证了坚持一种根本无法实现的、统一的自我意识的理想必然带来矛盾的结果。而同一哲学的思考却未能到达这一步。舒尔特-扎塞认为,弗里德里希·施莱格尔和诺瓦利斯的非凡之处在于,他们坚持"一种既承认不可能克服主体固有的分裂和分歧,同时又将一种自我统一的理想作为伦理的必然要求的主体性概念"。④耶拿浪漫主义者教导阿多诺鄙视一种和解的美学,因为这种美学误认为"一个和谐、封闭和完整的艺术作品"的概念是普遍和特殊之间的联合,是一个连贯

---

① Jochen Schulte-Sasse, "General Introduction: Romanticism's Paradoxical Articulation of Desire", in *Theory as Practice: A Critical Anthology of Early German Romantic Writings* (Minneapolis: University of Minnesota Press, 1955), 15.

② Ibid., 13.

③ Ibid., 14.

④ Ibid., 25.

自我的反映。①

如果把阿多诺的《美学理论》解读为对同一哲学和形而上学性"误认"（metaphysical méconnaissance）批判的一种延续，那么，舒尔特-扎塞对美学意识形态的概述便为这种解读提供了一个终曲。无论是德国唯心主义者对康德"未能成功"建立统觉的统一体而忧心忡忡，抑或是他对浪漫派的重估，将主体分裂的后果进行了系统化阐释，对于这两种情况，阿多诺的"震撼"概念都能发挥作用。正如阿多诺所力主的，艺术作品的形式是社会性的，因为它重塑了一种天真的摹仿欲望，即为他人表演整体性和自制，或者用唯心主义的术语来说即"纯粹自我"。同时，德意志浪漫派对反讽、断片文体和游戏的投入，也体现了阿多诺对激进现代主义不和谐姿态的亲近。

阿多诺的反同一主义精神导致他拒绝接受黑格尔将艺术定义为"一种消除异质性的努力"的观点。② 尽

---

① Jochen Schulte-Sasse, "General Introduction: Romanticism's Paradoxical Articulation of Desire", in *Theory as Practice: A Critical Anthology of Early German Romantic Writings* (Minneapolis: University of Minnesota Press, 1955), 25.

② Theodor W. Adorno, *Aesthetic Theory*, trans. Robert Hullot-Kentor (Minneapolis: University of Minneapolis: Press, 1997), 80.

管如此，阿多诺并未回避黑格尔预言的含义，即"我们目前的普遍状况不利于艺术的发展"。《美学理论》①的第三段已经暗示了黑格尔在《美学讲演录导论》中的不祥预言："对我们来说，艺术在其最高命运方面已然成为过去，并将一直如此。"黑格尔解释说，这个问题并不局限在"人们普遍习惯于对艺术发表意见和进行评判"，使艺术品"感染"抽象的品性。对艺术的威胁还来自"时代的整个精神文化"，它侵蚀了艺术家通过教育或反思实现"独有的孤独"的能力，这种能力属于审美自律的范畴。②

阿多诺对自主性的社会条件细致严谨的关注，推动他重新思考黑格尔对"艺术品的客观性和精神的真理性"的混同③，他以新的标准重新评价黑格尔对谢林的批评，其大意是"只有作为幻象，审美形象才能说出真理"。④阿多诺写道："如果艺术品的精神在它们的感

---

① Theodor W. Adorno, *Aesthetic Theory*, trans. Robert Hullot-Kentor (Minneapolis: University of Minneapolis: Press, 1997), 3.

② G. W. F. Hegel, "The Range of Aesthetic Defined, and Some Objections against the Philosophy of Art Refuted", in *Introductory Lectures on Aesthetics*, ed. Michael Inwood, trans. Bernard Bosanquet (New York: Penguin Books, 1993), 12.

③ Adorno, *Aesthetic Theory*, 89.

④ Espen Hammer, "The Touch of Art: Adorno and the Sublime", *Sats: Nordic Journal of Philosophy* 1 (2) (2000): 100-1.

官外观中闪现，那么这种精神只能作为艺术品的否定而闪现出来。"①因此，无法言喻的"精神"照亮了作为"物中之物"②的艺术品，这种"精神"与它们作为幻象的影响是不可分割的：艺术品的指向超越了与其紧密相连的形式。

在《美学理论》的"社会"一章中，阿多诺详细阐述了艺术的双重特性：它作为"社会现象"的地位和它的"自主性"。随着资产阶级自由意识的历史发展，支撑这种双重地位的辩证法出现了；这种自由意识支撑着艺术的主张，即拒绝清教徒式的和技术官僚对使用价值的坚持。自主性的概念通过艺术家对自己作品的体验而获得了认可，这是一种从"管理社会"中解放出来的行为，无论商品和服务在哪里生产、交换或消费，这种社会都要求在情感和物质上将其征服。通过阻止对使用价值进行工具性的优先排序，艺术作品似乎将这种自由感客观化了，然而，抵制功利主义指令的这种操作也通过否定来确认它们的不可避免性。对于阿多诺来说，"每一次成功实现的修正"都证实了"一个尚未实现的集体主体"潜在存在，这个集体主体在监视着艺术家，因此

---

① Adorno, *Aesthetic Theory*, 89.
② Ibid., 86.

艺术作品承载着内部监视作为一种社会普遍现象的无意识印记。①艺术的修正将一个想象中的我们融入到外部的交流者中;因此,艺术作品永远不可能完全不具有调和性②,因为"在它们的形式法则中蕴含着(集体的呼吁)。"③这就是为什么那些否认自己作为社会和物质产品的作品会受到虚假意识的指责。阿多诺坚持认为,在一个"普遍以社会为媒介的世界"中,"没有任何东西能够"置身于"原始的罪恶"之外,这种罪恶充斥着物质劳动和精神劳动之间的根本对立。然而,他将艺术的"社会真理"建立在其"拜物教特征"之上,这产生了特定作品的"罪恶纽带",以此作为其乌托邦愿景的否定条件。④

阿多诺认为,在一个"吞噬一切发生的事物"的社会整体中,"放弃交流"的激进现代主义艺术作品的影响是"颇为棘手的"。⑤通过将自身明显的"无用性"说成是慰藉和超越的源泉,现代主义的赫尔墨斯主义漫不经心地排斥了艺术作为"意义创造"(Sinnstiftung)

---

① Adorno, *Aesthetic Theory*, 231.
② Ibid., 237.
③ Ibid., 238.
④ Ibid., 227.
⑤ Ibid., 237.

载体的审美意识形态功能,即肯定一种非异化的社会认同。这种赫尔墨斯主义承诺"能够全面覆盖那些不再被交换、利润和堕落人性的虚假需求所扭曲的事物",①然而,由于艺术作品无法兑现这一承诺,它默许了一种多变的确定性,让"实际上并不存在的事物如同真的存在一样"。现代主义既表现了"不允许自己被管理的一面,也表现了被全面管理所压制的一面",②因此它是反乌托邦的:它呼吁人们超越几乎无法容忍它的工具性经济的束缚,走向一种转变的秩序,在这种秩序中,隐匿的体力劳动和寄生的精神劳动之间的分裂将随着这种对立所产生的罪恶感一起消失。③

阿多诺的《美学理论》探讨了艺术作品如何在现代性中失去了其"真正的真理和生命"——所失去的不仅是其意义,还有他对必然性的幻想。④在黑格尔的阴影下提出这个问题,阿多诺重述了"浪漫的反资本主义"的主题,这一主题贯穿于弗里德里希·尼采、奥斯瓦尔德·斯宾格勒、恩斯特·荣格、马丁·海德格尔、

---

① Adorno, *Aesthetic Theory*, 227.
② Ibid., 234.
③ Ibid., 233.
④ Hegel, "The Range of Aesthetic Defined", 13.

格奥尔格·卢卡奇、瓦尔特·本雅明等人的著作。尽管卢卡奇将"浪漫的反资本主义"与"一种倾向于右翼和法西斯主义的反动潮流"相提并论,①但在更广泛的应用范围内,他的表述也突出了资本主义-市民社会批评中一系列忧郁的主题。这种忧郁的批判哀叹了一种前资本主义田园诗的消失,这种田园诗的特征是以信仰为基础的共同价值观、非异化劳动以及在道德上振奋人心的艺术形式中所表现出的精神活力。虽然阿多诺并没有屈服于沙文主义,对"德国"或"欧洲"精神的消散沮丧怒骂,但对于"文明"(Zivilisation)和"法理社会"(Gesellschaft)中"文化"(Kultur)和"共同体"(Gemeinschaft)的衰落,其著作也同样表达了无尽的哀叹;而这种衰落随着工业化的进程而不断加深。

"浪漫的反资本主义"有着保守的反自由的维度,荣格(Jünger)的震撼美学在令人震惊的极端紧迫的情形中发现了对抗精神衰退的解药。当生存岌岌可危之时,荣格所说的"震撼"在与迫在眉睫的死亡的对抗中获得了一种内在的智慧。难以承受的生死对峙引发了古老的倒退,这是一种对原始强度的回归,击碎了世俗理

---

① Robert Sayre, and Michael Löwy, "Figure of Romantic Anti-Capitalism", *New German Critique* 32 (1984): 481.

性的麻木滤镜。卡尔·施密特的决断论和马丁·海德格尔在面对"最本己的死亡"时无动于衷的毅然决然，臭名昭著地引导了荣格对一种神秘的清晰性的渴望，而这种清晰性是在极端情境中凭直觉突然铸就的。

在浪漫主义-反资本主义连续统一体的马克思主义社会学这一维度，瓦尔特·本雅明推测，记忆和经验在一定程度上抵制了现代主体在日常生活中过度的震惊体验所带来的负面影响。本雅明对现代化的反应唤起了一种非理性的人类学，它认为，退回到无意识是重新催化对现代生活节奏已习以为常的感官的条件。为了具体说明大规模工业化的各种影响，本雅明的《论波德莱尔的几个主题》（"On Some Motifs in Baudelaire"）中引用了弗洛伊德在《超越快乐原则》中的生物主义寓言，他描绘了一种"生命物质碎片"的形象，在受到一连串刺激后形成了坚硬的外层。弗洛伊德随后将这种"烤透"的皮层与知觉意识系统的保护性选择操作进行了类比。[1]

---

[1] Walter Benjamin, "On Some Motifs in Baudelaire", in *Walter Benjamin: Selected Writings Volume 4: 1938—1940*, ed. Michael W. Jennings (Cambridge, MA: Harvard University Press, 2003), 316-318. Sigmund Freud, *The Standard Edition of the Complete Psychological Works of Sigmund Freud. Volumn XVIII: Beyond the Pleasure Principle, Group Psychology, and Other Works*, ed. James Strachey in collaboration with Anna Freud (London: Vintage, 2001), 27.

本雅明借用这个类比将感官麻木表述为对拥挤城市生活的一种防御机制：孤立的当下体验（Erlebnis）取代了那种将现在和过去融为一体的长过程体验（Erfahrung），更多的这种"麻木的"皮层向内渗透，以保护一元意识免受对自我专注的连续攻击。这种石化式的个体化侵蚀了人类与动物的基本反应能力，也随之侵蚀了生存本身的本能基础。

本雅明从波德莱尔对当时艺术品灵韵瓦解的思考中构建了他的现代主义诗学。在诉诸陌生化的手法时，这种诗学的悖论特性使其与阿多诺的震撼美学相契合：两者都呼吁一种出乎意料的"复原"举止，重新调整防御僵化的感官，以感知事物的感性暗示。对于万物有灵论者本雅明来说，在波德莱尔、普鲁斯特和弗洛伊德之间进行阅读时，一个物体"回望"的惊人力量刺穿了一种习惯性的感知选择性，从而抵御了难以驾驭的刺激。

当阿多诺将震撼表述为对艺术品以一种本体方式摹仿自然美的一种回应时，他重新审视了灵韵——埃斯彭·哈默将其描述为以一种无声而难以捉摸的方式"表达一种无法掌握的他者性，或者说是超越主观理性意图和设想的消极整体的东西"。[①] 这种形似唤起了一种与

---

① Hammer, "The Touch of Art", 100.

"无法控制的命运的神秘力量"失之交臂的感觉,①也激起了一种似曾相似的回响,提示着大自然不为人知的危险,其超验的非同一性、其恐惧、陌生和崇高"咫尺之遥"。②阿多诺的美学也呼应了本雅明的原始主义魅力,即从知觉防御中无意识回归的诗意潜力,赋予艺术在耐心沉思下前进的能力。由于"史前的余象在具象化时代产生了震撼的效果"③,艺术品"以其所具有的物的特征"超越了"物的世界"④,从而重新点燃了一种瞬间的原始对抗感,来抵抗自我个性化的理性。

J. M.伯恩斯坦将这种震撼美学的定义与《启蒙辩证法》中的"原初压抑"(originary repression)联系起来。在这个背景下,霍克海默和阿多诺叙述了本能的"第一性"牺牲为社会适应的"第二性",这个术语将卢梭的社会契约自我转化为尼采的"坏良心"形象,即一种被规训扭曲的权力意志。这种扭曲发生在理性对"外在自然"的制服上,强化了"对驱动和欲望的抑制和控制",这种对"内在自然"的掌控加剧了认同的迫

---

① Hammer, "The Touch of Art", 101.
② J. M. Bernstein, *The Fate of Art: Aesthetic Alienation from Kant to Derrida and Adorno* (University Park, PA: The Pennsylvania State University Press, 1992), 220.
③ Adorno, *Aesthetic Theory*, 79.
④ Ibid., 80.

切性。从阿多诺的角度来看,这种迫切性是以牺牲内在本性为代价来泯灭外在本性,即伯恩斯坦所描述的"为了自身而牺牲自我"的行为①。

在一个到处都在重新调整的时代,作为这个时代精神的墓志铭,艺术作品作为一种物的侵入式"外来性"与这种失范的自我是对立的。②当观众"忘记自己,并且沉浸在作品中"时,他们会不由自主地"丧失立场",因为客体性令人震惊地侵入了主体意识之中。③和荣格一样,阿多诺将震撼描绘为一种被社会经济的狭窄视野所僵化的感官能力的创伤。然而,和荣格形成鲜明对比的是,阿多诺放弃了犀利的自主性所带来的慰藉;这种自主性是从感官钝化后残存的非真实状态中产生的。相反,震撼通过重新唤起它所蔑视的对软弱和有限性的恐惧,来驱散自我。

震撼在某种程度上具有纪念价值,因为它记录了一个令人神经紧绷的时代焦虑,这样的一个时代在内外自然占据主导地位之前便已存在,同时也早于单一体的主体理想在抑制型的社会化进程中的形成。④辩证地

---

① Bernstein, *The Fate of Art*, 219.
② Adorno, *Aesthetic Theory*, 84.
③ Ibid., 244-5.
④ Bernstein, *The Fate of Art*, 220. Hammer, "The Touch of Art", 101.

说，形式"物化"了艺术家为掌握其材料的本质而进行的斗争，这个物化的过程无意识地书写了一段历史，在这段历史中，理性无情地推进了技术、社会经济阶层化和文化商品化的进程，而这种推进也清除了遭否定的痛苦"在感官上的特殊性"。①客体令人不安的首要性和作为事物的他者性刺穿了规范性主体的"自我夸耀的自恋"②。因此，根据伯恩斯坦的说法，这种首要性在伦理层面上至关重要，因为它刺激了一个物化的主体去记住被压制的"本体基础"③，这是一种无法直接认识或消除的、深不可测的揭露。

阿多诺在《美学理论》的"社会"一章中对震撼做出了最明晰的评述，在一定程度上是通过将"主体的力量"作为康德崇高美学的"先决条件"来描述的。④根据吉恩·雷的说法，康德对崇高美的构建中，"理性的力量及其道德法则"将"自然灾难的巨大邪恶"转化为"人类尊严的一种陪衬"。⑤主体在摸索着产生一种直

---

① Adorno, *Aesthetic Theory,* 92.
② Bernstein, *The Fate of Art*, 222.
③ Adorno, *Aesthetic Theory*, 258.
④ Ibid., 245.
⑤ Gene Ray, "Reading the Lisbon Earthquake: Adorno, Lyotard, and the Contemporary Sublime", *The Yale Journal of Criticism 17*(1) (2004): 11.

觉，产生一种关于无比巨大的"粗野的自然"（数的崇高）或自然的狂暴力量（力的崇高）的整体印象时，暂时失去了一种脚踏实地的感觉。然而，吉恩·雷指出，尽管想象力在"自然的力量或规模"面前痛苦地受辱，但理性的能力却最终取得了胜利，因为"恐惧和羞耻让位于一种自豪和愉悦的自我反思"，从而重新确立了一个自主的主体。尽管从一开始，康德对崇高的运用就明确了这已然超出了直觉所能掌控的范围，但最终，康德的崇高仍旨在"将人性提升到单纯的感性自然之上，无论它有多么强大或无边无际"。①

正如康德自己所承认的那样，最终将崇高定格的根本原因在于资产阶级主体在文化上特有的奢侈，他们可以远远地在一个安全距离之外来思考灾难或混乱。②实际的恐惧抵消了这种距离所带来的自我肯定的愉悦。相比之下，阿多诺的"现代主义崇高"对康德叙事中主体主宰地位的丧失津津乐道，同时也摒弃了其同一性的补偿。"自我被非隐喻的、打破表象的意识所攫取：它本

---

① Gene Ray, "Reading the Lisbon Earthquake: Adorno, Lyotard, and the Contemporary Sublime", *The Yale Journal of Criticism 17*(1) (2004): 9.

② Ibid., 7.

身并不是终极的，而是表象"，此时，这种震撼便发生了。①从主体的立场来看，这种攫取"将艺术转化为其本身，成为被压抑的自然的历史之声，并最终对自我的原则进行了批判。"②震撼感折射出了"艺术的客观真理"；而康德空虚的自我统觉似乎在这里重新出现了，是"艺术的客观真理"的一个元素。③

在重新唤醒先于理性的第一本性的潜力方面，阿多诺关于震撼的句法似乎既受到弗洛伊德的暗恐的影响，也受到康德的崇高的影响。在他1919年的论文《暗恐》中，弗洛伊德追溯了"heimlich"（意为家常的或熟悉的）及与其明显的对立面"unheimlich"或陌生之间隐含的趋同性。他对E.T.A.霍夫曼的《沙人》的分析最终解释了这种趋同性：暗恐记录了被压抑的东西（熟悉的）在一个陌生的领域中的回归。在他的著作中，弗洛伊德将被压抑的东西与我们的物种进化中遗留下来的东西联系起来——"幼稚的"或"原始的"信念，坚信思想无所不能，或者就是通常所说的，"过分强调心理现

---

① Adorno, *Aesthetic Theory*, 245.
② Ibid., 246.
③ Ibid., 246.

实与物质现实的关系"。①这些幼稚的信念通常深藏在成年人的潜意识中，当它们出人意料地重新恢复了长久以来早已否认它们的理性成年人的意识时，它们就会变成"暗恐"。阿多诺关于震撼的心理语法将暗恐解释成了一个先于理性的"第一本性"，是在被物化的"第二本性""令人不适的"空间中所爆发出的令人不安的效果。

阿多诺提出了这样一个问题，"如果艺术摆脱了不断累积的苦难的记忆，那么它会是怎样的历史书写？"②艺术作品间接地记录了这种记忆，它们"仅为自己而存在"的同时，"仍然（甘心）作为一种无害的领域而接受整合"。③对于阿多诺来说，当艺术作品能够揭露出"社会的创伤以及自主的艺术形式中所蕴涵的社会骚乱的维度"，那么，艺术便成功了。艺术作品通过对社会的顽强抵抗，"揭露了社会状况的不真实性。其实，对艺术的愤怒正是针对这一点所做出的反应。"④

亦可参照：崇高；暗恐；电影；蒙太奇/拼贴

---

① Sigmund Freud, "The 'Uncanny'" (1919), in *The Standard Edition of the Complete Psychological Works of Sigmund Freud. Volume XVII: An Infantile Neurosis and Other Works.* ed. James Strachey in collaboration with Anna Freud (London: Vintage, 2001), 244.

② Adorno, *Aesthetic Theory,* 261.

③ Ibid., 237.

④ Ibid., 237.

介入艺术

安德鲁·林登·奈顿（Andrew Lyndon Knighton），加利福尼亚州立大学洛杉矶分校英语教授。

20世纪美学理论中有一个人物,他的思想凝结了关于艺术与政治关系的辩论,那就是西奥多·W·阿多诺。他认为,对于介入艺术的问题,不仅在许多直接讨论这个主题的一些文章中需要关注,而且还需要在他的美学理论中更广泛地关注。然而,由于他对无休止辩证思维的偏爱,而这种思维几乎神奇地吞噬了其自身,因此很难让他在这个问题上采取完全一致的单一立场。在消化和超越每种观点的过程中,似乎只有暂时的结论和临时的解决方案留了下来。然而,当这种思想与瓦尔特·本雅明、贝尔托尔特·布莱希特、格奥尔格·卢卡奇和让-保罗·萨特的一系列思想碰撞结合时,其丰富性就变得显而易见了,这些思想交锋与他自己关于艺术历史的真实内容论相结合,更清晰地描绘了他的思想轮廓及其与所处时代变迁的关系。这样的描述可能有助于揭示那种过分简化的情况,这种情况使阿多诺及其法兰克福学派同事们面临屈从或逃避的公开指责;毋庸置疑,如果没有阿多诺,"介入"这个概念是不可想象的。

在阿多诺的总体评价中,那些只是屈从于纯粹的标语口号的艺术作品不仅注定在政治上无关紧要,而且还有可能使自己失去艺术价值。这些作品打着所谓"信息"的旗号，以"反梅毒、决斗、堕胎法或少管所的宣传剧"这种一本正经的方式，变得与实际的日常生活的目的活动不可区分。[①]然而，正如他明确指出的那样，这种带有明显倾向性的作品很难穷尽介入艺术的所有种类；就像阿多诺许多微妙的概念构建一样，人们可能会得出这样的印象，即"介入艺术"的确切位置往往会在对其进行评论的过程中发生变化。20世纪的历史动态，尤其是看似全面的文化产业的凝聚和强化，无疑需要一个持续的定义过程。事实上，正如彼得·比格尔所观察到的那样，在20世纪先锋派艺术对抗艺术制度之前，"介入艺术"的观念几乎是难以想象的——这种制度的效果是遏制和中和激进的审美内容。[②]阿多诺在20世纪20年代和30年代与沃尔特·本雅明的交流现已成为经典；他们在交流中对美学现代主义和大众文化的政治潜力的理论进行了探索，而这种探索方式捕捉到了上述历

[①] Theodor W. Adorno et al., *Aesthetics and Politics* (London and New York: Verso, 1977), 180.

[②] Peter Bürger, *Theory of the Avant-Garde*, trans. Michael Shaw (Minneapolis: University of Minnesota Press, 1984), 90.

史情境的新颖之处。

本雅明在他关于艺术品可复制性的论文中有力地主张，上层建筑和技术变革，比如体现在电影中的那些变革，将增强创造性表达的政治潜力——通过解除艺术的"灵韵"，引入更多集体和大众化的生产形式，并将脑力劳动和体力劳动联系起来。阿多诺在这些观点中察觉到了布莱希特潜在的激进影响，他在多个方面反对本雅明的论点。最为关键的是，阿多诺指责说，通过将艺术品适应经济交换的大众文化视野来实现灵韵的消解，其后果是将作品中可出售的片段进行标准化处理：引子、噱头、明星、孤立的主题。在使人过度分心的情况下传播的作品，很难指望消费者能够获得审美整体感，因此阻碍了主体和客体之间的灵活辩证关系——换句话说，正是这种张力，使审美体验变得有意义。阿多诺认为，人们不能指望存在这样一个无产阶级，他们既具有自发的智慧，又具有批判能力，来对抗对作品的单纯认同。后来，他在《最低限度的道德》（*Minima Moralia*）中，用一句箴言直截了当地指出了这一论点的利害关系，这句箴言直接道出了团结一致的困难以及观影的体验："每次去电影院，尽管我竭力提高警惕，仍会越看越愚蠢，越看越糟糕。"①

阿多诺坚持认为，技术化并非现代"无灵韵的"艺术形式的专属，这种创新是最先进的现代艺术的形式逻辑所固有的，这也是他反驳本雅明的关键所在。对于现代自主艺术作品形式可能性的赞美使他与格奥尔格·卢卡奇产生了分歧。卢卡奇后来的著作遵循了苏联关于革命艺术的正确政治倾向和视角的思考，明确表达了对现代主义的敌意。他嘲笑后者为纯粹的"形式主义"，即个人特立独行和毫无意义的风格化的展示，缺乏一种担当，即未能担当起将现实作为知识对象加以展示这一具有政治价值的任务。在1958年关于卢卡奇的文章《胁迫下的和解》中，阿多诺对比了更年轻、更有活力的卢卡奇和他僵化的苏联对手，这种对照令人感慨；他断言后者"故意曲解"了现代作品的形式元素，仅将其视为"任意的"，并且没有意识到，像乔伊斯和贝克特这样的作家声称未能将官方实践奉为圭臬，其实是社会的客观产物，而在这样的社会中，实际的主观无能的必然结果就是无法真实地表现现实。用阿多诺的话说，"一元

---

① Theodor W. Adorno, *Minima Moralia*, trans. E. F. N. Jephcott (London and New York: Verso, 1974), 25.

论的条件普遍存在,尽管所有的保证都与此相对立",这就是这些现代主义者所传达的基本真理。①

卢卡奇对现实主义小说的支持可能被列为那些误导性的"相对立的保证"之一。卢卡奇将小说构想为有机整体,旨在证明现实的经验可知性,因此作为一种保证,人们可以从对现实的认识转移到其中的行动。对此,阿多诺指责卢卡奇屈从于"对事物表面价值的可疑信仰"所驱使的"即时性崇拜",②并指出现实主义小说像任何其他艺术作品一样,不能被理解为仅仅是对现实的反映,而是通过形式技巧构思的一种风格化产物,其形式技巧的主观性不亚于现代主义所使用的那些。这样的表现不是产生对现实的经验知识,而是意识形态上只产生现实效果。它们因此获得的有机连贯性是具有欺骗性的,从形式上促进了——尽管其内容可能具有批判性或进步性倾向——一个和解世界的外观。"艺术不是通过摄影般地反映现实或'从特定角度'提供对现实的知识",阿多诺总结道,他坚持认为艺术的自主地位反

---

① Theodor W. Adorno et al., *Aesthetics and Politics*, 153, 166.
② Ibid., 162, 161.

而使其能够反向揭示"那些被现实假定的经验形式所掩盖的东西"。①

对卢卡奇的经验主义和对即时性的信仰的批评在《介入》一文中得到了呼应,该文回应了让-保罗·萨特在《文学是什么?》中的建议,即艺术家必须努力贴近政治现实并参与其中。阿多诺略带讽刺地指出,对于封闭或自主的艺术作品的反对意见在政治连续体的两翼上互相映照——右翼和左翼都呼吁"艺术应该表达某种东西"——阿多诺开始对萨特的貌似不言自明的说法进行评论,即"作家处理的是符号"。这种说法在一定程度上是正确的,但它违背了萨特关于概念意义既是透明的又易于传达的假设,也暴露了他未能解释艺术作品所发挥的形式中介作用。阿多诺反驳说,不能保证意义可以毫无问题地"从艺术转移到现实";②在文学文本中使用语言符号不仅意味着日常语言的残留物仍然附着在符号上,而且任何意义,无论多么平凡或自发,在艺术作品的特定形式语境中都会发生转变:"即使是一个

---

① Theodor W. Adorno et al., *Aesthetics and Politics*, 162.
② Ibid., 182.

普通的'是',在一份描述某事实际上并非如此的报告中,也因为它并非如此而获得一种新的形式特质。"[①]艺术作品不能简单地被归纳为其外部、艺术之外的意义,否则就低估了客观材料辩证转化这些意义的力量。

萨特因此将艺术的精髓(即艺术素材的形式要求)从艺术中剔除,而用主观意图的夸大描述来弥补。这种个体意图和可传递意义的特定艺术背景被遗忘了,结果在萨特那里,"介入不再有别于任何其他形式的人类行为或态度",而这种政治表达的特定艺术背景也被忽视了。阿多诺认为,萨特在主题上对"选择"这个抽象原则的支持强化了这个错误,因为在面对一个不仅仅是个体的,而且是"在本质上具有集体性的"[②]客观世界时,这个"选择"的抽象原则高估了个体的能动性。值得注意的是,对萨特的政治参与观念的批评——显然是阿多诺在这篇重要的文章中的目标——让位于对布莱希特的持续攻击,在阿多诺看来,布莱希特再现了萨特对艺术作品形式严谨性的天真态度,并通过进一步揭示

---

① Theodor W. Adorno et al., *Aesthetics and Politics*, 178.
② Ibid., 181.

了政治化美学的政治无效性而强化了这种态度。阿多诺对布莱希特的攻击既严厉，有时又颇具个人色彩——也许在有时夸张到滑稽的极端抨击中，无意间反映了阿多诺对他的对手的智慧和魅力的认识——但在一些特殊场合，他的一些具有倾向性的作品也被挑出来加以赞扬，并且明确赞扬他比萨特水平更高。同样，在《美学与政治》一书的结尾，詹姆逊称赞布莱希特对政治艺术的认识论逻辑有着特别精妙的理解，超越了卢卡奇僵化的实证主义确定性。阿多诺在描述布莱希特的作品时也肯定了这种对比，称其作品类似于"实际的、近乎手工的活动"，并有望成为"消除体力和精神活动之间的分离以及由此产生的基本劳动分工（尤其是工人和知识分子之间的分工）"的一种手段。[①]因此，布莱希特的戏剧就像是一种精心编排的真理实验。

尽管这种实验性戏剧的形式创新旨在超越经验主义信息的简单再包装，但阿多诺认为布莱希特的方法仍然过分强调主观艺术主体的作用，并且受到"鼓动的迫切需要"的驱使，必然过分简化，因此误解了其试图面对

---

① Theodor W. Adorno et al., *Aesthetics and Politics*, 204.

的政治现实。这些作品"完全坦率的戏剧性"①掩盖了作品对真理的诉求,布莱希特的"说教风格[是]不容忍思想起源的模糊性的"。②阿多诺的诊断是,由于对其学说的真实性和手段的有效性的怀疑持续存在,布莱希特的政治化艺术要求对主体的正确性进行更加强硬的宣示,而这种强硬性使其潜在的虚假性加倍增长。达到这一效果的路径是增强主体在这方面的能力,即通过消除真正的模糊性来实现对世界的驾驭。阿多诺后来在1965年关于否定辩证法的系列讲座中具体阐述了这一点,他无意中提到了致力于煽动的政治"组织者":"你越怀疑这不是真正的实践,你就越顽固、热情地执着于这种活动。"③

阿多诺对萨特、布莱希特和卢卡奇等人的不耐烦,表现出了对他们忽视艺术作品特定形式复杂性的一贯批评,同时也批评了他们对直接性、自发性以及概念知识

---

① Theodor W. Adorno et al., *Aesthetics and Politics*, 184, 188.

② Theodor W. Adorno, *Aesthetic Theory,* ed. Gretel Adorno and Rolf Tiedemann, trans. Robert Hullot-Kentor (Minneapolis: University of Minnesota Press, 1997), 242.

③ Detlev Claussen, *Theodor W. Adorno: One Last Genius*, trans. Rodney Livingstone (Cambridge, MA and London: The Belknap Press of Harvard University Press, 2008), 337.

的经验自证性的依赖。他们将艺术作品仅仅视为至高无上的政治艺术家的工具,这使得作品沦为有待解读的密码;"当语文学研究者从作品中抽出艺术家所注入的东西时,该作品就死了,这是一场同义反复的游戏。"①《美学理论》及其后的著作再次讨论了意义只是"被抽出"和"注入"艺术作品的观点:阿多诺反复警告说,不能从莎士比亚或贝克特那里"挤出"信息;②在《介入》一文中,他认为萨特之所以受欢迎,不仅是因为他擅长"稳固的情节",而且还具有易于"提炼"的观点。③这种稳定的意象(抽动、挤压、抽取等)也许会让人联想到一种怪诞的、有目的的情欲搏斗,或者更好的说法是一种工业制造的过程。无论哪种情况,阿多诺都将其对艺术作品的操纵视为一种侮辱。但是,这些版本的介入艺术对阿多诺来说还代表了一个哲学上的缺陷,因为它们未能解释主观信息如何通过与作品的客观材料的辩证性相遇而得以转化。他指出,"艺术在其最强烈的意义上缺乏概念,即使它使用了概念,并且为了

---

① Adorno, *Aesthetic Theory*, 129.
② Ibid., 128.
③ Theodor W. Adorno et al., *Aesthetics and Politics*, 182.

获得人们的理解而调整其外观"。"进入艺术作品的任何概念都不会保持原样"①,艺术家认为自己注入的东西永远不会以完全清晰的形式出现。他总结道,艺术的"神秘性"使理解本身成问题。②

阿多诺的美学理论摒弃了这些政治化的美学,认为它们局限于概念意义的难以捉摸和思维主体的贫乏,却仍然认为艺术作品完全是社会的、历史的和政治的。作品的存在本身就拒绝了社会,以构建自己的秩序。这种无情的否定性批判姿态表现出一种渴望——其本身就是政治的——渴望建立一种替代资产阶级社会的秩序,但它尚不具备能够成功地将作品完全从资产阶级社会中解放出来的能力。"虽然艺术反对社会,但它却无法置身社会之外;它只能通过与其抗议的对象相认同来实现反对。"③这种矛盾被写入了作品中,体现在其艺术形式上。作品既指向乌托邦,又必然放弃了它,因为乌托邦实际上是不可能的,作品只能在意识形态上解决自身的问题。这种摇摆不定和矛盾在艺术形式中得以明确,从

---

① Adorno, *Aesthetic Theory*, 132.
② Ibid., 121.
③ Ibid., 133.

而体现了一个尚未解决的、神秘化的社会秩序的真相。

艺术品既与资产阶级现实相一致,又与之相抵触,其矛盾的社会特性在审美体验本身中得到了微观上的再现。希里·韦伯·尼科尔森(Shierry Weber Nicholsen)令人信服地指出,阿多诺对这种体验的理解取决于一种在摹仿和神秘之间的摇摆。因为艺术要求自我与他者的同化,并要求与之亲近,但同时也需要他者性和距离。这两者——认同冲动及其理性的哲学修正——是辩证地相互依存的,并且它们对主体提出的要求也是无止境的。因此,艺术作品的神秘性不仅否定了单纯的认同,也否定了将其概括为一种完整的知识形式。阿多诺认为,一件名副其实的艺术作品并不是"不留余地的沉浸在沉思和思索中"[1],而是坚持不懈地鼓励认知用哲学来补充审美体验。正如卡伊·哈默梅斯特(Kai Hammermeister)所观察到的,"虽然对艺术的解释是强制性的,但其结果却永远都不够";[2]在这种动态中蕴含着无限延续的审美渴望——既是一种令人煎熬的匮

---

[1] Adorno, *Aesthetic Theory*, 121.
[2] Kai Hammermeister, *The German Aesthetic Tradition* (Cambridge: Cambridge University Press, 2002), 206.

乏，也是一种灿烂丰饶的可能性。

布莱希特、卢卡奇和萨特所倡导的政治美学在不同程度上忽视了这种矛盾，这解释了为什么阿多诺认为它们相对易于被维持不公正秩序的机制所吸收。阿多诺认为，萨特对艺术与现实之间的非中介关系的信仰，无论他的意图如何，都使他"被文化工业所接受"，[1]正如詹姆逊回顾性地指出布莱希特自己被"蓬勃发展的布莱希特工业"所吸引；[2]对于卢卡奇，阿多诺只能讽刺地指出他被苏联收编为"官方授权的辩证学家"。[3]克劳森最近对阿多诺与20世纪60年代学生运动之间的不和谐关系的描述显示，他对这些行动的反对同样是基于他们对自己思想的正确性和透明性的信仰，而这对他来说只是一种很容易融入其中的积极性，一种"伪装成左翼激进主义的跟风应景"。[4]

然而，任何试图描述阿多诺关于社会实践立场的尝试，都应该符合他自己的辩证标准，并抵制单维度的概

---

[1] Theodor W. Adorno et al., *Aesthetics and Politics*, 182.
[2] Ibid., 208.
[3] Ibid., 152.
[4] Claussen, *Theodor W. Adorno*, 326.

念式结论,即他断然否决了介入艺术及其所试图推进的实践。这位伟大的政治蛰伏者,其本身就是知识分子退让的象征;他处于一种复杂的境地,在同情的认同和批判的克制之间徘徊。这在阿多诺于1969年所草拟的《启蒙辩证法》序言中的一段话里有所体现,其中包含以下具有启发意义的反思:

> 至少年轻人已经开始抵抗向完全被管理的世界的过渡……世界各国的抗议运动,无论是在两个阵营还是第三世界,都证明了全面一体化并不一定能顺利进行。如果这本书能够帮助抵抗事业实现一种意识,这种意识能够照亮人们,防止人们因绝望而屈从于盲目的实践,防止人们屈从于集体自恋,那么,这将赋予它真正的功能。①

因此,他以丰富的笔触记录了他对实践的亲近以及合理怀疑。难以同时解释这两种立场,这正是为何阿多诺在"介入"问题上的立场如此令人费解的真相;这种

---

① Adorno, in Claussen, *Theodor W. Adorno*, 338.

解释同样也是任何希望理解艺术与实践关系的思想家所肩负的负担。"艺术作品的真实内容是对每件艺术品所提出的难题的客观解决方案。在对解决方案的探求中,难题指向它的真理内涵。这只有通过哲学反思才能实现。"而这种反思是不可能实现的,因为大多数介入艺术的简单判断和主观确信会排斥它;这种反思将承认所有艺术作品都具有深刻的政治性,同时拒绝解释它们的复杂性。"唯有这一点"——哲学反思有义务尊重艺术作品独特的历史力量——"也只有这一点才是美学的正当理由。"[1]

亦可参照:伦理;讽喻;丑

---

[1] Adorno, *Aesthetic Theory*, 127-8.

参考文献

Adorno, Theodor W. (1970). *Aesthetic Theory*. Edited by Gretel Adorno and Rolf Tiedemann. Translated by Robert Hullot-Kentnor. Minneapolis: University of Minnesota Press, 1997.

Adorno, Theodor W. *Aesthetic Theory*. Edited by Gretel Adorno and Rolf Tiedemann. Translated by C. Lenhardt. London: Routledge, 1984.

Aitken, Ian. *European Film Theory and Cinema: A Critical Introduction.* Edinburgh: Edinburgh University Press, 2001.

Alloa, Emmanuel. *Das durchscheinende Bild. Konturen einer medialen Phänomenologie*. Berlin/Zürich: diaphanes, 2011.

App, Urs. "The Tibet of the Philosophers: Kant, Hegel, and Schopenhauer." In *Images of Tibet in the 19th and 20th Centuries,* Vol. 1. Edited by Monica Esposito. 5–60. Paris: EFEO, 2008.

App, Urs. *The Birth of Orientalism*. Philadelphia: University of Pennsylvania Press, 2010.

App, Urs. *The Cult of Emptiness: The Western Discovery of Buddhist Thought and the Invention of Oriental Philosophy.* Rorschach: UniversityMedia, 2012.

App, Urs. *Schopenhauer's Compass.* Rorschach: UniversityMedia, 2014.

Arendt, Hannah. *Lectures on Kant's Political Philosophy*. Edited by Ronald Beiner. Chicago: University of Chicago Press, 1982.

Aristotle's Poetics. A Translation and Commentary for Students of Literature. Edited by O. B. Hardison, Jr. Translated by Leon Golden. Englewood Cliffs, NJ: Prentice-Hall Inc., 1968.

Arnheim, Rudolf. *Film as Art*. Berkeley: University of California Press, 1957.

Athanassoglou-Kallmyer, Nina. "Ugliness." In *Critical Terms for Art History,* 2nd ed. Edited by Robert S. Nelson and Richard Shiff. 281–95. Chicago: University of Chicago Press, 2003.

Auerbach, Erich. *Mimesis. The Representation of Reality in Western Literature*. Translated by Willard R. Trask. Princeton, NJ: Princeton University Press, 1991.

Babbitt, Irving. *Rousseau and Romanticism*. Boston and New York: Houghton-Mifflin, 1919.

Balázs, Béla. *Early Film Theory: Visible Man and The Spirit of Film*. Edited by Erica Carter. Translated by Rodney Livingstone. New York: Berghahn, 2010.

Baumgarten, Alexander Gottlieb. *Reflections on Poetry*. Translated by Karl Aschenbrenner and William B. Holther. Berkeley: University of California Press, 1954.

Baumgarten, Alexander Gottlieb. *Theoretische Ästhetik. Die grundlegenden Abschnitte aus der 'Aesthetica' (1750/58)*. Translated and edited by Hans Rudolf Schweizer. Hamburg: Felix Meiner, 1983.

Baumgarten, Alexander Gottlieb. *Aesthetica*. Frankfurt an der Oder: Johann Christian Kleyb, 1750, and *Aesthetica pars altera* (1758); modern edition with facing German translation by Dagmar Mirbach, 2 vols. Hamburg: Felix Meiner Verlag, 2007.

Beiser, Frederick C. *German Idealism: The Struggle against*

Subjectivism, 1781—1801. Cambridge, MA: Harvard University Press, 2002.

Beiser, Frederick C. *Diotima's Children: German Aesthetic Rationalism from Leibniz to Lessing*. Oxford: Oxford University Press, 2009.

Belting, Hans, ed. *Bildfragen: Die Bildwissenschaften im Aufbruch.* Munich: Fink, 2007. Benjamin, Walter. *Gesammelte Schriften.* Edited by Rolf Tiedemann and Hermann Schweppenhäuser. 7 vols. Frankfurt am Main: Suhrkamp, 1972–91.

Benjamin, Walter. *The Origin of German Tragic Drama*. Translated by John Osborne. London: Verso, 1998.

Benjamin, Walter. *The Arcades Project*. Edited by Rolf Tiedemann. Translated by Howard Eiland and Kevin McLaughlin. Cambridge, MA: Harvard University Press, 1999.

Benjamin, Walter. "On Some Motifs in Baudelaire." In *Walter Benjamin: Selected Writings Volume 4: 1938—1940*. Edited by Michael W. Jennings. Translated by Harry Zohn. 313–55 Cambridge, MA: Harvard University Press, 2003.

Benjamin, Walter. *The Work of Art in the Age of Its Technological Reproducibility and Other Writings on Media*. Edited by Michael W. Jennings, Brigid Doherty, and Thomas Y. Levin. Cambridge, MA: Harvard University Press, 2008.

Bernstein, J. M. *The Fate of Art: Aesthetic Alienation from Kant to Derrida and Adorno*. University Park: Pennsylvania State University Press, 1992.

Biemel, Walter. *Die Bedeutung von Kants Begründung der Ästhetik für die Philosophie der Kunst.* Köln: Kölner Universitäts-Verlag, 1959.

Bloch, Ernst. *Geist der Utopie. Faksimile der Ausgabe von 1918.* Frankfurt am Main: Suhrkamp, 1985.

Bloom, Allan. *The Republic of Plato.* Translated, with notes, an interpretive essay, and a new Introduction. New York: Basic Books, 1991.

Blumenberg, Hans. "Wirklichkeitsbegriff und Wirkungspotential des Mythos (1971)." In *Aesthetische und Metaphorologische Schriften.* Edited with an afterword by Anselm Haverkamp. 327–405. Frankfurt am Main: Suhrkamp, 2001.

Boehm, Gottfried. "Bildsinn und Sinnesorgane." *Neue Hefte für Philosophie* 18/19 (1980): 118–32.

Boehm, Gottfried, ed. *Was ist ein Bild?* Munich: Fink, 1995.

Boehm, Gottfried. *Wie Bilder Sinn Erzeugen. Die Macht des Zeigens*. Berlin: Berlin University Press, 2007.

Bohrer, Karl Heinz. "Am Ende des Erhabenen: Niedergang und Renaissance einer Kategorie." *Merkur* 43 (1989): 736–50.

Bölsche, Wilhelm. *Die naturwissenschaftlichen Grundlagen der Poesie. Prolegomena einer realistischen Ästhetik*. Tübingen: Niemeyer, 1976.

Bonds, Mark Evan. *Music as Thought: Listening to the Symphony in the Age of Beethoven*. Princeton, NJ: Princeton University Press, 2006.

Brecht, Bertolt. *The Life of Galileo*. Translated by John Willet. New York and London: Penguin, 2008.

Bredekamp, Horst. "Bildwissenschaft." In *Metzler Lexikon Kunstwissenschaft: Ideen, Methoden, Begriffe*. Ed. Ulrich Pfisterer. 56–8. Stuttgart: Metzler, 2003.

Burke, Kenneth. *Language as Symbolic Action: Essays on Life, Literature, and Method*. Berkeley: University of California Press, 1966.

Byron, Lord. *Don Juan by Lord Byron*. Edited by Leslie A. Marchand. Boston: Houghton Mifflin, 1958.

Canguilhem, Georges. *On the Normal and the Pathological.* Edited by Robert S. Cohen. Translated by Carolyn R. Fawcett. Boston: Reidel, 1978.

Caygill, Howard. *Art of Judgement*. Oxford: Blackwell, 1989.

Chua, Daniel K. L. *Absolute Music and the Construction of Meaning.* New York: Cambridge University Press, 1999.

Cohen, Hermann. *Die Nächstenliebe im Talmud.* Marburg: Elwert, 1888.

Cohen, Hermann. *Ethik des reinen Willens*. Berlin: Cassirer, 1904.

Cohen, Hermann. *Religion der Vernunft aus den Quellen des Judentums*. Leipzig: Fock, 1919.

Cole, Andrew. *The Birth of Theory*. Chicago: University of Chicago Press, 2014. Coleridge, Samuel Taylor. *Biographia Literaria*, 2 vols. Edited by James Engell and W. Jackson Bate. Princeton, NJ: Princeton University Press, 1983.

Costelloe, Timothy M. "Aesthetics and the Faculty of Taste." In *Oxford Handbook of British Philosophy in the Eighteenth Century*. Edited by James A. Harris. 430–49. Oxford: Oxford

University Press, 2014.

Dahlhaus, Carl. *The Idea of Absolute Music.* Translated by Roger Lustig. Chicago: University of Chicago Press, 1989.

Danto, Arthur C. *The Philosophical Disenfranchisement of Art.* New York: Columbia University Press, 1986.

Deleuze, Gilles. "How Do We Recognize Structuralism?" In *Desert Islands and Other Texts 1953—1974.* Edited by David Lapoujade. Translated by Melissa McMahon and Charles J. Stivale. 170–92. Los Angeles: Semiotext(e), 2004.

Dennis, John. *The Critical Works*. Edited by Edward Niles Hooker. Vol. 2. Baltimore, MD: Johns Hopkins University Press, 1943.

Derrida, Jacques. "Structure, Sign, and Play in the Discourse of the Human Sciences." In *Writing and Difference*. Translated by Alan Bass. 278–94. London: Routledge, 1978.

Diederichsen, Diederich. "Montage, Sampling, Morphing" http://www. medienkunstnetz.de/themen/bild-ton-elationen/montage_sampling_ morphing/ (accessed June 22, 2011).

Dirac, Paul. "The Versatility of Niels Bohr." In *Niels Bohr: His Life and Work as Seen by His Friends and Colleagues*. Edited by S. Rozental. 306–9. New York: John Wiley, 1967.

Droit, Roger-Pol. *The Cult of Nothingness: The Philosophers and the Buddha.* Translated by David Streight and Pamela Vohnson. Chapel Hill. University of North Carolina Press, 2003.

Eggebrecht, Hans Heinrich. *Die Musik und das Schöne.* Munich and Zürich: Piper, 1997.

Empson, William. *Seven Types of Ambiguity.* New York: New Directions, 1947 [1930].

Enzensberger, Hans Magnus. *Mausoleum.* Frankfurt am Main: Suhrkamp, 1975.

Enzensberger, Hans Magnus. *Politische Brosamen*: Frankfurt am Main: Suhrkamp, 1982.

Enzensberger, Hans Magnus. *Mittelmaß und Wahn. Gesammelte Zerstreuungen.* Frankfurt am Main: Suhrkamp, 1988.

Faas, Ekbert. *The Genealogy of Aesthetics.* Cambridge: Cambridge University Press, 2002.

Fichte, J. G. *Science of Knowledge, with the First and Second Introductions.* Translated and edited by Peter Heath and John Lachs. Cambridge: Cambridge University Press, 1982.

Fichte, J. G. "On the Spirit and the Letter in Philosophy." In *German Aesthetic and Literary Criticism: Kant, Fichte, Schelling, Schopenhauer, Hegel.* Edited by David Simpson. Translated by Elizabeth Rubenstein. 74–93. Cambridge: Cambridge University Press, 1984.

Forkel, Johann Nicolaus. *Allgemeine Geschichte der Musik.* 2 vols. Leipzig: Schwickertschen, 1788—1801.

Foucault, Michel. *The Order of Things: An Archaeology of the Human Sciences.* New York: Vintage, 1970.

Foucault, Michel. *Discipline and Punish: The Birth of the Prison.* Translated by Alan Sheridan. New York: Vintage Books, 1977.

Foucault, Michel. *The History of Sexuality, Vol. 1: The Will to Knowledge.* Translated by Robert Hurley. New York: Vintage

Books, 1978.

Frank, Manfred, *The Philosophical Foundations of Early Romanticism.* Translated by Elizabeth Millán-Zaibert. Albany: State University of New York Press, 2008.

Fredericksen, Donald Laurence. *The Aesthetic of Isolation in Film Theory: Hugo Münsterberg.* New York: Arno Press, 1977.

Freud, Sigmund. "The 'Uncanny.'" In *Writings on Art and Literature.* 193–233. Stanford, CA: Stanford University Press, 1997.

Freud, Sigmund. *Gesammelte Werke.* 18 Bände und Nachtragsband. Frankfurt am Main: Fischer, 1999 [1941—1968].

Freud, Sigmund. *The Standard Edition of the Complete Psychological Works of Sigmund Freud.* Translated from the German under the General Editorship of James Strachey. In collaboration with Anna Freud. Assisted by Alix Strachey and Alan Tyson, 24 vols. London: Vintage, 2001.

Gadamer, Hans-Georg. *Wahrheit und Methode.* 6th ed. Tübingen: Mohr und Siebeck, 1990.

Gadamer, Hans-Georg. *Truth and Method*, 2nd ed., revised. Translated by Joel Weinsheimer and Donald G. Marshall. London: Continuum, 2004.

Gebauer, Gunter and Christoph Wulf. *Mimesis: Culture, Art, Society.* Berkeley: University of California Press, 1995.

Goethe, Johann Wolfgang von. *Goethe's Faust.* Edited by R-M. S. Heffner, Helmut Rehder, and W. F. Twaddell. Boston: Heath, 1954.

Goethe, Johann Wolfgang von. *Essays on Art and Literature.* Edited by John Gearey. Goethe's Collected Works, Vol. 3. Princeton, NJ: Princeton University Press, 1994.

Goethe, Johann Wolfgang von. *Die Leiden des jungen Werther.* Edited by Katharina Mommsen and Richard A. Koc. Frankfurt am. Main: Insel Verlag, 2001.

Goethe, Johann Wolfgang von. *The Sufferings of Young Werther.* Translated by Stanley Corngold. New York: W. W. Norton, 2011.

Goppelsröder, Fabian. *Zwischen Sagen und Zeigen. Wittgensteins Weg von der literarischen zur dichtenden Philosophie.* Bielefeld: transcript, 2007.

Goppelsröder, Fabian and Martin Beck. *Präsentifizieren. Zeigen zwischen Körper, Bild und Sprache.* Berlin and Zürich: diaphanes, 2014.

Goppelsröder, Fabian and Nora Molkenthin. "Mathematik/Geometrie." In *Bild. Ein interdisziplinäres Handbuch.* Edited by S. Günzel and D. Mersch. 408–413. Stuttgart: J. B. Metzler, 2014.

Gottsched, Johann Christoph. "Critical Poetics." In *Eighteenth Century German Criticism.* Translated by Timothy J. Chamberlain. German Library Vol. 11, 3–5. New York: Continuum, 1992.

Gramit, David. *Cultivating Music: The Aspirations, Interests, and Limits of German Musical Culture, 1770—1848.* Berkeley: University of California Press, 2002.

Guillory, John. *Cultural Capital: The Problem of Literary Canon Formation*. Chicago: University of Chicago Press, 1993.

Guyer, Paul. *A History of Modern Aesthetics*. 3 vols. Cambridge: Cambridge University Press, 2014.

Habermas, Jürgen. *The Structural Transformation of the Public Sphere: An Inquiry into a Category of Bourgeois Society.* Translated by Thomas Burger. Cambridge, MA: MIT Press, 1989.

Hall, Mirko M. "Friedrich Schlegel's Romanticization of Music." *Eighteenth-Century Studies* 42 (2009): 413–29.

Halliwell, Stephen. *The Aesthetics of Mimesis. Ancient Texts and Modern Problems*. Princeton, NJ: Princeton University Press, 2002.

Hammer, Espen. "The Touch of Art: Adorno and the Sublime." *Sats: Nordic Journal of Philosophy* 1 (2) (2000): 92–105.

Hammermeister, Kai. *The German Aesthetic Tradition*. Cambridge: Cambridge University Press, 2002.

Hanslick, Eduard. *The Beautiful in Music* (7th ed. 1891). Edited by Morris Weitz. Translated by Gustav Cohen. Indianapolis: Bobbs-Merrill, 1957.

Hegel, Georg Wilhelm Friedrich. *System der Philosophie. Dritter Teil. Die Philosophie des Geistes. Jubiläumsausgabe*, Vol. 10. Stuttgart: Frommann, 1958.

Hegel, Georg Wilhelm Friedrich. *Vorlesungen über die Ästhetik. Dritter Band. Jubiläumsausgabe*, Vol. 14. Stuttgart: Frommann, 1964.

Hegel, Georg Wilhelm Friedrich. *Hegel's Philosophy of Right.* Translated by T. M. Knox. London: Oxford University Press, 1967.

Hegel, Georg Wilhelm Friedrich. *Werke.* Edited by Eva Moldenhauer and Karl Markus Michel. 20 vols. Frankfurt am Main: Suhrkamp, 1971.

Hegel, Georg Wilhelm Friedrich. *Phenomenology of Spirit.* Translated by A. V. Miller. Oxford: Oxford University Press, 1977.

Hegel, Georg Wilhelm Friedrich. "The Range of Aesthetic Defined, and Some Objections against the Philosophy of Art Refuted." In *Introductory Lectures on Aesthetics.* Edited by Michael Inwood. Translated by Bernard Bosanquet. 3–16. New York: Penguin Books, 1993.

Hegel, Georg Wilhelm Friedrich. "Earliest Program for a System of German Idealism." In *Theory As Practice: A Critical Anthology of Early German Romantic Writings.* Edited by Jochen Schulte-Sasse. 72–3. Minneapolis: University of Minnesota Press, 1997.

Hegel, Georg Wilhelm Friedrich. *Aesthetics: Lectures on Fine Art.* Edited and translated by T. M. Knox. Oxford: Oxford University Press, 1998.

Heidegger, Martin. "Nietzsches Wort: 'Gott ist tot'." In *Holzwege.* 193–247. Frankfurt am Main: Vittorio Klostermann, 1950.

Heidegger, Martin. *Der Ursprung des Kunstwerks.* Intro. Hans

Georg Gadamer. Stuttgart: Reclam, 1960.

Heidegger, Martin. "The Origin of the Work of Art." In *Basic Writings.* Edited by David Farrell Krell. 139–212. New York: Harper & Row Publishers, 1977.

Heidegger, Martin. *Sein und Zeit*. Tübingen: Niemeyer, 1993.

Heidegger, Martin. *Nietzsche I/II*. 2 vols. Frankfurt/Main: Klostermann, 1996.

Heidegger, Martin. *Pathmarks*. Edited by William McNeill. Cambridge: Cambridge University Press, 1998.

Heidegger, Martin. *Off the Beaten Track.* Edited and translated by Julian Young and Kenneth Haynes. Cambridge: Cambridge University Press, 2002.

Heidegger, Martin. *Die Grundbegriffe der Metaphysik*. Welt–Endlichkeit–Einsamkeit. Frankfurt am Main: Klostermann, 2004.

Heine, Heinrich. *The Romantic School and Other Essays.* Edited by Jost Hermand and Robert C. Holub. New York: Continuum Publishing, 1985.

Heine, Heinrich. *Zur Geschichte der Religion und Philosophie in Deutschland.* Ditzingen: Reclam, 1997.

Henrich, Dieter. *Aesthetic Judgment and the Moral Image of the World: Studies in Kant*. Stanford, CA: Stanford University Press, 1992.

Henrich, Dieter. *Fixpunkte. Abhandlungen und Essays zur Theorie der Kunst.* Frankfurt am Main: Suhrkamp, 2003.

Herder, Johann Gottfried. *Schriften zu Literatur und Philosophie*

1792—1800. Edited by Hans Dietrich Irmscher. Frankfurt am Main: Deutscher Klassiker Verlag, 1998.

Hoeckner, Berthold. *Programming the Absolute: Nineteenth-Century German Music and the Hermeneutics of the Moment.* Princeton, NJ: Princeton University Press, 2002.

Hoffmann, E. T. A. *Sämtliche Werke*. Edited by Hartmut Steinecke and Wulf Segebrecht. 6 vols. Frankfurt am Main: Deutscher Klassiker, 2003.

Hoffmann, E. T. A. *E.T.A. Hoffmann's Musical Writings: Kreisleriana, The Poet and the Composer, Music Criticism.* Edited by David Charlton. Cambridge: Cambridge University Press, 2004.

Hölderlin, Friedrich. *Sämtliche Werke*. Editied by Friedich Beißner. 6 vols. Stuttgart: Kohlhammer, 1943–85.

Hölderlin, Friedrich. "Judgment and Being." In *Essays and Letters on Theory.* Edited and translated by Thomas Pfau. 37–9. Albany: State University of New York Press, 1988.

Hullot-Kentor, Robert. "Critique of the Organic." In Theodor W. Adorno, *Kierkegaard: Construction of the Aesthetic.* Translated by Robert Hullot-Kentor. x – x x iii Minneapolis: University of Minnesota Press, 1989.

Hume, David. "Of the Standard of Taste." In *Essays, Moral, Political, and Literary.* Edited by Eugene F. Miller, rev. ed. 226–49. Indianapolis: Liberty Fund, 1987.

Hutcheson, Francis. *An Inquiry into the Original of Our Ideas of Beauty and Virtue in Two Treatises.* Edited by Wolfgang

Leidhold. Indianapolis: Liberty Fund, 2004.

Kaes, Anton, ed. *Kino-Debatte: Zum Verhältnis von Literatur und Film 1909—1929.* Tübingen: Niemeyer, 1984.

Kant, Immanuel. *Gesammelte Schriften*, hrsg. Königlich-Preußische [später, Deutsche] Akademie der Wissenschaften zu Berlin. 27 vols to date. Berlin: Reimer; later, de Gruyter, 1900–.

Kant, Immanuel. *Foundations of the Metaphysics of Morals and "What Is Enlightenment?"* Indianapolis: The Liberal Arts Press, 1959.

Kant, Immanuel. *Kant's Critique of Judgement*. Translated by James Creed Meredith. Oxford: Clarendon, 1964.

Kant, Immanuel. *The Critique of Judgment*. Translated by J. H. Bernard. New York: Prometheus Books, 1974.

Kant, Immanuel. *Critique of Judgment*. Translated by Werner S. Pluhar. Indianapolis: Hackett Publishing Co., 1987.

Kant, Immanuel. *Anthropology from a Pragmatic Point of View.* Translated by Victor Lyle Dowdel. Carbondale: Southern Illinois University Press, 1996.

Kant, Immanuel. *Critique of Pure Reason*. Translated by Werner S. Pluhar. Indinapolis: Hackett Publishing Co., 1996.

Kant, Immanuel. *Critique of Pure Reason.* Translated by Paul Guyer and Allen W. Wood. New York: Cambridge University Press, 1998.

Kant, Immanuel. *Critique of the Power of Judgment.* Edited and translated by Paul Guyer and Eric Matthews. Cambridge: Cambridge University Press, 2000.

Kant, Immanuel. *Kritik der Urteilskraft*. Werkausgabe, Band X. Edited by Wilhelm Weinschedel. Frankfurt am Main: Suhrkamp, 2000.

Kant, Immanuel. *Kritik der Urteilskraft.* Hamburg: Meiner, 2006.

Kant, Immanuel. "Remarks in the *Observations on the Feeling of the Beautiful and Sublime.*" In *Observations on the Feeling of the Beautiful and Sublime, and Other Writings*. Translated by Thomas Hilgers, Uygar Abaci, Michael Nance, and Paul Guyer. 65–204. Cambridge: Cambridge University Press, 2011.

Karatani, Kojin. *Architecture as Metaphor: Language, Number, Money.* Edited by Michael Speaks. Translated by Sabu Kohso. Cambridge, MA: MIT Press, 1995.

Kern, Andrea. *Schöne Lust: Eine Theorie der ästhetischen Erfahrung nach Kant*. Frankfurt am Main: Suhrkamp Verlag, 2000.

Kierkegaard, Søren. *Begrebet Angest. Skrifter*, Vol. 4. Copenhagen: Gad, 1994. Kittler, Friedrich. *Discourse Networks 1800/1900.* Translated by Michael Metteer with Chris Cullens. Stanford, CA: Stanford University Press, 1990.

Kittler, Friedrich. *Gramophone, Film, Typewriter.* Translated by Geoffrey Winthrop-Youn and Michael Wutz. Stanford, CA: Stanford University Press. 1999.

Kompridis, Nikolas, ed. *The Aesthetic Turn in Political Thought.* New York: Bloomsbury, 2014.

Kracauer, Siegfried. "The Mass Ornament." In *The Weimar*

Republic Sourcebook. Edited by Anton Kaes, Martin Jay, and Edward Dimendberg. 404–7. Berkeley: University of California Press, 1994.

Kracauer, Siegfried. *Theory of Film: The Redemption of Physical Reality.* Princeton, NJ: Princeton University Press, 1997.

Krug, Wilhelm Traugott. *Allgemeines Handwörterbuch der philosophischen Wissenschaften.* 5 vols. Leipzig: Brockhaus, 1838.

Kuspit, Donald. *The End of Art.* Cambridge: Cambridge University Press, 2004.

Lacan, Jacques. *The Seminar of Jacques Lacan. Book XI. The Four Fundamental Concepts of Psychoanalysis.* Translated by Alan Sheridan. Edited by Jacques-Alain Miller. New York: W. W. Norton, 1981.

Lactantius, *The Divine Institutes.* Translated by Mary Francis McDonald, Vol. 49 of *The Fathers of the Church.* Washington, DC: Catholic University of America Press, 1964.

Lessing, Gotthold Ephraim. *Laokoon.* In *Werke*, Vol. 3. Edited by Herbert G. Göpfert. 9–188. Munich: Carl Hanser Verlag, 1982.

Lessing, Gotthold Ephraim. *Laocoön: An Essay on the Limits of Painting and Poetry.* Translated by Edward Allen McCormick. Baltimore, MD: Johns Hopkins University Press, 1984.

Lessing, Otto Eduard. "Irving Babbitt's *Rousseau and Romanticism.*" *Journal of English and Germanic Philology* 18 (1919): 628–35.

Link, Jürgen. "Normal/Normalität/Normalismus." In *Ästhetische*

Grundbegriffe. Edited by Karlheinz Barck et al., Vol. 4. 538–62. Stuttgart: Metzler, 2002.

Link, Jürgen. "Normalization" (four essays). Translated by Mirko Hall. *Cultural Critique* 57 (2004): 14–90.

Link, Jürgen. *Versuch über den Normalismus. Wie Normalität produziert wird*, 4th ed. Göttingen: Vandenhoeck & Ruprecht, 2009.

Locke, John. *An Essay Concerning Human Understanding*. Edited by R. S. Woolhouse. London: Penguin Books, 1997.

Longinus. *On Sublimity*. Translated by D. A. Russell. Oxford: Oxford University Press, 1965.

Luhmann, Niklas. *Social Systems*. Translated by John Bednarz, Jr. with Dirk Baecker. Stanford, CA: Stanford University Press, 1995.

Lukács, Gyorgy. "Thoughts on an Aesthetics of the Cinema." *Polygraph* 13 (2001):13–18.

Ma, Lin. *Heidegger on East–West Dialogue: Anticipating the Event*. London: Routledge, 2008.

Man, Paul de. *Allegories of Reading: Figural Language in Rousseau, Nietzsche, Rilke and Proust*. New Haven, CT: Yale University Press, 1982.

Man, Paul de. "*The Rhetoric of Temporality.*" *Blindness and Insight: Essays in the Rhetoric of Contemporary Criticism*, 2nd ed. rev. 187–228. Minneapolis: University of Minnesota Press, 1983.

Man, Paul de. "The Concept of Irony." In *Aesthetic Ideology*.

Edited by Andrzej Warminski. 163–84. Minneapolis: University of Minnesota Press, 1996.

Man, Paul de. "Sign and Symbol in Hegel's *Aesthetics*." *Aesthetic Ideology*. Edited with Introduction by Andrzej Warminski. 91–104. Minneapolis: University of Minnesota Press, 1996.

Manovich, Lev. *The Language of New Media.* Cambridge, MA: MIT Press, 2001. Marquard, Odo. "Kant und die Wende zur Ästhetik." *Zeitschrift für philosophische Forschung* 16 (3) (1962).

Marx, Karl. *Capital: A Critique of Political Economy, Volume 1.* Translated by Ben Fowkes. London: Penguin Books, 1990.

May, Reinhard. *Heidegger's Hidden Sources: East Asian Influences on his Work*. Translated by Graham Parkes. London: Routledge, 1996.

Mendelssohn, Moses. *Philosophische Schriften*, 2nd ed. Berlin: Voss, 1771.

Mendelssohn, Moses. *Philosophical Writings*. Edited and translated by Daniel O.mDahlstrom. Cambridge: Cambridge University Press, 1997.

Mersch, Dieter, ed. *Was sich zeigt. Materialität, Präsenz, Ereignis.* München: Fink, 2002.

Mersch, Dieter, ed. *Bild. Ein interdisziplinäres Handbuch.* Stuttgart and Weimar: J. B. Metzler, 2014.

Mersch, Dieter, ed. *Epistemologien des Ästhetischen*. Berlin/Zürich: diaphanes, 2015. Mersch, Dieter and Martina Heßler, eds. *Logik des Bildlichen. Zur Kritik der ikonischen Vernunft.* Bielefeld: transcript, 2010.

Mirandola, Gianfrancesco Pico della. *Liber de imaginatione/On the Imagination*. Latin text with English translation by Harry Caplan. New Haven, CT: Yale University Press, 1930.

Moritz, Karl Philipp. "From: 'On the Artistic Imitation of the Beautiful'." In *Classic and Romantic German Aesthetics.* Edited by J. M. Bernstein. 131–44. New York: Cambridge University Press, 2003.

Morrison, Robert G. *Nietzsche and Buddhism: A Study in Nihilism and Ironic Affinities*. Oxford: Oxford University Press, 1997.

Muecke, D. C. *The Compass of Irony.* London: Methuen, 1969.

Müller, Heiner. *Germania.* Translated by Bernard and Caroline Schütze. New York: Semiotexte, 1990.

Müller, Heiner. *A Heiner Müller Reader.* Edited and translated by Carl Weber. Baltimore, MD: Johns Hopkins University Press, 2001.

Münsterberg, Hugo. *Münsterberg on Film. The Photoplay: A Psychological Study and Other Writings.* Edited by Alan Langdale. New York: Routledge, 2001.

Nazar, Hina. *Enlightened Sentiments: Judgment and Autonomy in the Age of Sensibility.* New York: Fordham University Press, 2012.

Nietzsche, Friedrich (1872). *Sämtliche Werke: Kritische Studienausgabe.* 15 vols. Edited by Giorgio Colli and Mazzino Montinari. Berlin: de Gruyter, 1967–77.

Nietzsche, Friedrich (1872). *The Birth of Tragedy out of the Spirit of Music.* Edited by Raymond Geuss and Ronald Speirs. Translated by Ronald Speirs. Cambridge: Cambridge University Press, 1999.

Nietzsche, Friedrich (1872). *Jenseits von Gut und Böse/Zur Genealogie der Moral.* Berlin: Walter de Gruyter [Deutscher Taschenbuch Verlag], 1999.

Novalis. "Last Fragments." In *Philosophical Writings.* Edited by Margaret Mahony Stoljar. 153–66. New York: State University of New York Press, 1997.

Pederson, Sanna. "Defining the Term 'Absolute Music' Historically." *Music & Letters* 90 (2) (2009): 240–62.

Pfeiffer, K. Ludwig. "The Materiality of Communication." In *Materialities of Communication.* Edited by Hans Ulrich Gumbrecht and K. Ludwig Pfeiffer. Translated by William Whobrey. 1–12. Stanford, CA: Stanford University Press, 1994.

Pinkard, Terry. *Hegel: A Biography.* Cambridge: Cambridge University Press, 2000. Preisendanz, Wolfgang. *Humor als dichterische Einbildungskraft. Studien zur Erzählkunst des poetischen Realismus.* Munich: Wilhelm Fink Verlag, 1976.

Prendergast, Christopher. *The Order of Mimesis. Balzac, Stendhal, Nerval, Flaubert.* London: Cambridge University Press, 1986.

Quintilian. *The Institutio Oratoria of Quintilian.* Translated by H. E. Butler. Cambridge, MA: Harvard University Press (Loeb Classical Library), 1920.

Rank, Otto. *The Double: a Psychoanalytical Study*. London: Karnac, 1989.

Ray, Gene. "Reading the Lisbon Earthquake: Adorno, Lyotard, and the Contemporary Sublime." *The Yale Journal of Criticism* 17 (1) (2004): 1–18.

Reinhardt, Karl. *Tradition und Geist. Gesammelte Essays zur Dichtung.* Göttingen: Vandenhoeck & Ruprecht, 1960.

Riley, Matthew. *Musical Listening in the German Enlightenment: Attention, Wonder, and Astonishment*. Aldershot: Ashgate, 2004.

Rodowick, David N. "An Elegy for Theory." *October* 22 (Fall 2007): 91–109.

Rosenkranz, Karl. *Aesthetik des Hässlichen*. Stuttgart-Bad Cannstatt: Friedrich Frommann, 1968.

Rosenzweig, Franz. *Der Mensch und sein Welt. Gesammelte Schriften III. Zweistromland: Kleinere Schriften zu Glauben und Denken*. Edited by Reinhold and Annemarie Meyer. Dordrecht: Nijhoff, 1984.

Rosenzweig, Franz. *Der Stern der Erlösung*. Frankfurt am Main: Suhrkamp, 1988. Rousseau, Jean-Jacques. *Émile; or, On Education*. Translated by Allan Bloom. New York: Basic Books, 1979.

Rousseau, Jean-Jacques. *Rousseau, Judge of Jean-Jacques: Dialogues*. Translated by Judith R. Bush, Christopher Kelly, and Roger D. Masters. Hanover: University Press of New England, 1990.

Rousseau, Jean-Jacques. *Reveries of a Solitary Walker.* Translated by Charles Butterworth. Indianapolis: Hackett, 1992.

Rousseau, Jean-Jacques. *The Confessions and Correspondence, Including the Letters to Malesherbes.* Translated by Christopher Kelly. Hanover, NH: University Press of New England, 1995.

St. Ambrose. *Seven Exegetical Works.* Translated by Michael P. McHugh, Vol. 65 of *The Fathers of the Church.* Washington, DC: Catholic University of America Press, 1972.

Sayre, Robert and Michael Löwy. "Figures of Romantic Anti-Capitalism." *New German Critique* 32 (1984): 42–92.

Schelling, F. W. J. *System of Transcendental Idealism.* Translated *by Albert Hofstadter. In Philosophies of Art and Beauty: Selected Readings in Aesthetics from Plato to Heidegger.* Edited by Albert Hofstadter and Richard Kuhns. 347–77. Chicago: The University of Chicago Press, 1976.

Schelling, F. W. J. *Ausgewählte Schriften.* Edited by Manfred Frank. 7 vols. Frankfurt am Main: Suhrkamp, 1985.

Schelling, F. W. J. *The Philosophy of Art.* Translated and edited by Douglas W. Stott. Minneapolis: University of Minnesota Press, 1989.

Schiller, Friedrich. *Über die ästhetische Erziehung des Menschen in einer Reihe von Briefen. Werke,* Vol. 12. Stuttgart and Tübingen: Gottaschen Buchhandlung, 1838.

Schiller, Friedrich. *Letters on the Aesthetic Education of Man.* Edited and translated by Reginald Snell. New Haven, CT: Yale

University Press, 1954.

Schiller, Friedrich. *Philosophical Fragments.* Translated by Peter Firchow. Minneapolis: University of Minnesota Press, 1991.

Schiller, Friedrich. *Essays.* Edited by Walter Hinderer and Daniel O. Dahlstrom. New York: Continuum, 1993.

Schiller, Friedrich. *Letters on the Aesthetic Education of Man.* In Essays. Edited by Walter Hinderer and Daniel O. Dahlstrom. 86–178. New York: Continuum, 1993.

Schiller, Friedrich. "On Incomprehensibility." In *Theory as Practice: A Critical Anthology of Early German Romantic Writings,* edited by Jochen Schulte-Sasse et al. 118–28. Minneapolis: University of Minnesota Press, 1997.

Schiller, Friedrich. *On the Study of Greek Poetry.* Edited and translated by Stuart Barnett. Albany: State University of New York Press, 2001.

Schiller, Friedrich. "*Kallias or Concerning Beauty:* Letters to Gottfried Körner." Translated by Stefan Bird-Pollan. In *Classic and Romantic German Aesthetics.* Edited by J. M. Bernstein. 145–83. Cambridge: Cambridge University Press, 2003.

Schlegel, Friedrich. *Kritische Friedrich-Schlegel-Ausgabe.* Edited by Ernst Behler et al. Paderborn: Schoeningh, 1958.

Schopenhauer, Arthur. *Die Welt als Wille und Vorstellung.* 2 vols. Sämtliche Werke. Wiesbaden: F. U. Brodhaus, 1966.

Schopenhauer, Arthur. *The World as Will and Representation.* 2 vols. Translated by E. F. J. Paynes. New York: Dover, 1969.

Schopenhauer, Arthur. *The World as Will and Representation*. Translated and edited by Judith Norman, Alistair Welchman, and Chistopher Janaway. Cambridge: Cambridge University Press, 2010.

Schulte-Sasse, Jochen. "General Introduction: Romanticism's Paradoxical Articulation of Desire." In *Theory as Practice: A Critical Anthology of Early German Romantic Writings*. Edited by Jochen Schulte-Sasse et al. 1–43. Minneapolis: University of Minnesota Press, 1997.

Scruton, Roger. "Absolute Music." The *New Grove Dictionary of Music,* rev. ed., Vol. 1, 36–7. London: Macmillan, 2001.

Sedlar, Jean W. *India in the Mind of Germany.* Washington, DC: University Press of America, 1982.

Shaftesbury, Anthony Ashley Cooper, Third Earl of. "*Sensus Communis*; an Essay on the Freedom of Wit and Humor." In *Characteristicks of Men, Manners, Opinions, Times.* Edited by Douglas den Uyl. 37–94. Indianapolis: Liberty Fund, 2001.

Simpson, Leonard, Esq, ed. and trans. *Correspondence of Schiller with Körner*, 3 vols (Vol. 2). London: Richard Bentley New Burlington Street, 1849.

Sloterdijk, Peter. "Rules for the Human Zoo: A Response to the *Letter on Humanism.*" Translated by Mary Varney Rorty. Environment and Planning D: Society and Space 27 (2009): 12–28.

Smith, Adam. *The Wealth of Nations.* Edited by Edwin Cannan. New York: The Modern Library, Random House, 2000.

Soni, Vivasvan. "Introduction: The Crisis of Judgment." *The Eighteenth-Century: Theory and Interpretation* 51 (3) (2010): 261–88.

Spinoza, Baruch [Benedict de]. *The Collected Works of Spinoza.* Vol. 1. Edited and translated by Edwin Curley. Princeton, NJ: Princeton University Press, 1985.

Spitzer, Leo. *Classical and Christian Ideas of World Harmony. Prolegomena to an Interpretation of the Word "Stimmung".* Baltimore, MD: Johns Hopkins University Press, 1963.

Sprung, Mervyn. "Nietzsche's Trans-European Eye." In *Nietzsche and Asian Thought.* Edited by Graham Parkes. 76–90. Chicago. University of Chicago Press, 1991.

Steiner, F. George. "Contributions to a Dictionary of Critical Terms: 'Egoism' and Egotism'." *Essays in Criticism* II (4) (October 1952): 444–52.

Steiner, F. George. *Real Presences.* Chicago: Chicago University Press, 1989. Stiegler, Berndt. *Montagen des Realen. Photographie als Reflexionsmedium und Kulturtechnik.* Paderborn: Fink, 2009.

Sulzer, Johann Georg. *Allgemeine Theorie der Schönen Künste.* 2nd ed. [by Friedrich Blankenburg]. 4 vols. plus index vol. Leipzig: Weidmann, 1794. Facsimile reprint with Introduction by Giorgio Tonelli. Hildesheim: Georg Olms Verlag, 1994.

Szondi, Peter. *Essay on the Tragic.* Translated by Paul Fleming. Stanford, CA: Stanford University Press, 2002.

Tambling, Jeremy. *Allegory.* London: Routledge, 2009.

Tholen, Georg Christoph. "Medium, Medien." In *Grundbegriffe der Medientheorie*. Edited by Alexander Roestler and Bernd Stiegler. 150–72. Stuttgart: Uni-Taschenbücher, 2005.

Turvey, Malcolm. *Doubting Vision: Film and the Revelationist Tradition.* Oxford: Oxford University Press, 2008.

Ulmer, Gregory. "The Object of Post-Criticism." In *The Anti-Aesthetic. Essays on Postmodern Culture.* Edited by Hal Foster. 83–111. Port Townsend, WA: Bay, 1983.

Vedral, Vlatko. "Living in a Quantum World." *Scientific American* 304 (6) (June 2011) 38–43.

Von der Luft, Eric. "Sources of Nietzsche's 'God is Dead!' and Its Meaning for Heidegger." *Journal of the History of Ideas* 45 (2) (April–June 1984): 263–76.

Wackenroder, Wilhelm Heinrich. *Sämtliche Werke und Briefe. Historisch-Kritische* Ausgabe. Edited by Silvio Vietta and Richard Littlejohns. 2 vols. Heidelberg: Winter, 1991.

Weineck, Silke-Maria. *The Abyss Above. Philosophy and Poetic Madness in Plato, Hoelderlin and Nietzsche*. Albany: State University of New York, 2002.

Weitz, Morris. "The Role of Theory in Aesthetics." *The Journal of Aesthetics and Art Criticism* 15 (1) (September 1956): 27–35.

Wellbery, David E. *Lessing's Laocoön. Semiotics and Aesthetics in the Age of Reason*. New York: Cambridge University Press, 1984.

Wellbery, David E. "Stimmung." In *Historisches Wörterbuch Ästhetischer Grundbegriffe*. Edited by Karlheinz Barck et al., Vol. 5, 703–33. Stuttgart: Metzler, 2003.

Wiesing, Lambert. *Sehen lassen—Die Praxis des Zeigens*. Berlin: Suhrkamp, 2013.

Wilamowitz-Moellendorff, Ulrich von. *Einleitung in die griechische Tragödie*. Berlin: Weidmann, 1907.

Winckelmann, Johann Joachim. "Thoughts on the Imitation of the Painting and Sculpture of the Greeks." In *German Aesthetic and Literary Criticism: Winckelmann, Lessing, Hamann, Herder, Schiller, Goethe*. Edited and translated by H. B. Nisbet. 32–54. Cambridge: Cambridge University Press, 1985.

Wittgenstein, Ludwig. *Tractatus Logico-Philosophicus*. London: Routledge, 2001.

Wolff, Christian. *Vernünftige Gedancken von Gott, der Welt, und der Seele des Menschen*. Neue Auflage (original edition, 1720). Halle: Renger, 1751.

Young, Julian. *Heidegger's Philosophy of Art*. Cambridge: Cambridge University Press, 2001.

Young, Julian. *Schopenhauer*. Abingdon: Routledge, 2005.

Zelle, Carsten. *"Angenehmes Grauen": Literarhistorische Beiträge zur Ästhetik des Schrecklichen im achtzehnten Jahrhundert*. Hamburg: Meiner, 1987.

Zerilli, Linda M. G. " 'We Feel Our Freedom': Imagination and Judgment in the Thought of Hannah Arendt." *Political Theory* 33 (2) (2005): 158–88.

Žmegač, Viktor. "Montage/Collage." In *Moderne Literatur in Grundbegriffen*. Edited by Dieter Borchmeyer and Viktor Žmegač. Tübingen: Niemeyer, 1994.

索引

absolute, the 11–12, 84–5, 175
Adorno, Theodor W. 74, 98–9, 125, 179, 198, 207, 220–2, 236–43
Aesthetic Theory 1, 41, 48, 117, 225–31, 233–5
Commitment 238–9, 241
Dialectic of Enlightenment 48, 99, 233, 243
"enigmaticalness" 241–3
and Horkheimer 170, 233
Kierkegaard: Construction of the Aesthetic 105
Minima Moralia 237
aesthetic/s
Baumgarten on 1–2, 4, 14, 26, 77
of cinema 196–7 cognition 23, 77
as a discipline 42, 76–7, 83, 92–3, 136–8, 176
enjoyment 35
experience 19, 21, 25, 36, 149, 182, 237, 242
idea 29, 72 *see also* Kant, *Critique of the Power of Judgment*
ideology 106–8, 228
illusion 46
intoxication 176

political 236–43
theory 17, 153, 176, 203, 243
Agamben, Giorgio 180
allegory 100–8, 110, 135
alphabetization 172 *see also* Kittler
Ambrose, Saint 6
anti-aesthetic/s 95–7
anxiety 116, 118, 181, 192, 194, 227, 233
Apollonian 32, 130–2 *see also* Nietzsche, *The Birth of Tragedy*
Aristophanes 63
Aristotle 17, 43, 45, 129, 220
Arnheim, Rudolf 196
attention (*Aufmerksamkeit*) 69 Auerbach, Erich: *Mimesis: The Representation of Reality in Western Literature* 49–50
autonomous art 69, 198, 229, 238–9 autonomy 1, 14, 19, 21, 49, 75 avant-garde 208, 215–16, 237

Babbitt, Irving 52 Balázs, Béla 202–3 baroque culture 133 Barthes, Roland 143

Baumgarten, Alexander Gottlieb 25, 69, 76–7, 174
  Aesthetica 15, 26, 45, 136
  Reflections on Poetry 1, 14, 18, 78
Bazin, André 203
beauty/beautiful 15, 25–33, 35, 47, 79–81, 174–5, 177, 219, 221
  adherent 29
  Adorno on 33
  artistic 27, 31
  judgment of 21–3 *see also* judgment
  Kant on 28–30, 54
  of nature (das Naturschöne) 202–3
  "purposiveness without a purpose" 22, 113, 200 *see also* judgment; Kant and ugliness 219–26 Beethoven, Ludwig van 68, 72, 74, 84
Being 23, 152–3, 167, 177 Beiser, Frederick C. 77, 101 Belting, Hans 138
Benjamin, Walter 109, 205–7, 231, 236–7
  Arcades Project, The 103–5
  "aura" 198, 232, 237
  On Some Motifs in Baudelaire 231–2
  Origin of German Tragic Drama, The 96, 103–5, 129, 132–5
  "tragic time" 3
  Work of Art in the Age of Its Mechanical Reproducibility, The 98, 117, 169–70, 197–8, 207
Bloch, Ernst 159, 207
Blumenberg, Hans 119, 121, 126
Boehm, Gottfriend 138, 140, 143
Bohr, Niels 119
boredom 195
Brahms, Johannes 85
Brecht, Bertolt 127, 169, 236–7, 239–40, 242
Breitinger, Johann Jakob 44–5
Brentano, Clemens 73
Bruckner, Anton 89–90
Buddhism 146–9
Bürger, Peter 208, 237
Burke, Edmund 35
Burke, Kenneth 60

Calderón de la Barca, Pedro 133
Cohen, Hermann 156–8 Coleridge,

Samuel Taylor 5, 13
committed art/commitment 236–43
commodity fetish 104–5
constellation 103
culture industry 98–100 *see also* Adorno

Dadaism 205
Dahlhaus, Carl 86, 89–90
Danto, Arthur 91–2
Daoism 152
death drive 167–9, 185–6
Deleuze, Gilles 114
Derrida, Jacques 41, 166, 171
desire 106–8, 118
digital culture/digitization 138, 172, 209
Dionysian 32, 130–2 *see also* Nietzsche, The Birth of Tragedy
Döblin, Alfred 206–7
double/Doppelgänger 183–6
Duchamp, Marcel 91

earth 153, 178 *see also* Heidegger
Eggebrecht, Hans Heinrich 90
empiricism 17
Empson, William 181

end of art 91–9
  Hegel on 32, 92–4
Enlightenment 12, 14, 68–71, 145
ethics 76–83
Euripides 131

feeling 51–9, 190–1
  of intelligibility 57
Feuerbach, Ludwig 87, 165
Fichte, Johann Gottlieb 9, 11, 145 figure *see* trope
film 170, 196–203, 205 Forkel, Johann Nicolaus 70–1 form 220–1, 225–6
formalization/formalism 109, 112–14, 201–2, 238
Foucault, Michel 13, 171, 212–13
Frank, Manfred 107, 180
freedom 36–9, 80–3, 164, 225–6, 230
free play of the faculties 21, 28, 56
Freud, Sigmund, 123, 167, 169, 181–7, 231–2

Gadamer, Hans-Georg 101, 178–9
  genius 5, 31, 44, 46–9, 102, 158–9 "God is dead" 119–26

Goethe, Johann Wolfgang von 203
  Elective Affinities 62
  Faust 51, 55
  On Truth and Verisimilitude in Art 48
  Simple Imitation, Manner, Style 47–8
  Sufferings of Young Werther, The 54–9
Gogh, Vincent van 177 good (the) 79–81, 174 Gottsched, Johann Christoph 44, 76–7, 174
Gräfle, Albert 68
Greenberg, Clement 221

Habermas, Jürgen 170
Halm, August 89
Hammermeister, Kai 3
Hanslick, Eduard 84–5, 220
Hegel, Georg Wilhelm Friedrich 1, 23, 30, 66, 82, 84, 118–19, 129, 145, 157, 167, 175, 178, 223, 229
  Hegel's Aesthetics: Lectures on Fine Art 11–12, 31, 92–3, 191, 223 *Phenomenology of Spirit* 93–4, 165
  Science of Logic 146
Heidegger, Martin 109, 123, 166–7, 175–80, 231
  Basic Concepts of Metaphysic, The: World, Finitude, Solitude 195
  Being and Time 96, 139, 152, 193–4
  "Contributions" 96, 195
  on language 167, 177
  Origin of the Work of Art, The 116–17, 153, 176–8
Heine, Heinrich 94–5, 119
Henrich, Dieter 22, 94
Herder, Johann Gottfried 39–40, 164 hermeticism 230, 239
history
Benjamin on 133–5, 161–2, 169 cyclical theory of 157 end of 158
Hegel on 23–24
historical a priori 171–2
historical life 134
historical time 122
world 156–7
Hoffman, Ernst Theodor Amadeus 72, 86, 235
Hoffmannsthal, Hugo von 192

Hölderlin, Friedrich 23, 55, 96, 115, 157
Hullot-Kentor, Robert 105
Hume, David 17–18, 111
Husserl, Edmund 166
Hutcheson, Francis 18–19, 22

ideal-content 109–12
ideal-spectator 125–6
idealism (German) 30, 175, 198
imagination 5–13, 28–9, 37
　　poetic 7
　　productive 8–9
　　reflective 10
imitation *see* mimesis
immeasurable/immense (the) 36
infinite approximation 107
intuition 10–12, 22, 31
　　intellectual 13
irony 60–7, 115, 229
　　as permanent parabasis 65–6 *see also* Schlegel
　　Romantic irony 94
　　Socratic irony (or self-irony) 62–4
　　verbal irony 62
Jacobi, Friedrich Heinrich 145
Jameson, Frederic 240
Judaism 156–7, 159 judgment 14–24, 174
　　aesthetic 9, 18, 20–2, 54, 56–7, 79, 174, 191
　　autonomous 14, 20, 22
　　of the beautiful 21–3 see also beauty/beautiful
　　determining 20 reflective/reflecting 9, 20 synthetic 19
　　of taste 21–2, 174
Jünger, Ernst 231, 233

Kant, Immanuel 16–17, 19, 31, 34, 52–4, 167, 179, 199–200, 202 *Critique of the Power of Judgment/ Critique of Judgment* 1, 8–9, 15, 20–3, 28–30, 36–8, 46–8, 54, 56, 79–80, 112–14, 158–9, 164, 174, 181–2, 189–90, 202, 222
Critique of Practical Reason 54
Critique of Pure Reason 8, 110–11, 122, 164, 228
Observations on the Feeling of the Beautiful and the Sublime 53
Toward Eternal Peace (Zum ewigen Frieden) 157
Kierkegaard, Søren 192
Kittler, Friedrich 168, 172

Kracauer, Siegfried 97–8, 197, 199, 202–3
Krug, Wilhelm Traugott 155
Kurth, Ernst 89
Kuspit, Donald 91
Lacan, Jacques 115, 171, 187
Lactantius 6
Leibniz, Gottfried Wilhelm 25, 174
Lessing, Gotthold Ephraim 123, 199, 220, 223
Laocoön 45, 168
Lessing, Otto Eduard 52 Levinas, Emmanuel 139 listening 68–75
structural listening 74
Locke, John 15–16, 24,
Longinus (Pseudo-; Boileau's) 34–7
love 58
heart 58
self-love 56
Luhmann, Niklas 170–1
Lukács, György (Georg) 169,196–7, 199, 236, 238, 240, 242
Lyotard, Jean-François 41, 91
Mach, Ernst 183–5 Man, Paul de 100, 105–6 Mandeville, Bernard 24 Marcuse, Herbert 167 Marlowe, Christopher 127 Marquard, Odo 93
Marx, Karl 111, 115, 165, 167
materiality
of communication 168
Marx on 169
mediation 163–73, 208, 239
in relation to immediacy 167
medium 163–73, 196, 200, 202–3, 204
as in-between 164–8
as material carrier 168–73 Mendelssohn, Moses 27, 37, 174 Mersch, Dieter 144
messianism 155–62
Benjamin on 161–2 *see also* Benjamin
epistemological 160
messianic critique 157–8, 160–2
messianic hope 159 *see also* Bloch
mimesis 43–50, 177, 187 Adorno on 48–9, 242 Aristotle on 43–4 mimetic cognition 49
Mirandola, Pico della 6
Mitchell, W. J. T. 138 montage/collage 204–9 mood/attunement 188–95 Moritz,

Karl Philip 47 Muecke, Douglis Colin 61 Müller, Heiner 127 Münsterberg, Hugo 199–201 music
absolute music 72–3, 84–90
instrumental 71–3, 84
program 87–8 sonata form 74
and ugliness 219–20
mystical 142 *see also* Wittgenstein
myth 121
Nancy, Jean-Luc 41
naturalism 214–15
nature, imitation of 43–5, 48
negation 165
neo-Kantianism see Hermann Cohen new media 97–8, 172, 209 Nietzsche, Friedrich 33, 88, 176, 227
Birth of Tragedy, The 1, 32, 95–6, 116, 124–5, 129–32, 150–1, 175
Gay Science, The 120–5
Genealogy of Morals, The 163
Twilight of the Idols, The 123
normality 210–18
antinormalistic polemics 215–16
as different from normativity 210–11
flexible normalism 212, 216–18
normalism 211
normalistic narrative 213–14
protonormalism 211–12
normalizing society 213 see also Foucault
nostalgia 194–5
nothingness 145–54
Heidegger on 152–3
nihilism 145, 162
nirvana 145
Novalis (Georg Philipp Friedrich von Hardenberg) 12, 73
"Oldest System Program of German Idealism" 82–3 *see also* Hegel; Hölderlin; Schelling
paradox 120, 131, 166, 168, 170–1, 173
pastiche 204
perception 18–19
perfection 25–7, 36, 78–9
performative self-referentiality 109, 116–18
philosophical hermeneutics 178–9 picture theory/ *Bildwissenschaften,* picture as fact 141 *see also* showing

[Zeigen];Wittgenstein
Plato 76, 81, 129, 174, 186–7, 220
poetry 44–6, 66, 178, 192, 206–7 praxis 242–3
Preisendanz, Wolfgang 94
Prendergast, Christopher 50
Quintilian 61–2
Rank, Otto 184
rationalism 17
Ray, Gene 234
realist novel 238 *see also* Lukács
reason 10, 12
redemption 159, 192 *see also* messianism; Rosenzweig
reflection 7
aesthetic 13, 107
Riegl, Alois 192
Roh, Franz 206
Romanticism/Romantics 86–7, 106, 175, 180, 198, 225
early Romantics 7, 11–13, 66, 68, 73, 101, 107, 157, 222
romantic anti-capitalism 231
Rorty, Richard 180
Rosenkranz, Karl 192, 225
Rosenzweig, Franz 159–61
Rousseau, Jean-Jacques 14–15, 19, 52–4

Sartre, Jean-Paul 236, 238–42
Saussure, Ferdinand de 109 saying [Sagen] 136–44
see also showing [Zeigen]
Wittgenstein on 140–4
Schelling, Friedrich Wilhelm Joseph von 114, 129, 146, 157, 175, 177, 229
Philosophy of Art 12, 76 Schiller, Friedrich 1, 7, 24, 30, 190
aesthetic education of man 39
aesthetic state 80–2
Schlegel, Johann Elias 45
Schlegel, Karl Wilhelm Friedrich12, 60, 72, 74, 94, 115, 222–3, 228
on irony 64–6
Schmitt, Carl 129, 134, 231
Schopenhauer, Arthur 30–3, 88, 129
World as Will and Representation, The 31, 145, 147–9, 165–6
Schulte-Sasse, Jochen 107, 115,227–8
self-interest 17, 19, 112, 118
sensation see feeling sensibility/ sensible 8, 83, 111, 164
representation 37

sensual cognition 78
sentimentalism (*Empfindsamkeit*) 58 Shaftesbury, Anthony Ashley
Cooper, the Third Earl of 24
Shakespeare, William 133–4, 224
shock 205, 231
showing [*Zeigen*] 136–44 *see also* saying [*Sagen*]
Heidegger on 139
Wittgenstein on 140–4
shudder 36, 227–35
signs 46
Simmel, Georg 193
Sloterdijk, Peter 172
Smith, Adam 24, 111–12
Socrates 62–3, 150, 186
Sophocles 131
Spinoza, Baruch [Benedict de] 114
Spitzer, Leo 188
Steiner, George 55, 126 Stiegler, Bernd 209 structuralism 109, 114–16 "Sturm und Drang" 58–9 subjectivity/subject 5–6, 13, 69, 74–5, 114–15, 131, 149 sublime (the) 34–42, 149, 181, 227, 235
Adorno on 41, 234 *see also Aesthetic Theory* dynamical 37, 234
Hegel on 40
mathematical 37, 234
sublimity of action 38–9 *see also* Schiller ugliness 222
Sulzer, Johann Georg 27–9, 31, 70 symbol/symbolism 101–2
Szondi, Peter 129
taste see judgment theater 48, 129, 196, 199, 239–40 Tholen, Georg Cristoph 172 Tieck, Ludwig 73, 86 tragedy 127–35, 149
  "proletarian" 128
tragic hero 133
transcendental signifier 124
Trauerspiel see Walter Benjamin trope 61–2, 100–3, 106 truth 174–80, 222
aesthetic 180
as disclosure and concealment 153, 177–8, 193–4
truth-content of the artwork 240–1
ugly 219–26
the repulsive 225 *see also* Rosenkranz uncanny 181–7, 194, 227, 235 unconscious

113, 115, 118, 181, 184, 187, 235

understanding 28–9

unrepresentable 41

value 109–18

aesthetic 109–10, 113–17, 201

economic 109–12

ethical 109, 111–13

linguistic 109

surplus 118

visual logos 144 *see also* Mersch

Wackenroder, Heinrich Wilhelm 73–4, 86

Wagner, Richard 84, 88, 132

Wagnerism 89

Waldenfels, Bernhard 139 Wellbery, David E. 46, 189–90 will 147–9 *see also* Schopenhauer will-to-power 97, 125, 151, 176, 227, 233

Winckelmann, Johann Joachim 101, 110, 174

wit 15, 51

Wittgenstein, Ludwig 140–4 Wolff, Christian 25, 174